40 Chances

40個機會

飢餓世界的曙光

Howard G. Buffett
& Howard W.
Buffett

霍華．G．巴菲特、霍華．W．巴菲特／著　葉品岑／譯

目錄

推薦序　改變人生的40個機會　褚士瑩　7
父親巴菲特代序　11
引言　朝軍閥按下快門　17

第一部　「四十個機會」之根

故事一　倒數計時開始　27
故事二　布拉格，一九六八年：蘇維埃軍人優先——「我們只能吃剩下的」　37
故事三　從推土到育土　48
故事四　來自戴雯的禮物　65
故事五　因為「艾爾來電」　76
故事六　生對家庭，投對胎　89
故事七　現實有一股堅果味，尤其炸過之後　97
故事八　飢餓藏身之處　105

第二部　無懼、勇氣和希望
故事九　摯愛，痛失　121
故事十　空的卡路里　124
故事十一　小鉻鐵　130
故事十二　廷巴克圖的性與飢餓　138
故事十三　失落的亞美尼亞　146
故事十四　在戰火下耕作　154
故事十五　改變的種子　160
故事十六　夏奇拉　171
故事十七　馬德雷山上的方濟會神父　177
故事十八　大猩猩對決游擊隊　183

第三部　慘痛教訓
故事十九　這個村莊還有救嗎？　195
故事二十　一言難盡的遺緒　206
故事二十一　要提升產量，先低頭觀察　218

故事二十一又二分之一　耕者最好有其田 231
故事二十二　文化差異 237
故事二十三　做得更好是什麼樣子？　霍華・W・巴菲特 248
故事二十四　「這是誰想到的瘋狂點子？」 258
故事二十五　六瓶啤酒的洞見 271
故事二十六　不如預期 279

第四部　有待解決的挑戰

故事二十七　大象與專家 299
故事二十八　更聰明地發放津貼可以拯救土壤？ 314
故事二十九　釋放潛力的價值鏈　霍華・W・巴菲特 326
故事三十　女人或許是關鍵，但別忽略男人 342
故事三十一　用簡陋工具加強收成 353
故事三十二　援助是否種下暴力之源　霍華・W・巴菲特 362

第五部　希望的曙光

故事三十三　開放曾經「不對外開放」的喜拉多　375
故事三十四　裹著巧克力糖衣的機會　386
故事三十五　迦納新生機　399
故事三十六　在地購買　410
故事三十七　求知若飢　423
故事三十八　一張紙的力量　432
故事三十九　未來農夫　霍華・W・巴菲特　438
故事四十　治理的新途徑　451
結語　消極的樂觀主義者重返布拉格　461
致謝　464

推薦序
改變人生的40個機會

褚士瑩

《40個機會》這本書，是我在美國華盛頓做「FoodTank」（食物智庫）的NGO友人參與的計畫，也因為這樣，出版的第一天，我就迫不及待仔細從頭到尾讀完，並且介紹給身邊對於永續農業有熱情的朋友們。

NGO的工作，改變了我的人生，也將我的人生第一次與土地結合在一起。緬甸北方貧瘠的土地，變成我最好的老師，不但教會我農業的規律週期，也提醒著我，每一個播種的季節，對於土地跟農民就是一次機會。農夫一輩子種四十年的地，就有四十個機會，不是一擲定勝負，也不是無窮無盡的機會。即使跟農業無關的人生，大多數成年人其實也都擁有四十個年頭的生產力，可以在這段期間內努力，成為一個自己喜歡的人，每年有一次自我改進的機會，說多也不多，說少也不少。

如果人生給了你四十次機會，千萬別都做同樣一件事，請多嘗試各種可能性，人生並不是一條直線。

實際上，沒有人的人生應該是一條直線。

記得這個世界上，並沒有人規定只能一輩子做一份工作。我時常提醒踟躕不前的年輕人，不管是轉換工作跑道還是出國看世界，如果可以清楚勾勒出十年後的自己是什麼模樣，變成一個快樂而且自己也喜歡的人，那就勇往直前吧！

我在大學時旁聽一堂心理系課程，課堂上老師提到一個「未來的我」（Future Self）的概念，讓我意識到和未來的自己對話的重要性，跨出腳步不是隨機的行動，而是先經過和十年後的自己對話的過程，知道自己想要變成一個怎麼的人，再倒推回來行動。

我也時常提醒台灣的年輕人，美國一般成年人在十八歲至四十二歲這二十四年間，平均換了十．八個工作，所以不要被台灣社會約定俗成的「一出社會就要找到一份做到退休的鐵飯碗」或是「就算不適合自己的工作是要勉強做滿三、五年才可以換」迷思所制約，重要的是要學會認清「薪水」與「價值」之間本質的重大區別，了解自己的價值，以及「活著」的真正機會成本。

正如一個世紀前美國作家阿爾伯特．哈伯德（Elbert Green Hubbard）所說：「如果生命給你一顆檸檬，你就把它拿來做成一杯檸檬汁吧！」（When life gives you lemons, make lemonade.）檸檬本身酸苦，但檸檬汁卻酸甜好喝。

日本如果過去十多年沒有經濟衰退，日本年輕一輩不會從終身雇用制的僵固人生當中解脫出來，變成靈活的創業者，追求自己的夢想。

我身邊有一些朋友，時常會感嘆自己時運不濟，或錯過一去不回的好時機（比如說父母輩經濟起飛的年代），懊悔之餘，也羨慕我總是那麼好運氣。「咦？你真的覺得我運氣很好嗎？」我總是逮住機會問說這些話的朋友，「我這十五年來，根本是在泰國、緬甸工作名符其實的台勞，你要跟我交換嗎？」沒料到我這麼說，原本覺得我是幸運兒的人，仔細想一想以後，都默默搖頭。

在還沒有這麼描述之前，許多人之所以覺得我很好運，其實並不是因為我做什麼都心想事成，實際上，我在二十歲的時候，從來沒有想過自己四十歲時的人生，會在東南亞落地生根，並且在農村的大太陽下工作。同樣在NGO工作，我每個月的薪水，可能不到美國政府援助計畫案同事的十分之一。之所以讓人覺得我很幸運，其實跟客觀條件沒有什麼關係，而是因為我總是很喜歡自己正在做的事，生活永遠過得有滋有味。

簡而言之，「態度」決定人生的「高度」。

我希望我也能珍惜這人生的四十個機會。

父親巴菲特代序

先室蘇西（Susie）和我婚後很快就生下第一個孩子——不過她會希望我補充說明，還不至於快到在那個人們愛指指點點的時代引人遐想。我們也給寶寶取名蘇西，她是非常好帶的嬰兒，於是我們不假思索地計畫接著生第二胎。太太和我都同意為人父母的艱難根本就是言之過甚。

十七個月後，霍華德．葛雷罕．巴菲特（Howard Graham Buffet）在一九五四年的十二月來到世上。對付這小子幾個月後，老蘇西和我決定必須暫緩生第三胎彼得（Peter，也是我們最後一胎）的計畫。小霍擁有大自然般的非凡力量，像個永不停止運轉的特小號機器。很多時候蘇西覺得生個無聊乏味的三胞胎，生活可能還輕鬆些。

我以心目中的兩位英雄為小霍取名，六十年後的今天，他們依然是我的英雄。第一位是我的父親霍華德，也永遠是最重要的一位，他的每句話每個舉動形塑了我的世界。第二位毫無疑問是班．葛雷罕（Ben Graham），最棒的老師，他的理念讓我能夠積聚大筆財富。小霍生來就是要做大事的。

在小霍學齡前的階段，我完全不知道他的人生將走向怎樣的道路。我的父親給了我一項珍貴的禮物：他用言教與身教讓我知道他在乎的是我秉持的價值觀，而不是我走上哪一條特定的路。他直截了當地說他對我有無限的信心，鼓勵我追尋夢想。

不受任何期待的束縛，唯有全力以赴。受惠於這般恩典，我很自然地用同樣的方式對待我的孩子。在扶養小孩的這個方面，其實應該是幾乎所有方面，老蘇西和我的理念完全契合。

我們所傳遞的訊息「這是你的人生」帶來一個非常有趣的結果：雖然他們絕對有足夠的資質，但這三個孩子都沒有念完大學。老蘇西和我從不介意。我總是開玩笑說，把他們的大學學分全部加總就能獲得一份學士文憑了，三個人可以輪著用。

我不相信大學中輟對這三個孩子的人生有所阻礙。他們和每個來自奧馬哈（Omaha）的巴菲特家族成員一樣，從小學到高中都是念公立學校，上至我的祖父下至我的曾孫們都是如此。事實是，包括我三個孩子在內的巴菲特家族成員，幾乎全都上同一間城中的綜合高中，在學校和來自各式社經背景的同學朝夕相處。他們在高中歲月對所處世界的探索與認識可能遠勝於受碩博士教育的許多人。

小霍的人生道路左彎右拐，四處尋找能夠有效駕馭他無窮精力的抱負。他在本書訴說如何找到自己的路，訴說他的探索帶他前往的驚奇旅程。精采的故事，力求真實的故事。小霍說著他從事的各項計畫，有些成功，有些則不盡人意，儼然成為一本慈善事業的參考指南。

小霍對農業耕作的熱愛，使他能夠幫助數百萬僅能靠土地吃飯、引人悲憫的貧困人口。天性無所畏懼，他因而獲得看似更像冒險家而非慈善家的豐富經歷。他是慈善界的印第安那．瓊斯。

＊＊＊

這本書是小霍的故事。不過我想在此私自對兩位女性致敬，沒有她們就沒有今天的他：這個男人用熱情、全副精力以及智慧，致力改善那些不幸之人的生活。首先我要感謝他不同凡響的母親。小霍很幸運，遺傳到許多她的基因。

認識蘇西的人都知道我為什麼這麼說。簡言之，我從未見過有人比她更發自內心地關懷他人。無論貧富、膚色、年紀，每個人見到她立刻發現自己在她眼中就是個人而已，她對所有人類一視同仁。

蘇西不是盲目樂觀的快樂小天使（Pollyanna），也沒有放棄生活中的享受，她和許多形形色色的人交往，改變了這些人的人生。誠如蘇西的愛使我找到自己，戴雯（Devon）滋養了小霍和我們父子倆朝夕密切相處不是容易的事，我們往往一頭栽進自己的世界，忘了注意周遭事務。我們都非常幸運能找到特別的女人，她們用愛磨平我們個性上的稜角。

母親的基因和教誨——通常不是口頭教誨，而是具說服力的作為——使小霍總是想要幫助別人。他以快轉的步調從事助人的事業。近年來，我的金援幫助他實現比多數老師和慈善家能力所及規模更廣的諸多計畫。對此結果，我感到非常滿意。

＊＊＊

世上七十億人口中，多數人的命運在出生時就被決定了。霍瑞修・艾爾傑（Horatio Alger）筆下辛勤耕耘必將歡欣收割的故事當然時有所聞。美國的確有許多這樣的例子。不過對數十億人而言，出生在哪、父母是誰，以及他們的性別和與生俱來的智能，大致決定了這些人一生的經歷。

我的孩子是「娘胎樂透」（ovarian lottery）的幸運彩票得主。許多幸運兒只是享受既有的人生優勢，同時確保他們的後代能夠享有相同好處。這樣的做法不難理解，不過要是他們擺出一副「如果我做得到，其他人為何不行」的自以為是態度，就顯得相當惹人厭。

因此，我盼望受幸運之神眷顧的人們能夠更有抱負——尤其是美國人，畢竟我們受益先人匪淺。前人種樹，後人乘涼。在享受好處的同時，我們應該替別人種種樹。

我很高興我的孩子都知道自己非常幸運。我更高興看到他們貢獻自己的人生，不吝於和他人分享這份好運的果實。他們不因出生高貴感到歉疚，而是滿懷感激，藉由付出時間和從我這得來的金錢表達心中的感激。

本書呈現了小霍某些出色的專案計畫。請原諒一個父親表達對兒子的驕傲，倘若他的母親仍在世必定也會自豪有這樣的孩子。讀他的文字，你會理解我們的心情。

華倫・E・巴菲特

引言
朝軍閥按下快門

我已從營地指揮官那聽說上星期鱷魚生吞了我方陣營的兩名士兵。這消息使我提高警戒。但當我置身炎熱乾燥的南蘇丹沙漠，站在矮樹叢林空地，這才意識到眼前拄著枴杖朝我走來的單薄男子比鱷魚危險多了。鱷魚攻擊人是因為餓，不然就是地盤或小鱷魚受到威脅。即將和我碰面的是一個非洲軍閥，名叫凱薩．阿切蘭姆（Caesar Acellam）將軍，主使橫跨至少四個國家的謀殺、強暴、虐待和奴役行動。他曾在由狂人約瑟夫．柯尼（Joseph Kony）率領的聖主反抗軍（Lord's Resistance Army）中擔任高級軍官。阿切蘭姆以此身分獵捕地球上最無力反抗的人——貧困飢餓的孩童——將數以千計的男童變成殘酷士兵、女童變成性奴隸。

那是二〇一二年的五月，當時的氣溫超過攝氏三十八度。幾分鐘前，我搭乘塞斯納渦輪螺旋槳客機來到這偏遠的營地，汗如雨下。營地點綴著一些帳篷、幾輛 Mi-8 運輸直升機和幾輛停在偽裝篷布下的Mi-24戰鬥直升機。降落之初，我們幾乎看不見泥土跑道和營地開闊處。接待我們的烏干達軍方領袖群散發著一股不容置疑、活力十足的驕傲。他們駐紮在森林裡好幾個月，追蹤敵軍下落，終於在幾天前於鄰近中非共和國的姆布河（River Mbou）岸邊成功伏擊阿切蘭姆。他們的同袍就是命喪在這條河的鱷魚口中。

聖主反抗軍的邪惡行動已持續超過四分之一世紀。旗下士兵全是豺狼虎豹般的戰士，諷刺地效忠於救世主柯尼。他和聖主反抗軍是使兩百萬人離開家園的罪魁禍首，二十多年來，他在非洲大湖地區製造暴亂，逼迫超過六萬名孩童為他作戰。[1]我造訪時，烏干達軍方已在中非共和國展開針對聖主反抗軍的獵捕行動。過去幾年來，逃亡中的柯尼和他的黨羽失去不少支持者，不過這些人是老練的叢林戰士，行蹤隱密。

柯尼所到之處留下一片生靈塗炭。有個年輕女性和四十九歲的阿切蘭姆一起走向我，看起來約二十歲。烏干達指揮官向我解釋，她是被阿切蘭姆和其黨羽綁架並強暴的數千名女孩之一，後來成了阿切蘭姆的「妻子」。她牽著一個大概兩歲、擁有天使臉孔的小女孩，也就是阿切蘭姆的女兒。年輕女子的肢體語言令人印象深刻。雖然她認為自己必須站在阿切蘭姆身旁，卻傾身向外，彷彿他們是同極相斥的磁鐵。我從口袋裡掏出一根棒棒糖遞給小女孩，她的母親對我微笑，幫小女孩拆開包裝。

軍方重裝看守阿切蘭姆，不過棒棒糖是我當天私人任務的武器。其他武器包括我的相機、花生醬和果醬，以及幾片麵包。我是資深攝影師，捕捉開發中國家的人生百態，我看盡它脆弱的美麗和黑暗艱苦的各方面。我有位朋友為世上各個角落的窮困與被剝削人口奔走倡議，也支持獵捕柯尼的行動，他拜託我給阿切蘭姆一家拍照。朋友吩咐我務必拍攝出看似毫無防備、面露笑容的阿切蘭姆。他不要新聞報導或具藝術性的照片，這些照片將被製作成護貝的宣傳海報，由C-130運輸機空投進叢林裡，勸說剩餘的聖主反抗軍部眾棄械投降。拍攝宗旨是呈現彷彿備受禮遇的阿切蘭姆。

僵硬、疲憊，眼睛滿布血絲卻依然銳利，自覺身陷險境的阿切蘭姆老練純熟地探查四周。不過他已放棄作困獸之鬥。他很累，他知道自己玩完了。他不再能掌握自己的命運。我提醒自己，眼前這個人是邪惡的掠奪者。我不能對此人作嘔，這一刻，我希望以攝影服事的崇高理想需要眼前的男子對我產生好感。

我看得出阿切蘭姆很習慣接受下屬的服侍。我趕緊為他斟水，並獻上對他而言堪稱異國珍饈的花生果醬三明治。他很喜歡。他告訴我，他和家人在叢林裡的這段時間只能吃植物的根。他英文非常好。他開始放鬆。我問他是否喜歡花生醬，他對我張嘴笑。我拍到我想要的照片。接下來

[1] 美國國務院估計在聖主反抗軍最活躍期間，約有兩百萬人逃離家園，聯合國兒童基金會估計六萬六千名孩童遭綁架誘拐，http://www.state.gov/r/pa/prs/ps/2012/03/186734.htm.

這名烏干達軍人是二〇一二年五月緝捕阿切蘭姆將軍的小組成員。二十多年來，阿切蘭姆將軍擔任約瑟夫・柯尼麾下的高級軍官，以聖主反抗軍的旗幟竊奪孩童，濫殺平民。Howard G. Buffett

幾個星期，五十六萬五千張護貝文宣如雨水般降在中非共和國的叢林，上面印著我鏡頭下的阿切蘭姆，笑顏逐開，顯然很開心，文宣也引用他的話力勸聖主反抗軍的戰士們出來投降。接下來的一年內，幾十名戰士和幾百名的受害者走出叢林，其中一位赤腳、獨眼的戰鬥者衣衫襤褸將阿切蘭姆與家人的照片高舉過頭，在中非共和國的奧博（Obo）繳械。投降後他說他和柯尼並肩作戰已有十六年。

十年來，我試圖揪出飢餓問題的本源並創造效果更持續的解決方案，這場歷險記是過程中少數令我腎上腺素爆發的遭遇之一。這是一趟壯闊的旅程，其中包括一些驚險刺激甚至令人匪夷所思的經驗。和一名殘暴軍閥的會面為什麼會出現在飢餓的等式裡？因為軍事衝突是對抗飢餓最艱困的挑戰之一，在非洲和中美洲尤甚。柯尼及其黨羽個別的嗜血野蠻故事固然駭人，但重點是那兩百萬流離失所的人、六萬名遭綁架的孩童，二十年來始終處在脆弱不堪的飢餓境地。

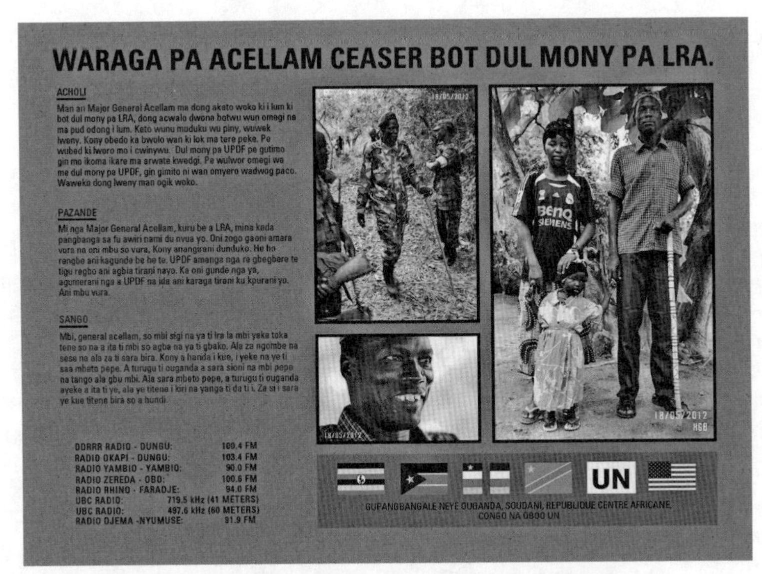

文宣裡的照片呈現卸除武裝的阿切蘭姆。推翻他受到嚴刑拷問並已身亡的傳聞，鼓勵其他受害者尋求庇護，逃離柯尼的魔掌。CLRA Partners

戰爭是醜惡的，對孩童和家庭造成長久的重創。它使農業無法生產，糧食運送中斷，並且摧毀了土地。它造成大規模人口遷徙，人們為活命而出逃。這樣的人口遷徙很難真正復原。逃離家園代表得住在骯髒擁擠的難民營長達數月甚至數年。終於返家後，才發現自己的土地和房子早已被他人理所當然的視為己有。當前述娃娃兵成功脫逃或終於被釋放，未受教育、精神受創、和家人失去聯繫的他們要如何從過往的生活中走出來，要如何自力更生？在毒品控制下賣命殺人是他們的童年縮影。他們的工作技能有限，而且經常為自己族人所痛恨。

聯合國農糧組織（FAO）於二○○五年指出衝突是造成世界飢餓問題

的主因。[2]二〇〇七年牛津大學經濟學者保羅・高力（Paul Collier）在《最底層的十億人》（*The Bottom Billion: Why the Poorest Countries Are Failing and What Can Be Done About It*）中提出分析結果，世界上最貧困者大都來自非洲國家。其中百分之七十三人口最近曾經歷內戰，或持續生活在內戰陰影當中。事實是，世界各地的衝突都讓貧窮和飢餓變本加厲。你將在本書中看見中美洲毒品戰爭殘害生命的故事。譬如在墨西哥某些區域，許多偏鄉家庭被迫放棄種植玉米和豆子，轉耕作大麻，在毒梟大亨的槍口下失去溫飽的機會。

我必須坦誠：我對南蘇丹叢林那種劍拔弩張的高風險情境趨之若鶩。我深受衝突相關的挑戰所吸引，因為這是我們所面對最困難的問題。我樂於深入其他慈善家和援助團體不會或不能造訪的地方。不過，這種出生入死的冒險不是我平常的工作。

你將看見，我只是一介農夫。大部分時候，我面對糧食不安全（food insecurity）——當一個人不確定他的下一餐在何時何地，又該如何取得——與貧窮問題的角度，是一個成天和穀物聯合收割機與播種機為伍，熟悉土壤、種子和肥料的農夫。我搏鬥的對象是天氣、病蟲害和雜草。然而，我致力於點破飢餓的全貌及其複雜結構，包括最令人難以接受的事實。我可以向各位保證，即便在農業組織、糧食安全會議、華府決策小房間這些相對不戲劇化的場合，亦充斥著資源的浪費、腐敗，以及錯誤政策所帶來的無意傷害。這些障礙、政策和官僚的牛步，令我狂怒不下一名軍閥的冷笑。每年有數百萬人死於營養—飢餓相關因素，其中有三百多萬的死者是孩童。[3]

我花了點時間、繞了點路才投入這項任務。不過，各位若想知道我怎麼會跑去替軍閥做三明治，我們得先離開這座叢林，穿梭時光，回到「美國的麵包籃」（America's Breadbasket，按：泛指美國中西部幾個生產小麥的州）某個寧靜得多的現場。

[2] http://www.fao.org/newsroom/en/news/2005/102562.

[3] http://www.wfp.org/hunger/stats.

第一部

「四十個機會」之根

故事一
倒數計時開始

我在伊利諾州中部耕種一千五百英畝地。我從阿桑普申（Assumption）的史隆器具行（Sloan Implement Company）購買許多農具。阿桑普申是位於迪卡特（Decatur）南邊的小鎮，人口約一千兩百人。強鹿牌（John Deere）各式拖拉機、聯合收割機、播種機、拖拉機和拖車在史隆店門口一字排開，彷彿一支浩浩蕩蕩的綠色機器軍團，殷切盼望有人能帶它們去兜風，能坐到它們背上，或者到你的田裡上工，將繁重的粗活做得又快又好。走進店內，各式零件、油和工具應有盡有，後頭有一棟洞穴般的建物專門修理設備。春耕夏收期間，修理部門忙得不可開交。當時序進入冬季，這棟建物扮演起不一樣的角色。隨著雪片在休耕的田野堆疊，許多農夫三五成群來這裡問問題，抱怨玉米或大豆的價格，就新的點子和設備高談闊論。好農夫樂於學習並與他人交流經驗。史隆舉辦名為「耕作者學校」的講座已有一段時間。

我第一次參加「耕作者學校」講座是在二〇〇一年的冬季。在農耕事業外，我同時是鄰近一間穀倉全球製造商GSI的合夥人，並且擔任生產中樞灌溉系統的林賽公司（Lindsay Corporation）董事，這套灌溉系統用於航空旅人飛越美國中西部時會看見的圓形農地。強鹿公司有值得一看的新設備問世，史隆店宣傳表示這次講座邀請了幾名店外講者。某個星期六，我走向史隆店後的棚屋，裡頭擺著二、三十張摺疊椅。第一位講者的開場白改變了我的人生見解。我當下沒有做筆記，不過我記得那段話大致是：

你們大概都把耕作視為一個不斷重複的循環，從買種子、播種、施肥、收成，然後再從頭來過。不過，試著回憶父親帶你一起開拖拉機去播種的那天，然後想像未來你將每分每畝地交給兒女的那天。倘若身體健康無虞，每個農夫這輩子僅有四十次完成耕作循環的機會。你有四十次機會替作物播種，在變幻莫測的大自然中照料它們，然後祈禱能有好結果。次數足以讓你學會怎麼當個好農夫。但你終究得交棒。

你們當中有些已用掉不少機會。你們從過去的錯誤中學習成長，但我敢說你們沒有一個能夠坦然接受剩餘的機會被剝奪，哪怕只是一次。這個講座的目標是確保你們得到最棒最實際的工具，以及最棒最實際的使用建議。將四十次機會用得淋漓盡致。

我被打中。過去我從未用這樣的看法思考農耕。就某方面而言，耕作是可預測的：播種與收割的循環，令人很有成就感但也非常消耗心力的農活，日復一日，年復一年。一個農夫總是被農務進度追著跑，在進行一項任務的時候隨意環顧耕地，就會發現另有二十項工作等著你完成，而時間總是不夠。工作好像永遠做不完。這位講者提醒我們，耕作是有盡頭的。仔細思考後，我覺得四十次機會實在不多，而且我已經用掉很多機會了。我內心思忖，「光陰不等人！」

我對農耕開始有不同看法，也意識到這個看法不只適用於農耕領域。人很容易跌進生活的節奏，埋頭苦幹。無論你喜歡或討厭自己的工作，做得如魚得水或生不如死，生活不是一台反覆循環的跑步機，而是一條移動中的步道。錯過的不能重來。無論做什麼，把事情做對的機會有限。

每年有半年的時間我是一名農夫；照片中，我在伊利諾州的農場將一袋玉米種子裝進播種機。Howard W. Buffet

於是我問自己：「我有把機會用得淋漓盡致

嗎？當新的一年到來，我有試著改良精進我的方法嗎？我有對他人的新點子虛心受教嗎？我有從自己的錯誤中學到正確教訓嗎？」

在農耕的領域之外，我也試著調整生活中其他的重要個人發展。我受惠於雙親華倫與蘇珊．巴菲特，他們信任並看重我，將一筆豐厚資金當作禮物送給我成立霍華德．G．巴菲特基金會。透過基金會，我能夠持續支持對我、對我內人和孩子而言重要的事業，主要集中在野生動物保育的領域。我到亞洲、非洲和拉丁美洲出差旅行，不忘滿足對野生動物攝影的熱情，尤其是山地大猩猩和獵豹這類瀕臨絕種的動物。

我因為在旅程中看到越來越多受威脅的棲息地，終於領悟到全球糧食議題專家丹尼斯．艾佛瑞精闢分析的深意，他對我說：「沒有人會為了保護一棵樹挨餓。」當我看見這些情況的宏觀背景，我終於了解為什麼有這麼多動物面臨滅絕危機，以及雨林為什麼正在消失。若非深入現場，我們會將生態體系萎縮輕易地怪罪於盜獵者的貪婪和政府官員的腐敗。不過我也看見和瀕危物種生活在相同生態體系內的人類危害著自己的生存。其中有許多挨餓的人。如果我自認盜獵瀕危動物是養家活口的唯一辦法，我會怎麼做？如果我用來養家活口的土地因為過度利用不再生產，我會介意土地旁的雨林有沒有被保護嗎？或者我會砍伐、放火燒掉雨林，利用雨林曾經遮蓋的土壤？答案似乎不證自明。

如果我關心瀕危物種、棲地保育和生物多樣性，我知道我必須將心力投注到一個更根本的議題。我必須從飢餓這個面向著力。很快地，關於飢餓的諸多數據鎮日縈繞我心。

聯合國估計今日約有八億七千萬人口處於長期或慢性飢餓狀態。[1]營養不良和飢餓對世界各地的孩童造成終生的身體或發育負擔；營養不良和飢餓不僅影響孩童學習，而且和其他威脅諸如恐怖主義和人口販賣相連結。在所有戰爭中都存在飢餓問題。軍事占領或叛軍將地方糧食占為己有，飢餓的人們為提供食物的一方賣命，孤立村莊、囤積糧食是緩慢但有效的手段，削弱敵人的勢力，有時甚至足以逼他們走上絕路。糧食就是權力。

在我的國家有六分之一人口，也就是五千萬美國人（其中一千六百萬是孩童）身陷所謂糧食不安全的處境。[2]這就是人類目前面臨的挑戰，現在的地球總人口數為七十多億，二〇五〇年這個數字會增加到九十億。四十年不到。在我們多數人有生之年內，飢餓的挑戰會更形惡化。

在史隆講者讓我開了眼界後幾年內，正當我對保育議題的思考有所改變，我的命運轉了個彎。我的母親蘇珊於二〇〇四年辭世，這件事促使我父親對慈善事業的觀點走上新的方向。我的母親在我的家人和每個認識她的人眼中都是一股激勵的力量。她和藹大度，對改變世界有不可動搖的執著。父親原先計畫將一大筆資產過戶給母親，由她透過自己的基金會分配給需要的單位。

1 http://faostat3.fao.org/home/index.html.
2 http://feedingamerica.org/hunger-in-america/hunger-studies/map-the-meal-gap.aspx.

事與願違，父親在母親去世後決定以更大規模資助我和姊姊、弟弟各自的基金會。我即將展開一個振奮人心的挑戰，不是人們只會在雞尾酒會上提出的那種假設性問題，或者被寫進電影劇情裡的計畫：如果你能用十億美元去做一件重要的事，你的選擇是？

我很清楚自己想做的事：提供糧食給飢餓的人。許多慈善家已經走在這條路上。我對已投身充斥飢餓和貧困地區的人提供補助。我資助不同非政府組織（Non-Governmental Organization，簡稱NGO）的專案，支持從鑽水井到藉由耕作教學改善前孩子兵生活狀況等數不清的有趣計畫。我到糧食不安全情況嚴重的國家旅行，決心了解他們的農業可能性。我問一堆問題。最後發現似乎沒人嘗試任何針對非洲設計的特定技術，或針對非洲進行具規模的實驗計畫。有鑑於此，我的基金會在南非買下一大片耕地，專供我們的研究團隊使用。我們接著在伊利諾州和亞利桑納州投資不少英畝的研究田地。我沒有生意人口中的「分析型優柔寡斷」。我是躍躍欲試的行動派。

過去十年，我們基金會挹注兩億美元在農業基礎的各式專案，希望能幫助在開發中國家打拚的基層農夫。我造訪超過一百二十個國家，和上千名農夫對話，也和任何深耕這個領域的任何人談話交流，這些人包過各國元首、搖滾巨星、神職人員和教授。

新的能量

前言到此為止，我直說無妨：我們需要按下重新設定鍵。過去二十年中，慢性飢餓在亞洲與拉丁美洲已經趨緩，但卻開始在人口呈爆炸性成長的撒哈拉以南非洲蔓延肆虐。[3]聯合國農糧組織預告，全球農夫的總生產量必須提升百分之七十，才能在二〇五〇年提供足以餵養全世界的食物。[4]

欲達成目標，我們需要一股新的能量，以及各層級農夫聯手提高生產量：從出入史隆器具行先進的高科技農夫，到開發中世界只有一把鋤頭的鄉下貧農。除此之外，必須重新組織、布局每個投身世界糧食問題參與方所帶來的影響：政府、NGO、學者、慈善家和農業企業等是其中的主要角色。我們需要勇於和實際困境正面對決的衝突解決方案，因為許多為飢餓所苦的人是在衝突的陰影下耕種餬口。我們需要重新思考已開發世界所使用的耕作技術，傳統方法正在摧毀表土，而表土是確保未來農業生產力的重要關鍵。

有志者事竟成。全球社群曾經積極介入並成功阻止飢餓。一九六〇年代早期，所謂的綠色革命據統計使印度和東南亞十億人口不致餓死。已故諾貝爾獎桂冠得主諾曼・布勞格（Norman

---

3 http://www.fao.org/infographics/pdf/FAO-infographic-SOFI-2012-en.pdf.

4 http://www.fao.org/nr/sustainability/food-loss-and-waste/en.

Borlaug）引領綠色革命，大規模生產特定幾種穀物，像是小麥和稻米。科學家、政府、農夫和NGO群策群力，共同創造一項奇蹟。

然而，這個模式在當前糧食不安全全面蔓延的非洲大陸上行不通。非洲陸塊地景多元，基礎建設乏善可陳，事實是，非洲由五十四個國家組成，而非擁有中央政府的單一國家，一切條件顯示印度綠色革命的成功案例無法以同樣規模在非洲如法炮製。幸好我發現世上存在許多熱情投入、不落窠臼的同好，他們提出令人充滿希望的其他理論和新想法，並且已經有所作為。巴西經驗證明當一個國家有意改變，不僅能夠培育出一個永續、對環境負責的新形態農業，還能創造一個連小農都能參與全國糧食安全需求的農業體系。確切細節後續篇幅會和大家分享。

我們能否說服全球社群和有大量糧食不安全人口的國家政府採納史隆講者所提出的心態？近幾十年來援助物資總計達數十億美元，糧食不安全不僅沒有好轉的趨勢，有時候還適得其反。我已不再贊助最典型的NGO專案，也不再挹注資金到某些國家，因為他們無心從事結構性轉變，以及有助於將人民從飢餓和貧窮中解放的土地改革。莫以西方思想解決非洲困境。我們需要從過去的努力和挫敗中去蕪存菁，採用新的理論模型和尖端科技，雙管齊下，充分利用所剩機會。我們不能只是掏錢資助慈善活動，獎勵愛心；我們必須資助能夠自力救濟的解決之道。

這本書說的是我得到這個結論的過程，以及我對未來怎麼繼續前進的看法。這是一本故事集，全部共四十則，關於我嘗試抗擊全球飢餓的心路歷程，還有霍華德·G·巴菲特基金會團隊和我個人投入至今所發現、嘗試、釋放、搞砸、達成和獲益匪淺的一切。有些案例呈現的是心有餘而力不足的窘境，包括我們和其他單位的執行不力。有些案例呈現其中的無知、文化衝突，以及某些想法的不切實際。你將看見我們仰慕的人，在這個領域裡打拚、甚至和受飢餓所苦之人一起生活的人，提出創新想法的人，決心不再重蹈覆轍的人。

本書也是對人性的致敬。即便在世上最貧困艱苦的地方，我總是能看見展露笑容的孩童玩耍著，玩著自己發明的小遊戲，樂在其中，或者將裝滿稻稈麥稈的布袋當成足球踢。我在最貧困的村子看見婦女眼中的驕傲和慈愛，雖然生活拮据，她們還是拿出食物或一杯簡單的茶歡迎我。不幸的故事實在太多，我只希望各位讀了書中的例子能對自己的生活加倍感激，同時不忘感激那些致力於改變世界的人們，他們可能在非洲的難民營，也可能在迪卡特的慈善廚房裡。你即將認識二十歲的「小銘鐵」，他六歲時被和家人拆散，當起娃娃兵，如今沒有能夠養活自己的技術、知識或任何資源。你即將見證一位世界級知名歌手的熱情和無私奉獻，以及前英國首相東尼・布萊爾（Tony Blair）如何幫助新一代的非洲領導人學習管理和治理方針。我還想介紹一位和我惺惺相惜的知音：一名迦納籍科學家、內布拉斯加大學剝玉米殼人美式足球隊的球迷，他教自給自足的農夫如何增加收成，如何維持家計，如何保護他們最重要的資產──腳下的土壤。

很多時候小犬霍華德・W・巴菲特（為避免混淆，以下簡稱ＨＷＢ）都跟在我身旁，父子倆在這趟旅程中一起探索開發中世界令我受益匪淺。遊歷之初，他只是一個標準的十二歲男孩，個性害羞。他是好奇寶寶，但有時會因目睹嚇人的生存困境和拮据境況感到不知所措，少有同齡之人和他有相同的經歷。漸漸地，他蛻變為一個對數百萬生命面臨的困境有獨特體認的男人。HWB曾經獨自踏上亞洲、阿富汗和其他土地，展開屬於自己的新奇冒險。他也曾擔任本基金會的執行總監，一任兩年。現在是我們基金會的信託人。他富有洞察力，不乏新點子，並且樂於與人分享。他熱中於尋找讓不同組織攜手合作的新方法，利用有效的管理技巧和技術幫助這些組織運作得更有起色，了解他們的成果。

貫穿本書每個故事的中心主旨，是我們「行動，事不宜遲」的主張。每天都有生命離開我們，每天都有人受苦受難。我承擔這項使命，不是要創造能夠傳子傳孫的個人遺產。我沒有這個想法。我決定不能只是做做樣子，挑簡單的問題解決，然後對自己改善少數人的生活志得意滿，殊不知世上還有數百萬餓肚子的孩童。我要謝謝父親的箴言幫助我度過許多艱難的時刻：「集中資源回應唯有你能回應的需求……犯錯在所難免；打安全牌是成不了大器的。」

本基金會秉持四十次機會的精神，將在二〇四五年完成全部基金的分配。如此一來，基金會實際上等於「破產」。HWB贊成這個做法，甚至更上層樓，用相同概念挑戰許多NGO，督促他們重新創造援助途徑，甚至問他們：「你們有幫助自己關門大吉的策略嗎？」從現在起，我們還有大約三十次機會把事情做對。

故事二

布拉格，一九六八年：蘇維埃軍人優先——「我們只能吃剩下的」

即便在某些極端情況下，飢餓充其量讓我感到不便。我曾經坐在顛簸的車上，隨泥土路穿越非洲大草原，連續好幾個小時沒吃東西，抵達目的地後，東道主端出山羊眼睛和炸鼠肉盛情款待我。等待食物的時候，我假裝大吞一口高酒精濃度的私釀醇酒，不想冒犯招待我的部落主人。而我曾經在一名婦人眼中看見的痛苦超乎一切想像。她生活在饑饉噬人的安哥拉村莊，三歲的孩子在我們見面前一個禮拜餓死了。骨瘦如柴，眼睛大概因肝功能衰竭變黃，她的牙齒搖搖晃晃、牙齦浮腫，大概也將不久於世。她把一名小嬰兒推到我胸口。「拜託，拜託，請一定把我的孩子帶走。」她乞求道。「我的身體壞掉了。」

婦人痛苦的深刻，已超過我的理解範圍，不過每次造訪世上極度貧困、為糧食不安全所苦的地方，我總是會看到類似的案例。然而，回想第一次意識到人們會因吃不飽而變得脆弱——以及衝突對糧食安全的立即危害——那念頭使我備受驚嚇。我是來自內布拉斯加州奧馬哈的純真青少年，那一次，我以為自己出國是去拜訪一位家中友人。

我生於紐約白原市（White Plains），在我雙親的家鄉奧馬哈長大。內布拉斯加州是美國麵包籃的中心，不過我家沒有農夫。在我玩著通卡牌玩具卡車、蒐集幼童軍成就徽章時，身為眾議員之子的父親正埋首建造他的金融投資帝國。

關於父親，其中一個令世人嘖嘖稱奇的傳聞是，他和先母始終住在奧馬哈的丹迪郊區（Dundee）樓房，他們在這裡扶養我和姊姊蘇西、弟弟彼得長大。我們家是一幢兩層樓的紅磚屋，一共有五個房間，和社區其他樓房沒什麼不同。外人大概不會覺得這棟房子裡住了個億萬富翁。長大的過程中，家裡成員就我們五個人——一對父母加三個孩子——因此多了一間空房。那間多出來的空房，對於形塑今天的我有很重要的影響。

在父親多得數不清的傳聞中，有些是真的。老爸是個金融天才，但也是腳踏實地、實事求是的那種人。他認為人生在世，每個人都應該靠自己，我們家三個小孩都清楚知道自己不能當個揮霍無度的伸手牌。每當有人問起，父親總是說他希望給孩子的足夠他們恣意揮灑，但又不能多到讓孩子一事無成。

對此，我滿懷尊敬。此外，我也希望大家知道老爸是個有趣的人，擁有無人能敵的幽默感。他沒有做過什麼奢華的事，因此有些人覺得他節儉過頭。他很常開玩笑地說：「我沒有買廉價西裝，是西裝被我穿得很廉價。」

我的童年很平凡。我從未挨餓，從未欠缺一個兒童或青少年該有的一切。不過，我們也沒做過一般人會覺得豪華的享受。度假往往就是一家人開著家庭旅行車（station wagon，**按：指掀背式的家庭房車**）長途旅行，然後三個孩子在車內打鬧、哭哭啼啼，把我們的父母搞瘋。我印象深刻的一次家庭冒險是去麻薩諸塞州，父親要參觀一間當時正在考慮投資的瓷磚公司，名叫波克夏海瑟威（Berkshire Hathaway）。關於這趟出遊，我最記得我們每個人可以帶一個玩具或一本書上車。我選了一本好大的著色書，驅車途中，我發現把書拿到窗外聽紙頁翻動的聲音好有趣。老爸一直說：「小霍，等一下你的書就飛了，而且我不會再買一本給你。」書真的飛了，他也真的沒再買給我。

老爸資助我的學業和我對旅行的渴望。他鼓勵我們三個追求自己的興趣，從旁協助，給予支持，但不常無條件施捨。我們說好只要我三年不拿生日和聖誕禮物，高中畢業後就能拿到五千美元的買車基金。我自己打工另外賺了兩千五百美元。我二十多歲時發現自己想當個農夫，他在奧馬哈附近買了一些地，我照市價付他租金，並且依他的要求每年償付百分之五的投資利率。

身為一位成功投資者，父親鮮少在家中大談投資理念，除非其中包含某些人生大道理。投資要長期經營是父親反覆主張的理念，另外還有隨時注意基本的價值觀，不能抄捷徑。我覺得相較於金錢本身，他對價值觀比較感興趣。他常說：「你知道嗎，小霍，建立一個人的聲譽可能要花三十年，但讓名譽掃地只要五分鐘。」他沒有對我們上投資課，或者對我們講解金流。事實上，我姊姊說過一個故事，她說小時候曾經填丹迪小學的家庭表格，然後媽媽要她在父親的職業欄裡寫「證券分析師」（securities analyst，按：字面翻譯為「安全分析師」，security亦有「保全」之意）。據姊姊蘇西說：「其他小孩看到都以為他的工作是到處檢查防盜警報器。」而我以為這代表老爸是保全警衛（security guard），我記得我應該有告訴彼得，然後我們都覺得這滿酷的。不過，我不知道我們怎麼會沒問他把槍放哪，為什麼沒有穿保全制服，而且他每天花這麼多時間看書、講電話，除了保護我們之外，怎麼可能保護任何人和物業的安全。

我的母親是慈愛體貼的人，她照顧我們，不讓我們學壞。就這點而言，有時候我是個令人頭痛的孩子。小時候的我精力無窮，血液中流著無傷大雅的叛逆。青春期的我曾經因為做了一件可惡的事，被母親反鎖在房間內，她要我花點時間反省自己的行為。我從窗戶爬出去，到鎮上的五金行用家裡的預存帳戶買了一個螺門鎖，然後爬回房間，從房裡把門鎖住，目的是讓她在禁閉期滿後，不得其門而入。現在想起來，連我都想斃了自己。

母親幫助我們擁抱自家後院乃至奧馬哈以外的世界。空房的故事要上場了。她有一顆好奇的心和一個慷慨的靈魂，在我很小的時候，她開始接待到奧馬哈大學（內布拉斯加大學奧馬哈分校的前身）念書的交換學生。幾年下來，我們家一共接待了六、七個交換學生，每次為期幾個月。第一個交換學生是名叫莎拉・埃爾—瑪迪（Sarah El Mahdi）的非洲年輕女人，來自蘇丹的她舉止優雅。*那是一九六〇年，我只有五歲，很多細節如今已無法回想。我試著回憶她色彩豐富的圍巾和洋裝，不過最鮮明的記憶卻是：莎拉住在我家的時候，我生平第一次被蜜蜂螫傷。我被嚇壞了，覺得好痛。她照顧安撫我。

警棍和長長人龍

對我人生有更長遠影響的是住在我家的另一個交換學生。薇拉・韋瓦洛娃（Vera Vitvarová）來自捷克斯洛伐克（今捷克共和國）的布拉格。她和我們同住時，她的國家正處變動紛擾的歷史階段。一九六八年初，知識分子和作家在短命的「布拉格之春」運動中綻放光芒，捷克斯洛伐克

* 莎拉到我們家的四年前，蘇丹剛從埃及獨立出來。後來，我一個人去蘇丹造訪過兩次。糧食不安全在這塊戰火連綿的土地已經存在數十年。我曾經在達佛省（Darfur region）首府尼亞拉（Nyala）住過三晚，每天晚上都聽見直升機的聲音，它們的任務是攻擊充滿飢餓民眾的村莊。首都喀土木的政府官員一概否認，不過我不僅親眼看到迷彩的Mi-24攻擊型直升機，而且成功拍到幾張低畫質的照片，我把即可拍傻瓜相機藏在洋芋片零食袋裡。隔天早上，當地人都知道前一晚遭轟炸的村莊有哪些。

處在政治民主化進程的開端。人們引頸期盼被鐵幕籠罩的國家走向改革之路，但蘇聯領導人布里茲涅夫（Leonid Brezhnev）絕不容忍任何民主化改革。同年八月，他派數十萬蘇聯軍隊入侵並占領捷克斯洛伐克，主要兵力集中在布拉格。

薇拉在侵略發生前不久住到我家。家人寫信告訴她事件後續發展，各大通訊社和電視新聞都報導發生在布拉格的動亂。披頭四的〈回到蘇聯〉（Back in The U.S.S.R.）在她和我們同住時很受歡迎。我喜歡〈回到蘇聯〉，可是每當電台播放這首歌曲，薇拉會顯得沮喪，請我把收音機關掉。

那年十二月我剛滿十四歲。蘇西比我大一歲半，她把時間都花在朋友和高中生活上，而彼得又太小，和薇拉沒有太多交集。她在一九六九年暮春回國，並邀請我們到布拉格拜訪她與家人。我好想去布拉格。

母親很反對。我們從電視和報紙上得知的消息大概有限，不過她確信布拉格政局不穩。我們都忘記過去新聞報導的即時性有待商榷，而且海外新聞往往非常粗糙，和現在資訊傳播的速度完全不能同日而語。我一直拜託老媽，和她爭辯。有一天老爸坐在客廳聽我們講話，一邊看著報紙，最後他終於放下報紙說：「蘇珊，讓他去吧。我覺得去看看對他會是不錯的經驗。」

於是我到布拉格報到，在那住了一個月。幾乎就在抵達的同時，立刻發現我們家對當地情況的嚴重性完全不了解。飛機降落跑道，我看見機場有好多坦克車和其他軍用車輛，到處都是軍方人士。因為我喜歡巨大的、鐵製的任何東西，所以那時只覺得好帥啊！下了飛機，走向海關，我發現檢查護照的是一名魁梧的軍人，他有配槍，板著一張冷酷臉孔。那是我頭一次感覺非常孤單無助。「他會讓我通關嗎？要是他不放行怎麼辦？要是薇拉沒來接我怎麼辦？」我不懂捷克文。當時可沒有手機這項發明。我的歷險記走向全新舞台。薇拉和家人出現了，我終於能稍微放鬆，但機場大廳乘客、地勤和軍方人員都散發一股緊張、肅殺的氛圍。我很快就會理解部分原因。

薇拉家是位在四樓的一間公寓，距離布拉格舊城區約半小時。她的父親米洛斯（Milos）是進出口公司的經理，每個月的收入折合美金約一百二十元，是當時人人稱羨的鐵飯碗。她的母親也叫薇拉，她有一個姊妹，叫海蓮娜（Helena）。公寓裡除了住他們一家，還有親戚亞斯洛夫（Jarslov）。亞斯洛夫搬到客廳打地鋪，我則獲得米洛斯書房的沙發。這家人擁有整棟樓唯一的一台電視，顯示他們的確相對富裕。

直到今天我還記得很多「異國」體驗，譬如說沒有熱水。我們每個星期洗澡一次，而且要先用爐子燒水，然後再把熱水倒進浴缸。但印象最深刻的回憶是關於食物。他們能吃的實在不多。我不清楚布拉格人們的生活因為蘇聯入侵而變得多糟。[5]我覺得甚至連薇拉都不太清楚，畢竟前一年她還跟我們住在美國。我和她一起去雜貨店很多次，每次都要排隊兩三個小時才能進到店

[5] 蘇聯入侵的歷史背景，請見http://history.state.gov/milestones/1961 -1968/soviet-invasion-czechoslavkia.

裡，最後只買了一點馬鈴薯和麵包回家。我們有錢，但是架子上幾乎什麼都沒有。當時的我對想吃東西時就能得到源源不絕的食物感到習以為常。我在布拉格的一個月，每天最多吃兩餐，每餐幾乎都是乏味的澱粉主食。我記得我納悶的問：「為什麼我們不能吃漢堡或肉排之類的？」

「因為蘇維埃軍人優先，」薇拉回應：「所有肉類和大部分蔬菜都給他們了，我們只能吃剩下的。」

布拉格有種超現實感。坦克車開在街上，建築物的牆被子彈打得千瘡百孔，四處都看得到士兵。有一次我目睹一群年輕人聚集在廣場上抗議自己的國家被占領，接著幾輛黑頭車停到廣場邊，車裡的人走出來，拿著警棍，開始毆打示威者。這是我記憶中第一次覺得簡直不敢相信自己的眼睛。我希望能做些什麼，但我也知道自己完全幫不上忙。另外還有一次，我聽說有一名修士以自焚的方式對占領表達抗議。我想親眼見證這個悲劇，但薇拉家中的氛圍讓我連提出要求都不敢。

到布拉格一個多星期之後，我問薇拉，「為什麼街角站的士兵都是捷克士兵？如果蘇聯是入侵者，不是應該站著蘇聯士兵才對嗎？」她解釋說，一旦街上變得人多擁擠，捷克人會躡手躡腳地走到蘇聯士兵背後，從後方往他們喉嚨劃一刀。於是蘇聯強迫捷克士兵到每個危險的站哨點站衛兵，把自己的士兵安置到比較安全的地方，負責監督、確保捷克人安分守己。

另一個超現實的場景發生在一九六九年七月二十日，我用薇拉家的黑白電視看著美國太空人在月球漫步。尼爾．阿姆斯壯（Neil Armstrong）踏上月球的那一刻，我感到無比驕傲。我想要大聲歡呼。美國人好幾個月前已經聽聞這場登月行動，那時所有的美國男孩都夢想長大要當太空人。薇拉家裡擠滿了鄰居一同觀賞，氣氛卻帶著點敵意。後來薇拉告訴我，電視中講俄語的主播宣稱整個行動是一場詭計：所有畫面都是在美國某個沙漠拍攝的。

我是內布拉斯加州奧馬哈的孩子，沒見過什麼世面，不過布拉格讓我了解，不該把在美國的安穩生活視為理所當然。我在薇拉的國家未曾遭遇個人危險，但我親眼目睹衝突區的生活樣貌。如今我依然時常想起自己在此行最後的行為，每次都覺得後悔不已。薇拉一家都是慷慨正直的人。她父親對女兒到美國念書感到非常驕傲，也對我們家照顧薇拉、把她當自己人充滿感激。他宣布要帶我和全家人到外面吃晚餐，作為餞別。我沒想太多，雖然我看出薇拉一副不太自在的樣子。她希望他能打消這念頭，但米洛斯很堅持。

我們去的那間餐廳裡幾乎沒有其他客人。薇拉神經緊繃。這趟拜訪行程我幾乎都處在低度飢餓的狀態。（我離餓死還太遠，但畢竟年紀還小，我對真正的飢餓完全狀況外。）青春期的我只顧自己的感受，心想：「很好，我終於能吃頓大餐了。」

我們入座，開始看菜單。薇拉的父親跟我說什麼都可以點，但薇拉卻對我使眼色。就在那時候，我覺得她真討厭。我不知道怎麼形容才更貼切，只能說，我當時表現得像個混蛋。菜單上有一道據說和牛排或漢堡類似的餐點，於是我決定就要點那一道。我完全沒有考慮價錢，也沒有任

一九六八年，大部分捷克斯洛伐克城鎮隨處都有蘇聯軍人。這是我的偷拍初體驗，也是第一次有膠卷被充公。Howard G. Buffet

何概念。薇拉對我說：「你不會喜歡那道菜。那和你以為的不一樣。」她父親要她別多嘴，我想吃什麼都可以。

薇拉和家人選了很簡單的食物。然後我的餐點上桌了，原來是一盤韃靼牛肉。沒錯，就是剁碎的生牛肉。我看了一眼，對大家宣布：「我不吃這個。」我當然不知道自己點了一盤生肉，不過薇拉早就警告我了。她很不高興。最後變成其他人得一起分食我點的餐。我不認為他們有多喜歡，但他們絕不會浪費這麼多的蛋白質。

每個人都會因為年輕或無知而犯錯，有的時候則是因為既年輕又無知。我們不能改變年紀，但可以修正自己的無知。這趟旅行是我第一次真正的個人冒險。這次的見聞和種種經歷將縈繞著我，點燃我想要幫助別人的渴望，那些處在不幸境地卻無力改變命運的人，就像薇拉和她的家人。我記得看著祕密警察用棍棒毆打人們時的恐懼和不安，我震驚又恍然大悟地意識到自己並非身在奧馬哈。我在一個人們不受到法律保護的國度。在這裡，你不能相信警察，規矩變幻莫測；在這裡，無所不在的動亂威脅著你和你所愛的人。

許多年後的九〇年代中，我在波士尼亞因攝影被捕並短暫入獄。波士尼亞衝突導致前南斯拉夫聯邦領土內克羅埃西亞人與塞爾維亞人的惡鬥，我被捕的時候，這場為期三年的波士尼亞血腥衝突正走向尾聲。我因身處沒有明確法治的狀況而感到無助。動機與意圖不明的警察坐在我面前，我的未來掌握在他們的手上，任人宰割，徹底的求助無門。我最終幸運獲釋。在這些自覺無能為力的短暫片刻，我對未知的恐懼頂多持續幾天或幾小時。但對世上數百萬人而言，恐懼是他們的日常生活。有貧窮與衝突就有糧食不安全，這是一個不變的道理。糧食不安全不僅使人身體不適，而且使人喪失自尊與人性。

我學到這些教訓是因為我們家裡多了一間空房，而老媽要我們知道世界比你所認識的還要大、還要複雜。也謝謝老爸放手讓我去冒險。這趟我從來沒吃飽的旅行回憶，還有那頓韃靼牛肉晚餐以及餐桌上一言難盡的各種情緒——薇拉父親的自尊、我的無知、薇拉對家人的保護與關懷——一直提醒著我，食物是人性的基本要素。款待四海皆然，營養不可或缺。

故事三

從推土到育土

褲子膝蓋總是暴露我的行蹤。我就是那種會在操場沙坑裡玩著玩具卡車的小孩：學引擎轟隆轟隆叫，假裝把卡車開上小坡，來個大翻車。我會在奧馬哈家中的後院玩通卡貨車，耗掉幾個小時。雨後的積水和泥巴讓遊戲變得更好玩，我穿著牛仔褲渾然忘我的把膝蓋磨得髒兮兮。即便到現在，每次結束農業計畫訪視回到家中，太太戴雯還是會對著我狼狽的膝蓋哈哈大笑。每到一個地方，我一定膝蓋跪地先抓一把土壤放在手中撥動，檢查土壤成分和有機物質，然後開始翻找地面下任何植物的根。

我必須學會分辨泥土和土壤。

很多人覺得我家來自內布拉斯加州奧馬哈，所以全家都是農夫，他們以為我父親進軍金融圈是打破傳統。事實並非如此。我的曾曾祖父在一八六九年的內布拉斯加州經營一間雜貨店，但我不記得曾和任何親戚談論關於耕作的話題，直到老爸在一九八〇年代自願投資奧馬哈北邊一塊四百英畝的地。後來我向他承租這塊地。

儘管如此，我自認是個不折不扣的農夫。在播種或收割季節開著拖拉機或聯合收割機是我最開心的事。

無論在世界的哪個角落，只要和農夫交談，我一定會跪下來檢查土壤。Trevor Neilson

十八歲高中畢業，我並沒有下定決心要走念大學找工作的那條路。我在高中表現優異，各科成績都很好，在辯論隊擔任主將，跆拳道也升到黑帶。可是，我不知道自己去念大學是為了什麼。我隨兩個朋友一起到南達科達州的小型私立學院就讀，一年後就覺得受不了。於是我決定要去日本學一種叫松濤流的空手道，希望能和我的跆拳道訓練相輔相成。老爸用臉上的表情終結了這個計畫。

我是靜不下來的好奇寶寶。後來我聽說加州有間查普曼學院（Chapman

College）在經營「海上世界校園」（World Campus Afloat），是「海上學府」（Semester at Sea）的前身，提供學子坐郵輪環遊世界的機會。學生除了上課，還可以造訪中途停靠港所在的國家，像是摩洛哥、南非、印度和台灣。這段經驗從各方面改變我的人生，指引著我往後的旅程和興趣發展。可是當「海上世界校園」的課程結束時，我還是對未來感到茫茫然，於是我在查普曼學院又讀了一陣子，最後還是回到奧馬哈。我對學習財務金融或投資興趣缺缺。現在回想起來，我只知道觀看一個男人在奧馬哈的建築工地操作單斗裝載機的經驗，把我送上了現在的人生軌道。當時我心想：「學這個我應該滿喜歡的，說不定有人願意雇用我。」

一旦找到目標，我就會為之著迷。我知道有個生意人叫弗雷．霍金斯（Fred Hawkins），是奧馬哈某大營造公司的老闆。我致電給霍金斯先生，詢問是否能到公司找他聊聊。這個粗鄙的男人白手起家，把公司經營得有聲有色。我踏進他的辦公室，自我介紹，表明想要學習如何操作推土機和其他大型設備。他直直看著我的眼睛說：「小子，你是含著金湯匙出生的。我的工作團隊五分鐘就能把你嚇跑。滾出我的辦公室。」巴菲特這個姓使我順利見到想見的人，也使我馬上被拒絕。

我不覺得他有意冒犯。身為老爸的孩子，我已經很習慣他人的尖銳回應，他們直覺我身上的標籤說明了一切，而不會花時間觀察我的為人。我想華爾街執行長和好萊塢演員的孩子會發現彼此都有類似經驗，不過在奧馬哈當華倫．巴菲特的兒子又是另外一回事。奧馬哈地靈人傑，最重要的是，在這裡你會看見別人眼中的你，你會知道他們覺得你有多少能耐。有時公平，有時不然。相較於地球上幾十億人面對的困境與挑戰，這點煩惱實在微不足道，不過年輕氣盛的我惱怒不已，不想別人把我當成誰的孩子來評斷。我抱著「我做給你看」的怨恨心情離開弗雷的辦公室，去見另外一個從朋友那聽說的營造承包商。我對這位法蘭克・提耶茲（Frank Tietz）說：「是這樣的，我想要學開裝載卡車。」他回應說不能雇用我，因為我沒有任何經驗。我反問：「如果大家都不給我機會，我怎麼累積經驗？」他不在乎。

「不然，我一個月不拿工資。」我提議。一個月後，他可以自己決定要不要付錢請我。我以為自己這招萬無一失。

「沒辦法。」法蘭克回答。「我的人會不高興。」

「和他們有什麼關係？」我問道。

「你想免費做的工作是他們賺錢的機會，行不通啦！」

我沒想到這點，於是又灰頭土臉的離開他的辦公室。我打電話給比爾・羅伯茲（Bill Roberts），他是我的朋友，經營一間挖掘公司。我問他，「如果我自己買設備，你可以把不想做的工作讓給我嗎？」

比爾答應了。

我莽撞的冒險加速快轉：我翻閱報紙廣告找到一台CAT 955K單斗裝載機，售價一萬六千五百美元，我心想這台比廣告上其他開拓重工（Caterpillars，簡稱CAT）的都便宜（殊不知，買賣到底是一分錢一分貨）。我向銀行借了一筆兩萬美元的貸款，因為我知道老爸不會借我那麼多錢。

比爾・羅伯茲好人做到底，幫我把我的CAT拖運到第一個工地：有個朋友需要挖地下室。我覺得挖地下室應該算不錯的暖身。一天下來，我已經在地上挖出一個大洞，不過坑洞的牆面有點傾斜，連接地面的斜坡也太陡，我的CAT沒有倒頭栽靠的完全是運氣。我停下來。我知道比爾在哪裡挖地下室，於是跑去工地現場花幾個小時觀摩。再次回到自己的地下室，我反覆摸索，終於學會如何挖出垂直平整的牆面。幸好我對挖地板滿有天分的。

比爾是真朋友，不斷分小型的案子給我，然後用他的拖車幫我把CAT載到現場。我決定買一台拖車，自己拖運CAT到工地。我去找哈利・索倫森（Harry Sorensen），這人也懂得操作重工設備，曾經到德州探鑽原油。我問他，「你可以幫我拼組一台拖車嗎？」

「可以。那你可以先付三千五百美元的頭期款嗎？」那時我已賺到一點錢，於是把頭期款付清。

六個月後，我還是得靠比爾四處幫忙拖運。每次我去找哈利，他總是說：「還沒好。再等幾個星期。」最後，我不得不跟他說：「哈利，把三千五還我！」他的回覆是，「我沒有錢。」

「你說沒有錢是什麼意思？」

「這樣吧，我拿其他東西補償你。你可以賣掉這台拖拉機，也可以留著自己用。看是要整地或接其他工作都可以。」那是一台一九五八年份的Minneapolis-Moline五星型號拖拉機。就連我都知道那遠遠不值三千五百美元，但我別無選擇。他已經把我的錢花光了，拖車注定是組裝不出來，帶走拖拉機是我能獲得的唯一補償。當比爾得知現在我有兩樣設備，可是依然沒有拖車時，他樂得大笑。

我開始用這台拖拉機接一些工作，沒多久傳動機就壞了。我向一間經銷商詢問零件報價，才發現光零件就要三千五百美元。瘋子才會在一台價值不到一千五百美元的拖拉機上投資七千美元。

我向周遭朋友請教，結果認識了一位名叫奧圖．溫茲（Otto Wenz）的設備修理天才。我告訴他，「我的拖拉機傳動壞掉，可是我手上沒有太多錢。」他修好了，而且很快。他不拿任何修理費，我問他有什麼可以幫忙的嗎？他說他需要有人幫忙盤打玉米田。盤打，或稱盤犁，是以裝配圓盤平凹切片刀的機具把作物餘莖和土壤絞碎。農夫經常在播種前將耕地盤打一次，翻鬆結塊的泥土，也清除雜草。我的農耕經驗是零，但為表達對奧圖的謝意，還是去田裡報到幫忙。奧圖的兒子韋恩（Wayne）也在，我們一起幫強鹿牌6030的老拖拉機裝上圓盤犁。我在烈日下操作拖拉機，抱著愉快的心情向韋恩學習有關耕作的各個步驟。最棒的是，我不用在地洞裡費力地推平牆面。這時我靈光乍現：「這比挖地下室有趣多了。」

耕作引起我的興趣。同一星期稍晚，暮色即將降臨，田裡還沒收工的只剩我一個。奧圖的拖拉機沒有車棚，照明也不錯。我們在有坡度的田地上工作。當我終於結束負責的那塊地時已經是晚上，我心想：「只剩一塊，反正我還有時間，乾脆做完再走。」才不到五分鐘，一輛輕型卡車衝向我，頭燈瘋狂閃爍。我停下機器，只見韋恩跳出卡車朝我飛奔而來。「停下來！你現在盤打的這塊是我爸剛播種的玉米田！我現在去開播種機，重新播種，希望他不會發現。」

我們的人生道路經常滿布荊棘、坑洞和歧徑，但任何值得努力或學習的事情，其實都包含這些元素。奧圖、哈利、韋恩、農夫法蘭西斯・克萊恩施密（Francis Kleinschmit），以及接下來幾

為了拓展生意，我在一九七六年買了一台傾卸卡車當拖車，可以把CAT拖在車尾載到工地現場。圖片來源未知

年我將認識的一群人，都成為我踏上從農之路的某種推力。如果當初哈利真的幫我組裝了拖車，我現在可能是奧馬哈的推土機大王，和耕作扯不上關係。如果當初拖拉機沒有壞掉，我不會認識奧圖，也沒有機會接受法蘭西斯的耐心教學。

綜觀和世界各地人士的交談經驗，最令人印象深刻的是，很多事業有成的人承認一旦他們決定目標，就會不顧一切地全心投入。犯錯的恐懼無法阻撓他們向前進。在找到最適合的職涯發展之前，他們往往已經在好幾個不同的領域嘗試摸索。為了充分利用人生的四十次機會，有些時候你必須做一些自己不熟悉的事，累積犯錯的經驗，然後改變攻勢，再次嘗試。概念說起來很簡單，問題是害怕改變的人太多。（事實上，農夫是最抗拒改變的群體之一。）如果你發現自己正在嘗試某件事，不要想太多，放手去做就對了。

經過這次耕作初體驗，我搬離奧馬哈幾年，不過我經常想起這些經驗。一九八二年再度回到奧馬哈時，我已經結婚，身上背著四個繼女和老婆的經濟重擔。我毫不猶豫決定找塊地承租，靠耕作維生。在田地度過的時光是我最快樂的時光，我和世界各大洲的農夫交換經驗（南極洲除外）。

ＨＷＢ還在蹣跚學步時，他會帶著枕頭跟我坐進農機具的駕駛棚座。我用卡式錄音機放他最喜歡的迪士尼原聲帶，父子共度幾小時美好時光。我讓他操作方向，帶領他認識田裡出沒的動物或景觀地貌。現在的他依然耕作著我父親買下的奧馬哈田畝。ＨＷＢ不像我熱愛大型機具和泥土，但他是電腦和GPS系統方面的專家，這些科技使今日的大規模耕作變得越來越成熟。他充分運用高科技設備，有一次他在華盛頓飛往奧馬哈的飛機上寄電子郵件給我，說他用黑莓機和機內無線網路在三萬五千英尺的空中遙控開啟了中樞灌溉系統。我是沙坑裡玩卡車的孩子；HWB則是每次斷電後負責重新開啟VCR錄影機的那種孩子。

農夫的多元樣貌

我個人的從農之路明顯不夠典型。我兒子喜歡農耕的原因和我也不一樣。不過，我不確定大部分美國民眾了解，對全球數億農夫而言，農耕實際的樣貌非常多元，我想就連制定農業政策或致力解決全球飢餓問題的政府與組織都不了解。農夫基本上不會是厲害的經濟學家、傑出的學術研究者或誇誇其談的政治人物，反之亦然——但這並不妨礙他們當中有些人對特定地理區域或地理限制的農業生產胡亂發言，儘管他們對於在那樣的環境耕作或身為一個農夫的思維毫無頭緒。

美國農夫在世界上顯得獨特有幾個原因。他們取得這個國家廣大平坦的區域，這些地區土質良好，坐落在我所謂的「豐饒腰帶」（fertility belt）上，也就是北緯三十到四十五度之間的地帶，主要由美國本土四十八洲所組成，氣候宜人，土壤肥沃，擁有世界上生產力最高的農地。*我們不只擁有極佳的地理優勢。美國農業同時獲益於扎實的基礎建設和大量訊息資源與研究數據的流通。

美國開始投資農業基礎建設是在一七〇〇年代，當時有九成人口靠農業為生。包括喬治・華盛頓在內的最初幾任總統都是農夫，很重視加強農業收成，而且非常關心農民的需求。美國很早就建立一套土地租用制度，個別農夫與他們土地的關係可靠而穩固，激勵了他們對土地的投資與發展，使他們能夠藉由耕作土地累積信用。美國農業部（USDA）成立於一八六二年，同一年通過的摩利爾法案（Morrill Act）幫助成立許多土地撥贈農業學院。到了一九六〇年代，政府在這些計畫——加上大規模研究和其他重要基礎建設元素，諸如鄉村電力、道路和鐵路——累積數十載的投資，創造出有利的環境，導致往後四十年的土地生產力以幾近三倍的速度成長。[6]

持續的研究和科技發展如今使農夫能夠交出十年前難以想像的生產量。衛星操控拖拉機與聯合收割機，施肥機根據即時自動偵測分析每平方英尺內作物的需求，並調整針對該平方英尺釋放的肥料量。一九二六年，一個美國農夫平均餵養二十六個人；今天，每個美國農夫可餵養一百五

---

* 北半球耕作腰帶包括美國中西部、俄羅斯和烏克蘭的黑海地區，以及中國北部平原。包括智利、阿根廷和澳大利亞南部在內的南半球豐饒腰帶農地也非常多產，不過南半球北緯三十到四十五度間的海洋多過陸地。非洲大部分土地不屬於南、北任一豐饒腰帶。

[6] *US Agriculture: Feeding the World and Investing in Our Future*, Howard G. Buffett Foundation, 2010.

十五個人。[7]

這些農夫擁有運用最先進複雜技術和數據的本事與資源——我們必須繼續支持他們的做法。糧食生態體系環環相扣，牽涉多重層面；倘若美國某年玉米歉收導致世界玉米價格飆漲，連帶會加劇全球飢餓問題的惡化。相對的，玉米豐收讓我們能夠在某場大地震後迅速有效地將救援物資送達。隨著世界人口不斷成長，生產力也必須跟進。目前全世界有五分之一的食用穀物是由美國農夫所生產。人們不了解的是，美國每英畝農地生產量的極大化，能夠拯救世界上其他角落脆弱的生態體系。

就連在我的家鄉迪卡特、一個被富庶農地包圍的中西部城市，人們並未察覺當地農業在過去三十年有極大轉變。這裡的玉米田加大豆田有數十萬英畝，但我依然會遇到將農作視為小規模穀倉經營的傳統事業。幾十年前，這一帶有很多是大約幾百英畝的中型農場，由農夫和他的家人一起照料，或許會再請幾個幫手。現在每塊土地至少都有幾千英畝，而且需要負責照料的地主越來越少，他們只需要請一些工人，然後把重心放在更大型且更複雜精密的機器上。開車經過農業用地會看見裝著GPS接收器的柱子一根根佇立在那。如此一來，農夫無需親手操作農機具設備，它們的座標會傳送到太空，由衛星控制。除了播種或收割季會額外雇用幫手，基本上屬於高自動化與機械化耕作。

這是美國農耕型態的一個極端。在光譜的另一端是崛起中的小型有機農，他們以各種低衝擊的綠色技術，推動有機和「在地購買」運動。該領域已發展出許多重要研究和技術。我支持有機耕作。我相信任何部門都需要多元發展，而且要區別出各種不同規模。我參觀過最印象深刻的示範農場是賓州的羅戴爾有機研究中心（Rodale Institute），這裡的科學家數十年來持續試驗並研發能夠保護與強化土壤品質又能提高收成量的有機耕作方法。

我對提倡土壤管理不遺餘力，這點留待後續詳談。儘管如此，我要提出一個有時不太受歡迎的意見：由於目前有數十億人每日處於飢餓狀態，我不相信有機耕作能夠餵養整個世界。整體的挑戰太過龐大，而飢餓問題最猖獗的地區往往環境惡劣，無法單靠這些方法度過難關，因為有機耕作不僅需要大量訓練，能夠使用的肥料和種子也有限，而且需要密集管理。我同意我們有必要關注每一塊土地的土壤品質——無論是全美國最大片的玉米田，或是瓜地馬拉、迦納貧農安身立命的一小塊地。維護土壤品質牽涉到被護作物（cover crop）的使用、作物輪作、減耕技術（reduced tillage technique），我相信世界各地任何規模的農夫都能實踐這套方法。不過想要提升近十億人的糧食安全，最終必須依據當地條件，執行適合各生產規模的最佳辦法，才有可能達成任務。

---

[7] http://www.ncga.com/upload/files/documents/pdf/WOC%202013.pdf.

小農金字塔

每個農夫都在全球飢餓問題中扮演不同角色。商業農夫的角色明顯不同於小農，但世界糧食生態體系需要善良聰明的行動者，不分層級與地域。我最關心的農夫種類是我認為受到世人誤解，而且被許多對抗全球飢餓的慈善團體所忽視的：自給農。

二〇〇八年，我在衣索比亞南部認識了一位婦人（這個國家受到乾旱與饑饉的雙重折磨）。婦人名叫阿妲娜奇．薩伊法（Adanech Seifa）。[8]我像平常一樣帶著相機隨行，在米斯拉克．巴答瓦秋物資發配基地，拍下她和十二歲兒子內吉賽（Negese）坐在地上的照片。這張照片讓我們忘不了需要幫助的人，我們必須想辦法提供他們長期的、效果持續的幫助。她眼神空洞、受盡折磨。她的兒子胸腔凹陷。皮膚掛在肋骨上。腿細得讓膝蓋好像一顆大樹瘤。

阿妲娜奇說她的地有一．二五英畝，但連續兩季收成都不足以餵飽家中十一口。她來發配基地是想尋求糧食補助。她以前有養雞，不過都病死了，也可能是因為乾旱。她沒有辦法儲存作物。我們見面時，她已經把最後的山羊和綿羊賣掉換錢買食物。然而，由於乾旱持續未改善，當地糧食價格飆漲，她換了錢也買不起。

我知道糧食救助能夠幫她度過下個星期，或許可以撐到下個月。糧食救助在類似極端情況發生時是維繫性命的關鍵。但大家都知道糧食救助不是長遠之計。問題是，我們要如何創造長遠之計？我們該如何幫助像阿妲娜奇這樣的農夫創造永續的食物來源和收入？

在非洲和世界其他地方，像阿妲娜奇一樣的人有好幾億之多，而且他們如何「選擇」成為農夫的過程不具任何趣味性，其中也沒有打破傳統的故事。他們根本沒有小型穀倉，遑論對小型穀倉產生懷舊之情。他們大概一輩子都沒有機會開拖拉機或聯合收割機，也不會天真爛漫地幻想自己是地球的管家。他們生產的糧食幾乎連餬口都有

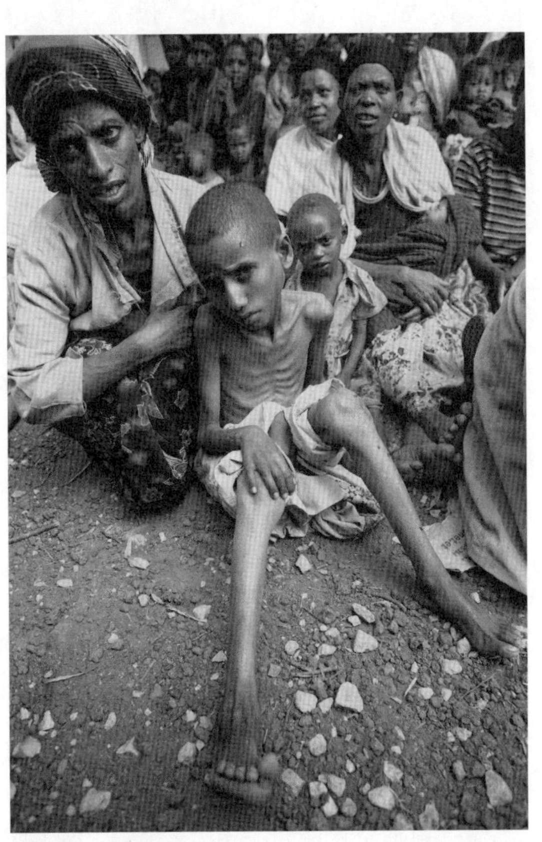

拍攝阿妲娜奇和她的兒子令我心緒不寧。我在她說話時按下快門，突然意識到她的孩子正在跟死神搏鬥。
Howard G. Buffett

[8] 欲知衣索比亞飢荒全貌，請見http://www.time.com/time/world /article/0,8599,191544,00.html.

困難，隨便一場旱災、病蟲害、病毒爆發就足以帶走家中一個或多個孩子。他們用最簡陋的工具和劣等種子，在不適種植與極端的環境中從事耕作。他們別無選擇。

不幸的是，有些政府、投資者、立意良善的慈善家主張應該把適合美國麵包籃地區高產量農夫的農耕系統，引進有數百萬像阿妲娜奇這種農夫的地區。這樣的取徑對自給農毫無助益。引進現代機械化農業的大規模莊園耕地體系，首先必須拿出上兆美元投資基礎建設與長期的職業技術訓練。在非洲，藉由道路網聯通和水資源管理推動大規模耕作，就需要五十四個不同政府的配合，其中大部分政府目前連撥放百分之十年度預算到農業投資都有困難，儘管農業是這些國家的主要支柱。

我們的基金會針對非洲農夫進行分析，我們認為他們主要可分為三類。我們發現其結構組成有如一座金字塔。最頂端的類型占比非洲農夫人口不到百分之五，我們稱之為菁英：他們是商業農夫，擁有足夠土地和生產量可雇用勞動者，而且買得起高品質的種子、除草劑、農藥和肥料。部分菁英農夫有灌溉系統，他們可以取得信用貸款，他們打通市場人脈，生產什麼都不怕賣不出去。他們還有一項在非洲罕見的地位標記：每日三餐，而且餐桌上少有自家產物。

屬於第二層的農夫類型只比菁英略大，我們稱之為「安定」農。他們的食物大部分都是自己種的，不過幾乎每年都能賣出部分收成，貼補家中收入。他們如果有小型倉儲系統會預留部分作物，等到收成季後作物價格回升再拿去賣。他們一天通常吃兩餐，有些農夫的小孩可以去上學。

將近百分之九十的非洲農夫（在某些地方比例更高）被我們稱之為「不確定」。阿妲娜奇就屬於這個類型。這些家庭每天吃不到兩餐，需要從事耕作以外的勞務貼補家用。即便如此，每日收入還是不足兩塊美金。他們沒有設備，沒有大型動物。他們重複使用種子（導致生產力逐次下降），而且常常連肥料農藥都買不起。他們的收成通常只夠自己吃，即便有多餘的作物，也必須在收成季低價賣出，因為他們沒有倉儲設備。他們看天吃飯。大部分孩子不能上學，身體比較虛弱，家中的主要農夫經常是婦女。

數百萬像阿妲娜奇一樣的農夫正處在瀕臨死亡的飢餓邊緣。他們幾乎喪失活動力。從來沒有人向他們傳授省力有效的耕作技術。他們希望學習新的耕作方法，可是接

曾經有個笑話說，男人和男孩的差別在於玩具的大小。沙坑裡的男孩始終沒有離開我，不過現在的我開拖拉機是為了認真幹活兒。Doug Oller

觸不到農業支援單位。他們的土地大部分都不是自己的。這些農夫的能力和落實大規模高科技農耕之間存在一道鴻溝，因此這個想法終究行不通。受惠於平整道路、發達鐵路網，以及大型穀物起降機的肥沃灌溉農地，在科技的輔助下有規模地提高收成量，但同樣的科技並不能解決「不確定」農夫的糧食安全問題。數百萬人住在偏遠地區，靠泥土小徑對外聯通，每次只能揹一袋食物給盤商收購，每次只能扛一袋肥料或種子回到田裡。

從農可以有很多不同的原因。有些農夫是第六代或第七代，他們在某個地方以特定方式持之以恆的延續家業。少數農夫則是像我一樣，繞了點路才走上耕作一途。然而，世界上多數農夫從農是因為他們別無選擇。對這樣的農夫而言，從農是最沒希望的選擇。全球糧食生態體系環環相扣；我們應該深入了解糧食的生產，同時體會糧食生產者的難題。我以農夫的知識處理這個問題，因為我的身分就是農夫。看看我褲子的膝蓋，那就是證據。

故事四
來自戴雯的禮物

我發現生命受到威脅的剎那在記憶裡烙印成一道白色條紋，灼熱而深刻，就像老師在黑板上用力地替重要單字畫上底線。

我在塞內加爾。室外凝滯的空氣熱得令人窒息。我坐在引擎發動的豐田Land Cruiser後座，冷氣出風口朝我狂吹。半個小時前發生的事完全不在我意料之中，我不敢相信那是真的。村民聚集在我剛離開的圍牆院落（compound*）外，說話音量越來越大聲，情緒中充滿敵意。剛剛跟我一起進去圍牆院落裡的兩個人，正在想辦法回到車裡。當地人圍住他們，怒目以對，一邊朝我指指點點。招惹他們的原因就躺在我大腿上：我的相機。

*譯注：四周有圍牆，自成一區的建築（群）。

半個小時前，一切還很平靜。我在看似平凡無奇的小村莊專注地拍攝一名美麗的小女孩，她圍著綠色和紫色相間的頭巾。世界展望會安排的這趟旅行目的是訪查農業條件。我們在塞內加爾的多沙漠地帶，經過這個村莊停下來補水，順便伸展四肢。世界展望會當地職員提議和一個站在全新賓士車旁的男人聊聊天。他是村裡的大人物，身邊聚著一群孩子。圍頭巾的小女孩看見我手拿相機，直直走過來，開始擺起姿勢，雙眼直視著鏡頭。其他孩子一發現我開始拍照紛紛蜂擁群集，小女孩從人群後面離開，走到其他地方。她想當鏡頭的焦點，不想和人合照。小女孩和世界上很多人一樣，希望別人看見她，記得她，認同她。

不毛沙漠中的一名美麗女孩是我能想像最極端的衝突畫面。

為了故事需要，我姑且稱世界展望會的職員為查爾斯。如果我把他的真實身分說出來，他現在還是有可能因為那時替我出面擋駕而受到生命威脅。查爾斯和賓士車旁的男人結束談話後，把我們趕回Land Cruiser，繼續上路。在車上，查爾斯邊開邊跟我們解釋剛剛的男人是「伊斯蘭修士」（marabout），某種宗教權威人士。「伊斯蘭修士」指的是蘇菲派穆斯林導師，他們開設研讀可蘭經的課程。我認識一些該地區的NGO員工，他們告訴我這些伊斯蘭修士從事某些非常極端的儀式，因此受到主流穆斯林的排斥。他們的群落只分布在北非孤立偏遠的小村莊。

我看出查爾斯變得心不在焉，情緒低落。突然間，他再也忍不住挫折和憤怒。他搖頭說剛剛停車的圍牆院落裡有被鐵鍊上銬的孩子。

我和同行另一名世界展望會的美國同事聽聞一驚，堅持要查爾斯把車掉頭。回頭的路上，他解釋說這派穆斯林的特色是一夫多妻、大家庭，但經常沒有足夠資源養活全家人。於是大人把小孩送到伊斯蘭修士的院落，接受宗教洗禮——和食物。伊斯蘭修士為了經營學校，把孩子們送到外面乞討。大部分孩子都很抗拒，會試著逃跑，修士於是用鐵鍊腳鐐把孩子彼此綁在一起，或者和大樹鎖在一起。

查爾斯把車停在靠近院落圍牆的地方。賓士車不見了。查爾斯走向站在門口的一個男人，神情緊張地走回來：那人是修士的兒子。他同意讓我們進去幾分鐘，不過我只能帶一台相機、一卷底片。（那時我還沒開始用數位相機。）我們把車開進第一道出入大門，下車步行穿越第二道。我們震驚地發現至少有五十名被上銬的男孩，有些被鍊在樹旁，其他則是彼此互銬。我不知道查爾斯怎麼辦到的，修士的兒子竟然允許我拍幾張照片。我假裝拍攝地面和建築結構，但其實我嘗試著盡可能多拍些孩子的照片。屋裡有大人。他們用疑慮的眼神看著我，然後開始聚集。他們的音量變大，面露凶色。查爾斯察覺我們已踩到某種底線，他要我趁他和另一同事轉移群眾焦點時趕緊離開院落。我安全回到停車處，坐進車裡，後座還有一位和我們同行的世界展望會同事。他一直在車裡等我們。

不知所措，高溫使我體力透支。看著鏡頭裡手銬腳鐐的孩子，我不斷提醒自己身處二十一世紀，眼前的景象也不是某種超現實惡夢。他們面露懼色：儘管頹喪、精疲力盡，還是對他人的關注感到好奇。這些學校有時候宣稱他們讓孩子像窮人一樣乞討，是希望這樣的「經驗」會讓他們長大懂得回報。我很難想像這種經驗能帶來任何教育意義。怎麼會這樣？父母怎麼會把自己的孩子推入這樣的境地？[9]

然後我看到一道白色線條閃過前車窗：一名年輕男子著全身白衣，表情瘋狂，一把打開前座車門，跳進駕駛座，把手伸向汽車排檔。我從後座抓住他的手臂，讓他沒辦法從空檔打成前進檔。同一時間，坐在駕駛座正後方的那位夥伴趕緊跳下車，從外面打開駕駛座，把穿白衣服的男孩拖出車外，推到離車子較遠的地方。此時，查爾斯和世界展望會的美國同仁終於回到停車處，開門上車。暴動的民眾將我們團團包圍，查爾斯讓車子緩緩前進——但沒踩煞車，他們跟在車外吼叫，有些甚至猛力拍打車身，直到我們終於突破包圍，離他們遠去。

查爾斯說，根據剛剛聽到群眾叫囂，以及他對這群人的認識，他相信白衣男孩意圖開車正面衝撞牆壁。倘若他能撞爛我們的車子，導致我們受傷甚至（包括他自己）喪命，他會被這群憤怒群眾中的極端分子視為烈士。

我們探訪圍牆院落的時間很短，而且我身上只有一卷三十六張的底片。我覺得最椎心的一張照片是一名剃光頭的男孩，他神情憂傷，雙腳被銬住，坐在地上讀著伊斯蘭典籍。他的腳踝套著舊襪子，這樣粗糙的鎖

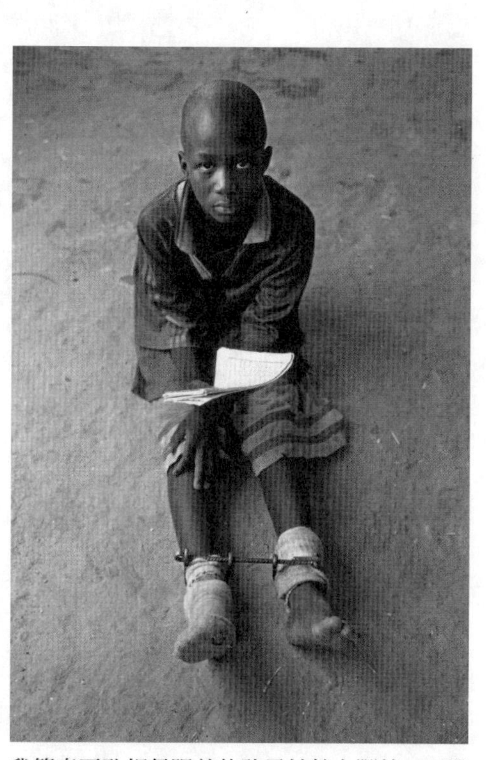

我簡直不敢相信眼前的孩子被鎖上腳鐐，不過我必須專注。我只有一台相機，三十六格底片，而且我必須在短短幾分鐘內盡可能拍下最有力的證據。

[9] 關於這些學校的更多背景介紹，請見http://www.hrw.org/news/2010/04/15 /senegal-boys-many-quranic-schools-suffer-severe-abuse.

具才不會直接摩擦骨頭。我將這卷底片洗出來寄到塞內加爾，世界展望會當地窗口帶著這張照片和其他照片去找地方政府官員，向他們通報這間機構對孩童施以虐待。官員起初不承認有虐待的事實，不過照片不會說謊。據說後來有醫生被派去替孩童們檢查身體狀況。

我因為相機身陷險境的次數不勝枚舉。有時是看見了別人不想讓我或任何人看見的事物，有時是面對不同的野生動物，或挑戰艱險地形與任何阻擋我達成任務的阻礙。但分享旅行經驗如今已成為我生活的一大重心，我的攝影和慈善事業密不可分。我出版很多關於瀕危動物和全世界窮苦生活的攝影書，透過攝影告訴人們我所關心的事，以及為什麼我們應該關心這些事——無論環境多惡劣，人性依然保有高尚和尊貴的一面；勇敢向暴政挑釁之人無論如何也要奮戰到底的生存意志。我希望攝影讓人看見這些痛苦中獨一無二、瑣細、私人的面相，同時也看見這些痛苦的宏大規模：外界不敢正視的難民營，人滿為患；砍燒耕作對雨林的侵蝕。

到西部

二十多歲時，我曾經和同樣來自奧馬哈的瑪西雅．鄧肯（Marcia Duncan）有過一段婚姻，那時的我還在摸索操作大型重工和農機具。雖然相愛，婚後我們很快發現其實彼此並不適合，於是辦理離婚。我年輕躁動，還在尋找屬於自己的人生使命。我尋求父親的建議，請他居中牽線，介紹我到他尊敬的經營者的公司學習。我們考慮了波克夏公司在奧馬哈以外的幾間公司，他說他會幫我介紹一份基層工作——「你要從基層開始做起。」我願意從基層做起。於是我來到加州，開始在時思糖果店（See's Candies）上班。

剛開始，我因為工作的緣故，有機會和一位備受信賴的維修工程師、同時也是資深時思員工長途旅行。時思糖果店的門市經過精心設計，以黑白兩色為基調，地板是西洋棋般黑白交錯的磁磚，櫃檯收銀員是穿著圍裙的女性。他每年要從加州旅行到德州和西部各州，檢查數不清的時思門市，確保每間店營運良好，嚴格且快速地瀏覽店面是否保持清潔。當時我覺得這位維修工程師像個八十歲的人，雖然我確信他的實際年齡遠遠不到。後來我轉到生產和包裝部門，負責控制每日出貨的紙箱訂單。

下紙箱訂單聽起來沒什麼學問，重點是讓紙箱和出貨完全一致。紙箱種類數量出錯導致出貨不正常對門市營運的影響很大。此外，多叫紙箱也會出問題：定期火災消防檢查時，如果門廳堆著大量未使用的紙箱，工廠可能遭勒令停業。

我很清楚有些時思員工不太歡迎華倫．巴菲特的兒子和他們一起工作。有一次，我的同事下了比需求量多兩到三倍的紙箱訂單，故意製造火災危害。主管把我叫到辦公室，罵我辦事不力，威脅要開除我。他把紙箱採購單拿到我面前：我立刻指出上面的簽名是偽造的。經過調查，公司發現偽造簽名的同事對我靠關係找到工作非常不滿。

老爸要求我每份工作至少要投入兩年，我也同意。我不討厭在時思工作，一陣子之後，也在公司交到不少朋友。然後，我遇上了戴雯。

當初老爸幫我找的另外一份基層工作是紐約的《水牛城晚報》（*Buffalo Evening News*）。認識戴雯後，我曾經心想，「還好沒去水牛城！」戴雯是我這輩子認識最特別的人。那時候她已經是很棒的母親，身邊帶著四個小孩。我在時思的最後一年非常愉快，不過我也到加州大學爾灣分校註冊，希望在這裡學到我未來可能需要、派得上用場的知識，豐富我的人生，不虛此行。

可是我想念奧馬哈。我喜歡在爾灣分校的課程，但我也想要結婚，而且需要能夠支撐和戴雯共組大家庭的一份工作。我不打算在南加州成家立業。我們搬回奧馬哈。我透過當初學習操作重機具的人脈接到一份替河堤除草的工作。婚後兩個月，HWB到戴雯肚子裡報到。

這次搬回奧馬哈，我開始認真投入農耕。內心有一股前所未有的平靜。耕作使我平靜，尤其是播種和收成的時候。儘管有些人覺得農事單調無趣或壓力沉重，但在田裡駕駛農機具做最基本的農活卻使我感到踏實，不致失去方向。

專注於駕馭拖拉機或聯合收割機的同時，你會將視覺世界中不必要的元素去除。我開始看見過去不曾注意的事物：老鷹和小狼。日落和月升。黃色、橘色、其他顏色的玉米稈，隨季節或時辰改變。雨後的土壤在陽光下閃爍，水分蒸發後，從黑色變回棕色。狐狸在玉米田裡奔竄。顯眼的綠色強鹿牌農機具和隨風搖曳的金黃穀物形成強烈對比。

我沒有相機，可是我很想和戴雯與孩子們分享在田裡看到的一切。HWB那時還只是學步嬰兒，但我們家中有四個女孩，而且她們全都熱愛動物與自然攝影。戴雯的女兒艾琳（Erin）有一台三十五釐米的入門相機——基本款。我向她借相機，試著捕捉我在田裡感受的深刻體驗，和全家人分享那些令人難忘的景色。

戴雯發現攝影觸動了我內心的某個部分。後來我常聽她對別人說，「小霍這輩子第一次那麼投入一件事情，一天沒說幾句話，很安靜。他不再四處對人說故事講笑話，也不觀察其他人，他對大自然的光影、顏色和各個畫面產生共鳴。人們說看小霍的攝影就好像看見了他的靈魂。」戴雯到內布拉斯加家具商場（Nebraska Funiture Mart）買了我人生第一台相機——賓得士（Pentax）三十五釐米單眼相機。我徹底上癮。在我認識飢餓問題的過程中，攝影扮演了重要的角色。我不能「轉移視線」。

剛開始，我拍攝大自然。不過，即便我的任務是拍攝大猩猩或北極熊或美洲獅，我還是經常把鏡頭轉向當地民眾。彷彿有個安靜的繆思女神在我的潛意識裡嘮叨碎念。我發現在瀕危動物棲地生活的居民常常都為貧窮與飢荒所苦。

我在拍攝過程當中學到的寶貴教訓很多是平時不會發現的。我開始注意像光線和空氣品質之類的生活元素。很多開發中國家的村莊被有毒的煙塵籠罩，當地人民每天呼吸這樣的空氣，對肺部造成嚴重損害。它們可能來自垃圾焚燒或炭火餘燼。無論來源為何，煙塵吸進人體很不健康，對幼童傷害尤其大，而且味道很難聞。這種空氣汙染存在是因為人們很窮，為他們帶來空汙的東西，同時也讓他們的生活能夠繼續。

拍攝人物另一個令我著迷的原因是，就算生活極度窮困，他們往往還是有一、兩個珍藏的物件想要與我分享，因為那些東西承載著他們的自我認同。我在難民營遇過婦女拿著有彈孔的鍋具給我看，或是一件逃難時帶走的血漬洋裝，作為她們遭遇不幸的鐵證。孩童們則想要讓你看他的某件玩具、玩偶，或是一台小玩具車。他們會充滿自信地拿著玩具讓你拍攝。這是對他們的認同，也是對他們在意的事物的認同。

追拍一張好照片也可能對你造成傷害。有時你會因為太專注於取景忘記這點。攝影記者常說每當手上握著相機，會覺得自己正在出任務，而相機就像是某種真相之槍。問題是，儘管幻想手上握著某種武器，真相之槍卻不能保護攝影者不受真實的傷害。我為了拍攝具說服力的照片曾數度置身險境：譬如在阿富汗乘坐黑鷹直升機在一萬四千英尺的高空全身凍僵；被北極熊攻擊；在獅子山共和國某鑽石礦場和一群手持十字鍬的憤怒男子起衝突。

上銬的塞內加爾男孩成為我腦海中為飢餓所困的眾生相之一。當一個孩子被套上手銬腳鐐，而提供他們食物和遮風避雨處的是殘暴不仁的老師，他們究竟經歷了什麼？過去十年，這些疑問不斷啃噬著我。我所目睹的悲劇和飢餓帶給人的痛苦，有時會把我逼到絕望深淵。當我在鏡頭後面，我告訴自己現在拍下的都是重要證據，總有一天這些影像會讓一切努力不再浪費。這是我在那些當下的情感應對機制。但日子久了，會壓垮一個人。

幾年前，我背部開刀。當我從麻醉狀態恢復清醒時，戴雯在我身旁。我在半清醒狀態下說了很多話，後來她告訴我，當時她覺得說話的是一顆「破碎的心」。我呻吟著，「他們全都會死，蘇丹的人。那些母親救不了她們的孩子。沒有人懂。每分每秒都有人死去……我幫不了他們……大家都不在乎……查德的人……他們全都會死。我救得不夠快。不管我怎麼做……」戴雯對藥物所釋放的情緒感到瞠目結舌——我們認為那是躲在鏡頭後面的我。

有時候我結束一個星期的行程，可能帶著五千張甚至更多的照片回家——其中許多具有關於旅程的特別意義。說故事的時候，我發現分享不幸孩童的影像，或難民營與林木消失的空拍照，最能夠讓別人了解我的所見所聞。攝影已經成為我充分利用四十次機會的重要支柱。

故事五

因為「艾爾來電」

德韋恩·安潔亞斯（Dwayne Andreas）是很棒的人，但個頭不高，當我抬頭看見他捧著兩英尺高（約六十公分）的書籍、文章和報告笨拙地朝我辦公室走來，我知道一定有什麼重要的事。這事發生在一九九四年。我坐在阿徹丹尼爾斯米德蘭公司（Archer Daniels Midland Company，簡稱ADM）的辦公桌前。這間公司資本額有數十億，是世界上最大的玉米和大豆加工企業。德韋恩是公司執行長，平常可不會像這樣扮演郵件派送員。他把整疊資料啪一聲丟到我桌上。「小霍，艾爾來電！」他大聲說。「我們得幫他一把。讓那些人支持生物多樣性，要快！」

那時我已在ADM工作兩年，而且是董事會的一員。我的職責包括在中美洲開發新的生意，擔任公司官方發言人和公共政策顧問。德韋恩·安潔亞斯的姪子馬蒂（Marty）是公司副總裁，我們倆的辦公室就在隔壁。德韋恩要我把資料讀一讀，寫一篇可以登在社論對頁版的文章，下個星期前找家大報社刊登，然後他轉身離開。我知道馬蒂一定有聽見德韋恩來找我，於是我繞到他的辦公隔間，我問他，「哪個艾爾？」

馬蒂笑道：「副總統艾爾・高爾（Al Gore）。」

提筆寫這本書的現在，距離第一屆巴西里約熱內盧的地球高峰會已有二十年。一九九二年，當時還是參議員的高爾在以氣候變遷、開發、生物多樣性為題的里約峰會倡導生物多樣性，提醒氣候變遷將帶來危機。[10]兩年後，成為美國副總統的他依然面對各領域重要企業的反彈，於是找上德韋恩尋求協助。一百六十八個國家在里約峰會期間與會後簽署「生物多樣性公約」（Convention on Biological Diversity），但剛結束會期的美國參院卻仍不予批准。[11]家畜遊說團堅決反對美國簽署此公約。高爾致電德韋恩，他對事情的理解總是能夠直搗核心，思索後，他認為ADM和整個農業圈都應該站在保護生態體系的一方。德韋恩在政界交遊廣闊。他知道怎麼拉攏這些人。

事後回想，隨著那疊資料落到我手上而來的經驗是一次關鍵轉折。務農是我和飢餓問題之間親身的、實際的連結。攝影則是情感連結。這個任務提供我認識與面對全球糧食安全的基礎知識

---

10 http://www.un.org/geninfo/bp/enviro.html.

11 關於生物多樣性公約的背景知識，請見http://www.cbd.int/history.

http://www.wineportfolio.com/sectionLearn-Great-French-Wine-Blight.html.

框架。我開始看見對話和農業之間存在過去我所不知道的關聯。老實說，大部分的人直到今天都沒意識到它們之間的連結。

ADM歲月

戴雯和我在一九八二年從加州搬回奧馬哈，我開始靠著務農和到艾塞克斯公司（Essex Corporation）上班賺錢養家。艾塞克斯是奧馬哈的多角化營造公司。我愛耕作，在艾塞克斯也工作愉快，但整個人有點躁動不安，我感覺自己受到祖父遺緒的牽引。

我的祖父霍華·H·巴菲特曾於一九四三至四九年、一九五一至五三年擔任內布拉斯加州的眾議員。他小時候家裡經營雜貨店，而他自己從政之前則是從事證券經紀。他是徹頭徹尾的共和黨人，他相信自由是美國人最該珍惜與保護的價值。我父親華倫·巴菲特以民主黨人的姿態成為傑出資本家，這兩個身分的結合令許多人感到意外。我的雙親最初都不是民主黨人，不過他們在民權運動期間轉而支持民主黨。我認同雙親對民權的信念，不過我也認同祖父的共和黨立場，我喜歡聰明、精簡、富同情心的政府，無為而治的思想深深吸引我。

我一直很熱中政治。一九八八年的某天，我在《奧馬哈世界前鋒報》（*Omaha World-Herald*）上讀到，道格拉斯郡立委員會十年來首次釋出兩個公開競選席次——而且沒有在任者參選。我打電話給戴雯說我想要參選。

「你確定你知道郡立委員會在做些什麼嗎？」戴雯質問我。我還真不知道。

我打給母親請教她的意見。郡立委員會委員代表的選民基礎可不小，只略遜於地方國會選區。「你應該先去選學校教育委員會，」母親向我建議。「從基層開始，慢慢朝郡委會努力。」

這個建議很合情理，但我卻一心想著兩個席次代表我選上的機率很高，是千載難逢的好機會。於是我去找父親，我問他，「如果有個人曾經競選失利，你覺得大家會因此看不起他嗎？」

「當然不會！」他說。

如果他當初說會，我肯定不會出來參選。就憑父親這四個字，我踏上了從政之路。

我對競選流程所知不多。我非常不安的投入這場選戰，不過我很喜歡和大家開會，也喜歡和眾人談話交流。我的個性比較樂觀直率，選民似乎滿喜歡的。有天晚上，我預定要去參加一場專為候選人舉辦的冰淇淋社交活動，主辦單位是奧馬哈某地區的死忠民主黨團體。我問父親，我出席與否有差嗎？我永遠忘不了他有點困惑地看著我說：「小霍，只要你不表現得像個蠢蛋，他們會覺得你很不錯。」看著今天某些可笑的亂象，其中不乏全國性的鬧劇，我真希望更多候選人能聽取他的建議。

無論如何，角逐委員會席次的過程很有趣。我會帶著孩子參加競選活動。有一次，我帶著HWB在一間教堂前面發傳單，當時他大概五歲，一名老人走到我面前說：「霍華，我好高興你又出來參選了！」HWB一頭霧水地問我怎麼回事。我悄聲說晚點再解釋給他聽。我向老人微笑，謝謝他的支持，然後跟HWB說這個人四十年前大概曾經投票給我的祖父，所以當他看到「霍華．巴菲特」的名字又出現，就把我錯認成我的祖父了。

老爸樂見我投入競選。他的參與顯然有點棘手。他如果不支持我，外人會覺得很奇怪。但如果他太過慷慨的資助我的競選經費，也不是一件好事。最後他決定，我每募集十美元就可以從他口袋得到一美元贊助。當人家問起他對我競選公職的看法，他開玩笑說，我競選海報上的巴菲特（Buffet）應該用「小寫的b，因為小霍是巴菲特家最沒本錢的（capital，**按：capital直譯為資本、本錢，但亦有大寫字母的意思**）」。

我打了一場苦戰。雖然沒有在任者參選，但包括我在內的四個候選人當中有三個名門之後。除了我之外，另兩位候選人的父親一個是參議員J．詹姆士．艾克森（J. James Exon），另一個是任期間去世的奧馬哈人氣市長伯納．賽門（Bernard Simon）。四人中唯一的女性候選人琳恩．貝伯（Lynn Baber）想出一句機智的競選標語：「我不是誰的兒子。」

選舉開票夜來臨。我很緊張。我們家流傳一則有趣的故事，關於祖父如何在第一次參選國會時，提早在開票作業結束前就寢。隔天早上有位記者致電採訪。他的回應是：「我相信奇普（查爾斯．F．）麥克勞夫林會用兩年的任期好好替內布拉斯加民眾做事。」困惑不已的記者答：「可是贏的是你。」要不是自己身為候選人，而且選舉期間無助地看著敵對陣營在其他選戰中勢如破竹，這種趣聞軼事聽起來會更好笑些。

父親陪我熬夜看開票結果。約莫凌晨一點，我們倆決定放棄，上床睡覺。我的情勢看好，不過我不想在官方完成計票之前自行宣布勝選。隔天早上，我得知自己確定當選。擔任委員期間，我覺得很踏實，我們確實有為民眾服務。不久後，州長凱．歐爾（Kay Orr）指定我出任內布拉斯加州酒精委員會委員，這個任務也相當有趣。

我的四年任期在一九九二年結束。接下來我將被新的任務驅動，而且都是和我的拖拉機或聯合收割機無關的任務。

大企業觀點

我在一九九一年加入ADM董事會，有一部分是因為公司生產酒精，想借重我在酒精委員會的經驗和長才。不過最初德韋恩．安潔亞斯想找我進ADM，其實是希望我能出來競選內布拉斯加州州長。我有點心動，但也意識到由其他人幫我掌管聰明、精簡、富同情心的政府，是比較明智的選擇；做一個州層級的全職政治人物會犧牲我和家人相處與從事農耕的時間，更何況我還有許多興趣想投入。

推辭勸進後，一個星期內，ADM又端著另一個誘人的職務到我面前：農企高層主管，可從業界直接認識農產業。ADM位在伊利諾州的迪卡特，接下職務等於要搬家。我剛開始直接把這個選項打入冷宮。不過，他們鍥而不捨的與我溝通，後來發現迪卡特附近也有很多土地可以讓我耕作。戴雯和我都同意這或許會是不錯的一場冒險，而且ADM給我的待遇不錯，我們可以讓孩子們住大一點的房子。於是我們在一九九二年搬到伊利諾州。

在ADM的三年半對我們生活產生或大或小的影響。我愛奧馬哈，但是在迪卡特，我和家人可以過低調的生活。此外，馬蒂．安潔亞斯是熱愛攝影的業餘玩家，我們有共同的興趣。我們會一起討論鏡頭和攝影技巧，到外地出差時也都會帶上相機。我開始積極地在中美洲從事收購，在墨西哥結交不少摯友。很多機關團體試圖爭取ADM對某些政策或其他非商業訴求的支持，和這些人頻繁接觸幫助我認識國內外政治、市場和法令之間的複雜關係。

認識生物多樣性是我人生中最重要的事。今天已經有越來越多人了解生物多樣性的重要性，但當時不了解的人仍占多數。在那時候，媒體報導的生物多樣性論點，大多都是從藥物的角度切入，因為大部分醫用藥物最初都是來自世界各地的植物。下一個絕種的植物，可能是能夠治療某種癌症的植物，確實是很嚇人的想法，但我看見生物多樣性對日常生活的影響不僅止於藥物方面。

當某個重要作物異常的瘋狂生長，或者遭受某種新病毒的侵襲，農業科學家的因應之道通常是對該作物進行雜交，或者為抵抗威脅以同物種的另一個品種取代之。譬如在十九世紀的法國，葡萄農因為一種叫做根瘤蚜（phylloxera）的蚜蟲肆虐損失慘重。他們找到的解決辦法是從美洲引進對蚜蟲有抵抗力的砧木，然後將夏多內或卡本內等不同品種的葡萄嫁接到砧木上。[12]一九七〇年代，當生長中的作物遭受南方葉枯病菌侵襲，成功阻擋災難發生的是玉米品種的多樣性。[13]

但對我而言，生物多樣性中最至關重要的一環和土地使用有關。身為農夫，我知道不是隨地播種就能收割。如果不把像美國這樣土壤肥沃或灌溉充足地區的糧食生產提升到最高，其實會對世界上其他環境脆弱地區的生態體系造成威脅，這是我鑽研生物多樣性課題之前從未想過的連結。

定植的雨林和其他生態體系是數百萬物種安身立命的家，這些生物的存在對空氣、水、土壤的整體健康很重要。它們在許多層面提供了保障生存的多樣性。雨林隔離了大量的碳。非洲大草原的放牧地一年中多數時候都乾燥不毛，並不適合發展農業，但生物在這個地區進行遷徙，許多重要物種得以延續。當我開始著手調查全球雨林現況時，我感到茅塞頓開。我發現一九九三年美國境內有五千萬英畝的閒置良田，而印尼卻為了種植大豆剷除一百五十萬英畝的熱帶雨林。厄瓜多以每年百分之二的速率拓展作物耕地、竭盡森林資源。大片的亞馬遜雨林付之一炬，只為騰出

12 http://www2.nau.edu/~bio372-c/class/sex/cornbl.htm.

13 統計數據來自H. G. Buffett, Research in Domestic and International Agribusiness。

供牛隻放牧的土地。[14]

雨林土壤肥沃是人們對熱帶雨林的錯誤觀念之一。相反的，這些地區的植物在一個複雜的網絡中生長，樹木的根部經常從地下竄出土表，伸進死掉的樹幹和其他植被，因為雨林的土壤缺乏養分。植物本身就含有養分，為了雨林和地球的健康著想，我們應該盡可能保存雨林的植被。過於頻繁的火耕只能短暫刺激雨林土壤的產量，幾年後，土壤會因養分枯竭而幾乎不再生產。更重要的是，樹林和其他植被的消失嚴重加速土壤侵蝕率，導致土石流、河流淤積以及水資源的汙染。

二〇一二年我到薩爾瓦多訪視一項農業計畫，搭機飛越西部海岸。薩爾瓦多曾經是雨林蓊鬱的國度，不過根據幾項調查估計，自一九六〇年代起，百分之八十五的雨林已經消失，改作農

飛越薩爾瓦多的河流，我看見河水因土壤侵蝕變得像巧克力牛奶。
Howard G. Buffett

耕和其他用途。[15]在某些地區，農夫密集地開墾陡峭坡地：他們把自己跟樹木綁在一起，在腰間繫上繩索從事耕作以免不慎跌落山谷。不幸的是，他們並未種植被護作物防止土壤流失，頻繁的降雨沖刷山坡土壤，導致河流呈巧克力牛奶色。當我們從空中飛越，低頭可見一處處蘑菇狀的深色水域點綴太平洋上的河川出海口。農夫面臨土地生產力下降的窘境。海洋每天接收的表層土達數噸之多，失去的表層土在他們有生之年將不會再生。

「別害怕」？

另一方面，美國農地能夠生產穀類而不對大環境造成嚴重傷害。我們擁有得天獨厚的氣候地理和技術，能夠以永續為前提在農業地區顯著地提升收成。我個人認為美國農夫長久以來忽視了保存耕地土壤健康的重要性，不過我們擁有保護土壤與增加收成的知識，落實這些知識是我們責無旁貸的任務。研究生物多樣性期間最令我印象深刻的是，美國政府為維持作物價格斥資數十億美元補助休耕，這些閒置土地都是肥沃的適耕地，值此同時，開發中國家卻拿錢貼補人民在脆弱

---

14 Management, vol. 12 (Greenwich, CT: JAI Press, 1996).

15 http://rainforests.mongabay.com/20elsalvador.htm.

的土地上加倍提高生產。

這個問題因某次歷史事件而變得更加複雜難解。美國總統吉米・卡特（Jimmy Carter）一九八〇年對蘇聯進行糧食禁運，意外為雨林帶來一場浩劫。在此之前，無法打入國際大宗穀物市場的巴西、阿根廷和其他國家，因為卡特對蘇聯入侵阿富汗進行制裁，突然看見一線生機。他們迅速提高產量供應蘇聯市場，開始積極的將雨林轉為耕地。*同一時間，我們坐視國內肥沃、健康、高產量作物耕地的生產能力空轉，任其荒廢，而且喪失在穀物市場曾經保有的一席之地。

這片瓜地馬拉的山坡地曾經是一座健康的森林，如今卻因火耕而受到永久的傷害，土壤遭嚴重侵蝕。

我開始向外接觸農業的其他部門，像是食品加工、農業協會和生產各式農業產品的公司。他們沒有急切想要加入公眾辯論，只是維持中立態度。他們同意提高產量的想法，樂見美國農夫藉由不破壞環境的耕作方式，帶著國內沃土孕育的高收成攻占穀物市場。倘若脆弱的生態體系能因而獲得保護，就當作美事一樁。

一九九四年九月，我在《華盛頓郵報》（*Washington Post*）刊登一篇文章，標題是〈別害怕生物多樣性〉。我說不簽署公約是愚昧的行徑，而且將失去和其他世界領袖國討論這個重要議題的機會。「如果世界糧食供應能夠和人口成長同步並進，那麼我麼應該把重心轉向如何增進肥沃、管理良善的土地收成，減輕脆弱環境的負擔。」我在文章中寫道。接下來，我詳細說明不同海外植物對美國農業健全的諸多貢獻。我主要想傳達的論點是，雖然全球人口百分之九十的糧食僅由二十個物種構成，維持生物多樣性仍有其必要。

德韋恩對文章讚許有加。後來他又再次光顧我的辦公室，他說：「參議院委員會希望你出席為生物多樣性辯護。」我回答他，「這不是明智的決定。我不是這方面的技術專家，他們會把我批評得體無完膚。不如讓我提交一份書面聲明。」我們決定就照我的意思。哈佛大學的農業專家雷・高博格（Ray Goldberg）當時也是ADM的董事會成員之一。雷讀了聲明後，透過電話聯絡我，希望我同意他把這份聲明收錄在下一本著作中。我又多做了些研究，回頭將聲明修改成較正式的報告：《生物多樣性與高收成農業生產的夥伴關係》。

文章的主旨很簡單，但這卻是我不斷強調美國農夫應該提高生產的核心因素，唯有如此才能

---

*我在第五部會談到，巴西漸漸調整他們的政策，減少亞馬遜雨林的破壞。

徹底有效的改善全球飢餓問題。我並不是認為美國必須以國內生產的作物餵養世界上所有餓肚子的人。（我會在接下來的篇章中說明我對改變糧食援助策略的立場，我贊成加強糧食不安全地區的產地購買。）然而，美國高效率、高收成的農業生產有助於數百萬英畝生物棲息地的保存、穩定糧食價格，並且創造危機時刻糧食援助所需的糧食存量。中國、印度和其他已開發地區的人口成長導致糧食需求量的激增。在我們提高產量供應這些市場的同時，其他地方脆弱的生態體系相對承受較少的負擔。我們儲備的剩餘糧食也可以在危急情況下發揮寶貴作用。

ADM是我在大型全球企業的第一份工作，往後我還會累積更多這類的工作經驗。我任職的其他董事會還包括林賽公司、康尼格拉食品（ConAgra Foods）、可口可樂（曾經是世界上最大的可口可樂裝瓶公司），後來也擔任可口可樂母公司的董事。同時我自一九九三年起就是波克夏海瑟威的董事之一。企業願景往往將農業研究聚焦在大規模生產，我們的確有必要放寬視野，這點我們留待後面討論。不過，就像對耕作一無所知的經濟學家或政治學家總是誇誇其談，行動主義和環境主義者也總是把大企業全視為貪婪怪獸，而主張他們必須接受更多規範並承擔應盡的社會義務，兩種現象都令我心生厭惡。我相信社會各階層都存在有智慧的、開明的人，他們不忍看人類受苦，積極回應危急需求，同時致力於保護我們的環境。

誠如全球生態體系，糧食經濟也受惠於多樣性。世界各地的耕作條件、市場、當地品味與需求各不相同。對抗飢餓需要餐桌上的每個人齊心齊力。

故事六

生對家庭，投對胎

二〇〇四年公共電視網（PBS）查理・羅斯（Charlie Rose）採訪我的母親蘇西・湯普森・巴菲特（Susan Thompson Buffett），罹患口腔癌的她才剛復元，那是她生平唯一一次的電視訪問。部分觀眾注意到她有點口齒不清，以為她曾經中風，但其實不是。口腔癌術後她得重新學習說話，已有長足進展，不過講起話來還是略顯吃力。幸好這並未削弱她的幽默感，她的笑話犀利但從不傷人。談到我父親還有他們之間的關係時，她帶著調皮的笑容說：「我以為我會嫁給一個為人類犧牲奉獻的人，像是牧師或醫生這類的。嫁給一個賺一堆錢的人，跟我當初的期望算是背道而馳。不過，我很清楚他的為人。世界上沒有比他更棒的人……賺太多錢這件事我就不計較了。」[16]

[16] 欲觀看訪問，請見http://www.charlierose.com/guest/view/1368.

那一年採訪後不久，母親因腦溢血去世。當時她和我父親正在懷俄明州拜訪朋友。事情發生的當下父親就在母親的身邊。U2樂團的知名樂手波諾（Bono）是我們的摯友，他在她的葬禮上獻唱。身為一個「不計較」金錢的婦女，她在《富比世》雜誌（*Forbes*）二〇〇四年的世界富豪排行上位居一百五十三名。她的波克夏海瑟威股分市值約在三十億美元。

外界對我們家的慈善事業一直都感到很好奇。我父親曾經說他絕不考慮把多數財產留給孩子，這番言論舉世皆知，人們有時候會以為這項聲明暗示我們的親子關係有裂痕。事實是，父親因為看見某些成功商業人士的後裔產生一種權貴心態，他希望自己的孩子不會變成那樣。他是務實的人。就好像出資幫我購買農地時，他會要求我提出如何獲利的計畫，而且把數字算得很精準，毫不馬虎。我的母親一輩子熱中於幫助他人取得生活自主權，對幫助孩童發揮與生俱來的天賦尤其不遺餘力。她不僅接待異國的交換學子，也在奧馬哈陪伴低收入戶家庭的孩童。任何形式的歧視都讓她震怒、氣惱。她的汽車貼紙是「好人來自各色人種」。有一次，不知道誰把「各色」劃掉，改成「白色」，她嚇得不可置信。

因為母親的熱中和啟發，我們三姊弟在一九八〇年代末期首次參與慈善工作。雙親把我們叫到面前，父親說他要創立一個家庭基金會。我們每個人每年可以決定把十萬美元捐給誰。這筆錢的首要資助對象是地方組織，像是內布拉斯加州娛樂和公園局（Nebraska Game and Parks Board）、美國大哥哥大姊姊組織（Big Brothers Big Sisters of America）和奇卡諾意識啟蒙計畫

（Chicano Awareness Head Start Program）。我自己偷偷給家裡的基金會取名「雪伍德基金會」，想像自己是羅賓漢和他的快樂幫眾，劫富濟貧。

我想我們三姊弟都很感謝能以低調的方式踏入慈善界，我們拿到的款項用來幫助不同組織綽綽有餘，但又不至於多到誘惑我們自不量力地玩起慈善分析與投資。不久後，我們每個人都想參與更多。一九九九年，父親和母親決定讓我們負責更大筆的資金，真正對各自選擇的慈善領域發揮影響力。蘇西、彼得和我都在那年拿到兩千六百五十萬美元的個人基金會成立資金。我對野生動物保育的初期探索來自這個時期，後來我的基金會在南非林波波省（Limpopo Region）購買一塊面積不小的圍欄地，作為獵豹棲息地和JUBATUS*研究中心之用。

約莫是這段期間我頓悟，如果不設法改善在飢餓邊緣掙扎的人的生活，保育野生動物的心願永遠不會有重大進展。我和母親在二〇〇二年一起到非洲旅行，我們的話題圍繞在慈善事業。我想她很高興看到旅行和攝影對我產生正面影響，我開始懂得為世界貢獻一己之力。

二〇〇三年我們震驚地得知她罹癌的消息，全家人齊聚為她加油。接受查理．羅斯訪問的時候，她開始更嚴肅認真地對父親施壓，希望他能撥出更多資產給慈善工作。母親有波克夏海瑟威的股份，二〇〇四年她將市值五千一百四十萬美元的股份當作第二份禮物，贈與給我們三個人

* 譯注：拉丁文，生物分類法中獵豹的屬名。

和母親、HWB在二〇〇二年到非洲旅行是我畢生難忘的經驗。我們都和她一樣，對人和生命充滿熱情。Paul Laing

各自的基金會。充滿愛心的舉動。母親似乎成功擺脫癌症病魔，恢復得不錯，因此我們對她在二〇〇四年猝逝感到難以接受。世界因她的離去，黯然失色。不過，她用另一種方式激勵我們為世界做事的善念。她在遺囑中為三個孩子的基金會做了安排，蘇西、彼得和我的基金會分別獲得五千一百六十萬美元的遺產贈與。

母親的去世大大地打擊父親——她是他生命中的摯友兼最佳拍檔。誠如許多文章提到的，他悲慟到無法出席她的葬禮。我們都感到失落，但是父親的失落最為深刻。我覺得這是因為他很喜歡提供母親從事慈善工作的資金，當那個幫助她改變世界的人。他總覺母親會比較長命先走的是自己。現在剩下他一個人，該怎麼辦？

我猜他一定有花點時間坐在辦公桌前看財務報表。捐款是一件複雜的工作，對此我越來越有共鳴。我見過許多正直、樂觀、慷慨大度的人，他們想要改變世界，最後卻因找不到心目中理念相符的慈善機構而理想幻滅。正因還在起步階段，最需要資助的慈善事業往往缺乏組織、管理人才或有效統籌大筆資金的策略方案。人們傾向投入簡單「可行」的計畫。這點無可厚非。問題是，這樣的慈善計畫往往是一次性的，成果不具延續性，影響力不出特定地方或是相當有限。同時，有些國際組織運作得不錯，但其成長規模限制了內部的革新能力，其行政成本和工作方法似乎也漸漸讓組織走向入不敷出。

父親環顧慈善事業的各個部門，意識到少了母親帶路，他需要一個有能力處理大筆金錢的組織架構。目標範圍立刻限縮，於是他發現在所有基金會中，比爾與米蘭達蓋茲基金會（Bill & Melinda Gates Foundation）最具規模而且朝氣蓬勃，於是決定將捐款交給他們善加運用。該基金會在二〇〇六年管理的基金已達兩百九十億美元之多，雇用超過兩百名員工。[17]他們致力解決全球性問題，並且希望能夠在這些議題上不斷擴大影響力。這樣的使命感對我父親產生吸引力。

不過，父親同樣欣賞彼得、蘇西和我所投入的慈善事業，決定也提供我們三人的基金會一筆慷慨捐款。那時他委託給蓋茲基金會的金額是三百一十億美元。誠如他給蓋茲基金會的條件一

17 卡洛・羅密士（Carol Loomis）詳談「股神」華倫・巴菲特的回饋社會計畫，http://money.cnn.com/2006/06/25/magazines/fortune/charity1.fortune.

樣，他給我們的捐款有附帶前提，我們三姊弟必須積極投入自己基金會的運作，並且遵守特定法律規定，像是保證其捐款全用於慈善事業。他承諾之後每隔幾年就給我們每個人的基金會一筆捐款，累積金額將達十多億美元。這個決定擴充我們的慈善事業規模與資源，為我們的旅程注入能量。他二〇一二年八月的八十二歲生日那天，他宣布將加倍給我們三姊弟基金會的捐助金額，當作給我們的一份禮物。

對我而言，這段經歷最具啟發性的元素是父親希望我們以最棘手的問題為目標。我們不需要像許多NGO一樣，在募款期間向捐款人展示基金會的「碩果」，我們可以直接切入正題，幫助生命沒有出路和資源的人。我們甚至能夠從錯誤中學習，調整再出發。我們趕到最艱苦的地方，幫助那些走投無路的人。

父親在本書他序中提過他的「娘胎樂透」概念：出生家庭的環境背景基本上決定了一個人未來的發展。他曾用不同方式在不同場合形容這個概念。譬如，他有時候會說，如果你能夠選擇出生在不用繳稅的孟加拉或是要繳稅的美國，你願意拿出多少比例的收入做一個美國人呢？他認為一個具備才智、理想、志氣的人出生美國所擁有的機會，和出生在查德難民營或薩瓦爾多偏鄉截然不同。

父親過去一直把造福世人這件事交給母親掌管。母親在我們還小的時候投入許多社區計畫，不過晚年的她開始將精力集中在少數幾個相對較大的領域。她積極支持民權運動，倡導全球性的家庭計畫和婦女生育權。她想改善和處境艱困之人的生活水準，他們往往與極端條件為伍。她關心基本的自由和平等。

如果你認識我的母親，甚至只是看了查理．羅斯的訪談，你會理解為什麼我的父親從不擔心大筆家產沒處去。誠如母親所言，賺錢始終是父親人生成就「記分板」上的一部分，但他不太在意花錢這件事。他對奢侈品沒興趣，也不喜歡像其他富人那樣炫耀自己的財富。他喜歡的是投資裡的競爭：和其他人讀相同的資料，找出能夠創造高回報率的投資策略，他不像其他人那樣缺乏耐心和紀律，總是不忘預想市場在短期、中期和長期的可能發展。不過，父親知道

娘胎樂透不只是一種形容我們多幸運的慧黠措辭。對衣索比亞的母親和受餓孩童而言——以及世界上生活在艱苦環境的數億人——這是血淋淋的事實。
Howard G. Buffett

母親善良而且樂於付出，是聰明無私的人。他對她完全信任，知道她會用自己的財富為世界做好事。

我希望繼續發揚母親的遺緒，這是我致力於充分利用剩下三十次機會的原因之一。我每天都會想起她，我想謝謝她帶領我們踏上這段充滿驚奇且意義非凡的旅程。

故事七

現實有一股堅果味，尤其炸過之後

如果我的胃夠強壯，可能就不會去馬拉威。

在地圖上，非洲小國馬拉威的形狀就像被拉長的玉米片，是狹長的內陸國家，位在熱帶的非洲東南部，西邊與尚比亞毗鄰。該國最顯著的地理特徵馬拉威湖，長度約國土三分之二長，形成與東邊鄰居坦尚尼亞、莫三比克的國家界線。儘管水域浩瀚，國內大部分可耕地位於湖邊坡地，因此農業主要仰賴雨水，經常受乾旱影響。人口稠密的馬拉威非常貧窮，是撒哈拉以南非洲人均蛋白質攝取量最低的國家之一。[18]超過八成人口住在鄉下地區，絕大多數民宅沒有電。根據世界銀行的估算，該國緩慢成長的總人口已達約一千五百萬之多，對多砂質、高酸性的貧瘠農地造成

[18] http://www.fao.org/ag/AGP/AGPC/doc/Counprof/malawi/Malawi.htm.

更大負擔。

誠如其他非洲地區，馬拉威中部和南部地區的許多村莊彷彿從土表拔地而生。紅土磚砌成的鄉村房舍覆蓋著茅草屋頂。當一個家庭靠儲蓄存了筆錢，他們會想要裝設象徵身分地位的鐵皮浪板屋頂。籬笆和動物圍欄是由棍棒和樹枝編織而成，並以繩索繫牢。婦女用大塊色彩明亮的拼貼布料當圍裙和嬰兒揹巾，當地人稱為chitenje。在鄉村，很多居民上地方市集購買當地攤販向商人批來的二手衣褲和鞋子。此外，外界捐贈給未開發國家的愛心衣物也會出現在馬拉威。雖然畫面很突兀，不過在偏鄉僻壤可以看到不少孩童穿著美國電視節目或職業運動隊伍的T恤。二〇〇六年瑪丹娜拜訪這個國家，並接連領養了該國的一個小男孩和一個小女孩，在此之前，許多美國人從未聽聞馬拉威。不過，在我心裡馬拉威是一個代表案例，讓我時刻不忘關懷和敬重那些投身發展和減少飢餓人口的全球工作者。在任何地方促成改善之前，首先必須深入當地，認識其環境的獨特之處。你可以讀遍圖書館的書籍，但唯有踏出機場大門、會議飯店和NGO辦公室，你才能更精準地認識危機和當地人們面對的挑戰。

在人們因為瑪丹娜而關注馬拉威的那陣子，我看了一個新聞討論節目，當中提到馬拉威的人民很多都食不果腹。記者宣稱當地人餓到吃起白蟻。影片中的確看到很多人用棍枝將半個拇指大的蟲子從隆起的土堆中拉出來。

我不怕嘗試新事物，但我在吃這方面很古板，往往就是肉配馬鈴薯。旅行到外地時，叫不出名字的食物我都不吃。吃地底下挖出來的蟲子，光想就覺得可怕，不過我決定不再只是屈服於恐懼。我替自己訂了一趟調查之旅。

我們安排和聯合國世界糧食計畫署（World Food Programme, WFP）的人員見面，他們在馬拉威從事前線工作。負責馬拉威事務的理事多明尼克（Dom）是能幹親切的人，他協同司機道格拉斯（Douglas），在馬拉威首都里朗威（Lilongwe）的機場和我碰面。馬拉威是非常友善的國家。該國旅遊局稱自己是「非洲的好心腸」，許多曾到那裡旅行的朋友都向我提過當地人的溫暖和好客，儘管他們的國家是如此貧困。

行程表上預定造訪的農業地區距離馬拉威第一大城布蘭岱（Blantyre）不遠，約往南四小時車程。十九世紀中葉蘇格蘭冒險家兼傳教士大衛．李文斯頓（David Lingvinston）足跡踏遍整個非洲，馬拉威布蘭岱城之名是取自李文斯頓的英國家鄉*。探險家—記者亨利．史丹利爵士（Sir Henry Stanley）曾遠征非洲，成功尋找到當時人在馬拉威的李文斯頓。

民不聊生的事實顯而易見。我還記得一個畫面，路上滿滿的人踏著節奏相同的步伐，大部分赤腳，婦女用頭提著水桶、穀物袋或木炭捆。非洲鄉間通常都是這幅景象，但無論造訪多少次，我還是得花點時間調適，這裡的稚齡孩童身旁經常沒人陪伴，也常看到四、五歲的小孩背後用布

*譯注：位於蘇格蘭南拉納克郡（South Lanarkshire）。

巾縛著小嬰兒，他們走在雙線道上，身旁車輛以五、六十英里的速度呼嘯而過。部分因為人口太過稠密，我記得曾望向一片看似人跡未至的樹林，然後從林木間隙發現有人在裡面休息走動。

道格拉斯膽量夠大，能駕馭這裡的道路。通往布蘭岱的主要道路經過鋪設，路況不差，但路上交通紊亂。腳踏車和牛車、小孩和山羊會占用車道，甚至直接從正面朝你走來，好像電玩遊戲一波接一波的電腦敵人，但駕駛不放慢車速，只是左閃右躲。

在非洲鄉間經常能見到成群結隊的孩子頭上頂著重物。 Howard G. Buffett

南下途中我們經過起起伏伏的丘陵，接著地貌開始變得更像大草原，出現低矮樹叢和青草地、桉樹和金合歡樹，偶爾還能看見猢猻樹。猢猻樹的外觀很奇特，樹幹粗壯，枝葉細小，被戲稱作「上下顛倒樹」，也因為特別的果實被稱作「死老鼠樹」。它的樹幹有膨脹、近似皮膚的質感，彷彿巨大的象腳。

路途中沒有太多可停留的休息點。加油站旁聚集了幾攤小販，在這裡也能看到穀物商人以現金向貧農購買他們在收成期間帶來賣的幾袋玉米或木薯。有現金交易的地方，就有喝啤酒的男人、妓女、腳踏車出租，和幾個待價而沽的輪胎。路邊有男人向經過的車輛叫賣烤肉串。我晚點再回頭說說這些肉串。

生吃還是現炸？

經過前述卡車休息站的市集時，我問道格拉斯關於白蟻的事，我說我看見CNN的報導時非常吃驚。他露出笑容，將車子往一旁停靠。他指向路邊一個用小火加熱平底鍋的攤販。「你自己試試看，」他說，然後解釋白蟻在馬拉威是人們心目中的季節性美食。最窮（應該也是最餓）的人負擔不起小吃攤賣的炸白蟻，不過他們樂於把爬出

馬拉威路邊小攤商林立，也有很多烤肉攤。點肉串前，最好問清楚串上是什麼肉。Howard G. Buffett

白蟻丘的白蟻活抓生吃。

我千里迢迢到馬拉威調查和貧窮毫無關聯的當地美饌。我提不起勇氣品嘗白蟻，不過聽說牠們吃起來就像充滿堅果味的胡蘿蔔。

返回車上時，我近距離觀察賣肉串的攤子，注意到攤子側面掛著一條條黑色繩子。道格拉斯又開懷地咧嘴笑。「水煮老鼠，」他說。水煮老鼠是分布在馬拉威南部和中部的丘瓦（Chewa）部落非常喜歡的季節美食。水煮老鼠的食用方式是全食：毛、尾巴和整個身體。

我不是有意讓各位倒胃口。一次又一次，我發現唯有置身當地才能真正體會農業和糧食的基礎能量。基於許多無可預期的原因，你以為好的解決之道可能根本派不上用場。舉例來說，對馬拉威有更多認識後，我才懂鄉村群落裡為什麼會出現「老鼠獵人」。他們是獨特生態體系的一環。在鄉野旅行會看到黑煙從大草原或鄰近村落冉冉升起。大部分是來自老鼠獵人生的小火堆。老鼠通常在靠近玉米田的矮木叢和作物殘根底下挖洞。老鼠獵人放火燒除矮木和植物殘體（當地人稱之為「垃圾」），等著被逼出洞的部分老鼠自投羅網。接下來，他們開挖鼠洞，揪出還躲在裡頭的其他老鼠，同時不忘提防利用現成老鼠洞築巢的蛇。

老鼠獵人是馬拉威部分地區農業紋理的一部分。我的團隊成員有些曾在二〇一二年參觀柯林頓基金會（Clinton Foundation）贊助的種子發展計畫，他們和農場經理阿勇．新普基（Brave Simpuki）討論這個環節。阿勇負責「福爾雷羅的安家農場計畫」（Mpherero Anchor Farm

Project），他解釋農場所在區域的土地不是個人擁有，而是許多部落長久世襲的傳統土地。當地部落習俗允許老鼠獵人到別人的耕地放火燒除地底下的作物殘根。部落不但認為獵捕老鼠是正當的土地使用方式，而且控制老鼠數量對部落共同體有益，否則過多的老鼠會竄進村莊，把村民儲存的家庭食糧啃蝕殆盡。

前述認知很重要，因為阿勇正試圖在這些鄉村群落提倡土壤品質之強化。強化土壤其中一個重要步驟就是將收成過後的作物殘體留在地底，提高土壤中的有機物質並保持潮濕。阿勇說他的工作包括說服老鼠獵人和村民適應新做法。他的團隊向頭目們遊說，希望由他們出面要求老鼠獵人把等量作物殘根放回火燒後的田地。可行的做法是，每當獵人完成捕鼠行動便將其他地區收集的作物殘根倒回田地。

這個涉及老鼠獵人的特殊情況足以闡明貫穿每個發展計畫的常見現象。任何「處方」都需要因地制宜。儘管你已向農夫傳達保留作物殘根重要性的詳細資訊，而且能夠提出一疊專文和資料為其背書，但當你置身馬拉威南部或中部卻沒有考慮老鼠獵人這個因素，一定會遇上麻煩。你的做法會製造衝突。當部落頭目前來了解情況時，你不能確定他會支持哪一方。這不是地理書籍或美國智庫發明的經濟模型能夠簡單說明的情況。

就連許多住在北部的馬拉威人都不一定能夠理解前述情況。「如果你把水煮老鼠拿給我們部落的族人吃，」我們在里朗威大型ＮＧＯ工作的一位馬拉威朋友說，「我們會吐出來。」我承認，這番話讓我覺得自己不算太膽小。

每年我都在想是否該減少某些旅行的開支，但在了解這些行為背後的價值之前，我必須先親自接觸各種情況。有些時候，一趟旅行還不足以吸收全部的新知。後來我又多次拜訪馬拉威。他們需要幫助。馬拉威人生活貧困，但他們令人尊敬而且充滿溫暖。良田有限，已經過高的人口密度卻不斷攀升。我不再把焦點放在白蟻身上，不過我對老鼠獵人的頑固從不輕忽。

故事八
飢餓藏身之處

那是十月某個凜冽的夜晚，以中西部的標準而言，還稱不上寒冷。即將進入午夜之際，我們把車停在迪卡特寧靜街道的一間小木造屋前。我以警用無線電發出10-60通知，說明我們已經抵達目的地。梅肯郡（Macon County）警長和我都穿著制服。我們腰際都掛著武器。我被訓練盡可能不把任何勤務支援當作「例行公事」，但當時我們都沒預期會遇到麻煩。我們有搜索票，準備和副警長會合協力逮捕一名四十多歲的女性。她被控涉嫌偷竊衣物，並拿贓物到原店家退還以換取現金。

我們按門鈴，應門的正是嫌疑犯。她看起來疲憊不堪，並且因為副警長解釋她必須被上銬拘捕而哭了起來。屋內沒有暴力或危險的蹤跡，但畫面依然令人心驚。一名年約十四歲的女孩坐在滿是汙漬的沙發上；一名年約十二歲的男孩躺在房間的床上，腳打石膏。副警長向年輕女孩做筆錄的同時，我們等著她的阿姨來接這對姊弟。我和男孩短短交談幾分鐘。他顯得灰心喪志，他說父親根本不關心他。他很沮喪之後不能再住在原本的家。

當我們準備將這名母親押送至看守所時，她告訴副警長家中有她替別人保管的海洛因。她想和警方「做個交易」。我聽見年輕女孩告訴副警長，「我絕對不會這樣對我的孩子。」顯然，這名母親的決定給她的孩子帶來糟糕的後果。我無意間瞥見廚房的餐桌。桌上擺著當地食物救濟中心發的一箱食物。我心想：「如果沒有救濟中心發的食物，這些孩子要吃什麼？」我是梅肯郡的郡民，擔任輔助副警長，每月輪值二十小時。這個職位是義務性的，而且不支薪，但不代表這是榮譽職或儀式性的掛名。我有四十小時的州立資格訓練時數，而且通過武器能力測驗。執勤時我會佩槍，而且是完成宣誓的執法人員，在全職警員的陪同下具有正規警察的執法權。郡裡還有很多輔助副警長。美國許多地方的警長經常都是一個人值勤，梅肯郡也不例外，我參加的計畫其宗旨是希望在預算捉襟見肘的年代給正職警官一些支援。這份職務讓我對自己家鄉的飢餓和糧食不安全問題有了新的觀點。

鈔票味

梅肯郡位在美國中西部之心伊利諾州的中央。不同於我們基金會贊助糧食安全計畫的許多開發中國家，這裡四周環繞著土質絕佳的農地。迪卡特不受內戰打擾。我們有良好的基礎道路建設，四通八達的鐵路網，貯藏能力，以及全年無休的玉米和大豆穀物倉庫。農夫能夠決定販售作物的時間和種類。我們沒有腐敗的農業機關單位，地主也不會因部落暴動而失去土地。我總是很期待從外地回到迪卡特。一個低調、謙遜、瀰漫小鎮情調的城市。我的基金會總部設在市中心一棟三層樓的磚屋。很長一段時間，總部門上連個名字都沒有。某次一名電工到辦公室大廳修理線路，而我們大廳唯一具識別性的裝飾是各種裱框的糧食援助袋，其中一款給利比亞的米袋上頭印著「世界糧食計畫署」字樣。一個星期後，我們收到電工寄來的帳單，抬頭寫著「世界糧食計畫署」。我們無言以對，決定弄個小招牌。

我家位處一個安靜的社區，居家環境宜人。我喜歡走到我的廚房，在拿可樂時順便看一下冰箱的門。這算是我和戴雯的低科技臉書頁面。門上幾乎沒有一寸空白處。戴雯鍥而不捨，用快照、學校的照片、隊友的照片，還有孩子們和目前九個孫子及親友的假期照片覆蓋整個門。不同於我旅行帶回來的那些照片，這些相片中的面孔們幾乎總是健康快樂的。

因為迪卡特靠近我的農場所在，回到這裡就像重新充電。我的地大部分在迪卡特南部二十五英里處。每當播種收割季節來臨，我總是感到緊張又期待。有好多農事要做，好多你喜歡做的事，好多做不完的事。總是有一兩個穀倉需要補強，或者幾處你試圖以排水或施肥加以改善的低收成區。關鍵播種或收成時刻，幾乎每個整點都要查看氣象報告。相較於改善全球糧食不安全問題的工作，專注在此時此地的耕作顯得更可行而直接。

迪卡特也是全球最大玉米加工廠ADM的總部。ADM廠房是迪卡特最顯著的地標。小鎮的東半部矗立著成排的白色方塊樓房，大煙囪吐著白煙。ADM在迪卡特和全球共有九座玉米加工廠，每天可處理兩百六十萬蒲式耳的玉米。ADM還有兩萬六千輛載運穀物的軌道車，一千五百輛卡車、一千七百艘駁船，以及八艘遠洋船。[19]加工廠讓空氣中瀰漫一股撲鼻氣味，有些人稱之為「煮玉米味」。有些人的形容就不那麼客氣了。和我一起工作的ADM高層習慣稱之為「鈔票味」。然而，每天有一萬八千五百人在鈔票味飄蕩的梅肯郡找不到下一頓飯。[20]

我注意到迪卡特的命運自從一九九二年我搬來之後正經歷轉變。當時此地居民共八萬五千人，如今總人口已縮減至七萬六千人。[21]迪卡特和很多中西部中小型城市有相同的命運，加工製造業為城鎮帶來榮景，但隨著泛世通這類大企業關閉原有廠房，將工作機會移到美國其他地區或世界別的角落，城鎮經濟也跟著衰退。比起某些鄰近城市，迪卡特面臨的情況顯得更艱苦些。譬如，春田鎮（Springfield）起碼是伊利諾州的首府；布魯明頓—諾莫爾（Bloomington-Normal）雙子城除了有三菱汽車組裝廠，還有伊利諾州立大學（Illinois State University）和州立農業保險公司（State Farm Insurance）；香檳城（Champaign）有伊利諾大學厄巴納—香檳分校（University of Illinois at Urbana-Champaign），以及幾間高科技公司。

我曾任職的ADM是迪卡特最重要的企業主。城裡重要企業還有泰萊（Tate & Lyle）食品加工廠和開拓重工。除了這幾間營運良好的企業，其他公司都外移了。失業帶來出走潮，連帶造成不動產跌價，於是地方政府稅收跟著減少，同時吸引在其他地區入不敷出的人。在社區組織服務的朋友告訴我，目前唯一呈現正成長的族群是超過六十五歲的區塊。一旦這樣的人口動能在經濟結構不夠多元的區域成為主流，則該區域發展大勢底定。

我一邊專注於全球議題，但每次開車經過靠近我農地的一些小型鄉村社區，可以很明顯感受到居民的生活資源相當匱乏。我們基金會也投入社區計畫，可是如今我意識到過去的我總把迪卡特當作我對抗糧食不安全問題的庇護所。這是我的錯誤幻覺。

二〇〇八年聖誕節隔天，我在基金會位於市區的辦公室，和我一起的還有另一名職員摩莉．威爾森（Molly Wilson）。摩莉和先生麥克（Mike）住在迪卡特已有好一段時間，他們覺得這是個非常適合成家的地方。幾年前開始，摩莉在當地一間叫做「好撒馬利亞人客棧」（Good Samaritan Inn）的慈善廚房（soup kitchen）當志工。在她服務期間，到慈善廚房的人越來越多，孩童的成長尤其明顯。當地民眾告訴我，「好撒馬利亞人」的財務狀況每況愈下，但仍嘗試堅持做對的事。他們剛透過資本周轉取得一間新樓房，他們想要為更多有需要的人服務。我們覺得這

---

19 更多關於ADM的資訊在http://www.adm.com/en-US/news/Facts/Pages /20Facts.aspx.

20 http://feedingamerica.org/hunger-in-america/hunger-studies/map-the-meal-gap.aspx.

21 人口數據來自Google Public Data。

像是個不錯的參訪時機。

寒冬中，人們不分年紀在戶外排著隊。我和摩莉走進去，雖然室內昏暗擁擠，但準備午餐的人個個散發著令人佩服的正面能量。

摩莉介紹我認識慈善廚房的負責人凱瑟琳．泰勒（Kathleen Taylor），她是一位令人佩服的女人。她是很棒的母親，有耳聽四面眼觀八方的能耐，可以在跟你說話、專注聆聽的情況下，注意到二十英尺外有人扛不動重物或把東西放到錯的位置。她會趁空檔迅速出聲指正，而不致打斷談話。

當天來領取餐點的人數非常驚人，我向她請教了一些基本問題：你們提供多少份餐點供人領取？贊助從哪來？諸如此類。他們以少少的預算和一群志工的犧牲奉獻經營著理想崇高的社會服務。凱瑟琳向我解釋哪些因素會影響每日服務客戶的多

迪卡特的飢餓人口不斷攀升，整個美國的趨勢也是如此。我們越來越常見到在街上向外界求助的人。Howard G. Buffet

寡。舉例來說，如果公車停駛，來的人就會少很多，然後每個月有一天公車會載著剛出獄的更生人到鎮上，導致慈善廚房的客戶爆量。

我們的談話持續兩個小時，然後我問了一個她回答不出的問題。我的問題是關於營運預算，她看著我皺眉說：「這我沒辦法回答你，稍等。」她拿出手機，打電話給董事會的某位成員，把我的問題告訴那個人，順便詢問細節。終於，我聽到她回電話另一端的人說：「我不知道，我還沒問他的名字。」她把手機放在肩膀上。

「很抱歉，我們晚點才能回覆你。你方不方便留下大名和電話，我們之後會聯絡你。」

我告訴她我的名字，她把我的名字告訴董事會成員。他把全部會計帳本都帶來，方便我們對某些數據進行評估。凱瑟琳希望把焦點放在食物銀行上。我們都同意像「好撒馬利亞人」這樣的慈善廚房對一個社區的重要性不可忽視，然而社區的重要領袖往往不是很願意贊助，甚至連承認社區內有慈善廚房都有困難。大概可比喻成一個美式足球隊擁有最優秀的棄踢員，但對此保持低調：因為如果棄踢員上場時間那麼長，那麼球隊就得承認進攻方面一定出了點問題。

對於擁有一間能夠幫助大量處於糧食不安全狀態群眾的慈善廚房，我們的城市應該感到驕傲。但它的存在等於是在問：我們所票選出的公民領袖是否正盡力創造就業機會，幫助餐風露宿的人們重拾自力更生的能力。身為公民的我們是否就社區的繁榮貢獻了一己之力？

那天的經驗改變並拓展了我原有的思維。如果我的目標是對抗全球飢餓，而且我真的很在意發生在世界各個角落的飢餓問題，我怎能忽略自己安身立命處鄰人的飢餓和糧食不安全？

現在我的生活中已經沒有了母親，但我似乎感覺到她的精神在空氣中竄流。過去她一直是奧馬哈社區的公益大將，從不錯過關於孩童的任何事務。美國糧食不安全人口中有極高比例的孩童。我參觀「好撒馬利亞人」那天，就看到很多小孩在那兒跑來跑去。我意識到我應該擁抱全球糧食安全。

我承諾將用基金會的名義幫助他們蓋一間全新的機構大樓，不過前提是市議會的每個成員都必須到「好撒馬利亞人」輪流擔任志工，唯有如此，他們才會更了解發生在自己城鎮裡的糧食不安全全貌。當凱瑟琳擔心會被他們拒絕時，我告訴她可以稍微提醒這些人，要是有人對外宣傳市議會成員不願看在一百萬美元捐款的分上捲起袖子當義工，後續發展肯定讓他們不好受。

美國的飢餓問題往往不被看見

其實我了解美國也有飢餓問題，但我不知道這問題如此普遍，同時又不被看見。我曾短暫住在西維吉尼亞州最貧窮的阿帕拉契地區，那裡的人每天都在飢餓中勉強度日。我在那裡拍攝一位名叫艾佛瑞（Everett）的男子，他對我產生極大衝擊。我們開著車經過他家，他下車到門前收信。他身子好單薄。那畫面在我腦中揮之不去。那天稍晚我又繞去他家，我想找他聊聊天。

接著我幫他拍了些照片。艾佛瑞是退伍軍人，他家門廊飄揚著令他驕傲致敬的國旗，但他卻幾乎快活不下去了。他患有帕金森氏症。那次造訪後，我把沖洗後的照片寄給他。一位在當地機構服務的代表和我有往來，也是幫我送照片的人，他告訴我艾佛瑞跟他說，「叫那位攝影師下次再來拍我穿制服的照片。」我想去，不過幾個月後，我們已經找不到他。後來我才知道艾佛瑞過世了。

這場相遇讓我感動。好長一段時間，每當思考美國的飢餓問題，我幾乎一定會想起艾佛瑞。然而，那個地區的貧窮衰敗太引人側目，多年後我才發現當時看見的其實是美國整體飢餓問題的一部分。確切的說，是在參觀「好撒馬利亞人」之後。我對美國每六人當中有一人處於糧食不安

離開之際，退伍軍人艾佛瑞緊握我的手。他將另一隻手放到我的心臟處，他說：「願上帝保佑你。」
Howard G. Buffett

全狀態感到震驚。無論是最富裕的郊區，還是多產的農業地區，全國每個郡裡都住著一天吃不到三餐的人。裁員、私人危機，或者一場大病，就足以讓數百萬家庭陷入食不果腹的財務困境。

在美國，糧食往往是每個家庭最具彈性的每月開銷。房租、水電費、交通費和保險費每個月該繳多少，一毛也不能少，因此入不敷出的人們總是優先繳納這些費用。因此我們會看到有些家庭似乎住在不錯的屋子或公寓，有車開，有工作，但是食物採買的預算卻很低。如果父親丟了工作，或者母親的工作時數被縮減，一般家庭的應對方式是縮減食物預算，如果已經出現現金不足的情況，就盡量選購比較便宜（通常也比較不營養）的食物。或者，他們會用政府發放的食物券補充家中食物櫃，也會到當地的慈善廚房或食物銀行吃點東西。老年人口的糧食不安全比例也越來越高，他們本來以為自己經濟狀況良好，最後才發現自己被迫在昂貴藥物、修車與糧食之間做選擇。

「好撒馬利亞人」將我的精力聚焦，我開始尋找理解生活周遭飢餓現象的其他洞見。某個星期六，我和迪卡特當地的「送餐到家」（Meals on Wheels）團隊一起出任務。我們總共拜訪了三戶人家。最先令我感到震驚的是三個客戶家中的相同之處。他們家裡都很整齊，打理得很好。從人行道就能看出屋主的榮譽感。開車經過這些街道，你不會暗忖，「這裡的人好窮。」

不過，他們個別故事和人生的獨特之處是我不曾想像的。其中一家的先生和太太為了住得離兒子近些，遠從南方州搬來此地，孰料落腳後兒子幾乎不聞不問。在我們登門造訪期間，這位先生不曾離開床鋪，他正處於阿茲海默症初期階段。太太很客氣，熱情招待我們，可是她其實內心充滿悲傷。她和先生工作了一輩子，如今卻財務吃緊。不久前她摔斷腳踝，行動起來不太方便。她不能開車，不能提重物。「送餐到家」的服務對他們很重要。

下一家的男主人瘦得像竹竿，站在門廊的電暖器前面不停地吞雲吐霧。他和外甥（或姪子）還有外甥的朋友看著小電視螢幕裡的美式足球賽。這位客戶對志工送來的餐食很珍惜也很感激。和他在一起的兩個年輕人約二十多歲，裝酷但眼神呆滯，把他對我們說的每句話都諷刺地挖苦一番。這位客戶是退休軍人，曾經在餐飲業工作，像他這樣正直的好人應該得到更多尊重。離開時，我很懷疑那份餐盒有多少會進到他的肚子。

最後一戶的主人是退休的學校餐廳經理。她家一絲不苟，裝飾得很溫暖。她高齡九十，個性爽朗、犀利，還很搞笑，有一雙明亮快樂的藍眼睛。我看著她想起了親切溫暖的凱蒂阿姨（Katie），她是我童年最喜歡的人。

對這位女士而言，出門購物和站著準備三餐是一大挑戰。她使用助行器，日常採買和站在瓦斯爐前煮飯已經超過她的身體能力。她並不是窮得無法請人幫她採買或煮飯；「送餐到家」的幫忙讓她能夠保有獨立，繼續住在自己的家裡。不過她偷偷告我，餐盒的營養成分控管讓她好懷念：吃炸雞的滿足感。隔天我送了一桶肯德基給她。她欣喜的神情讓我高興了一整天。不管是迪卡特、亞美尼亞（Armenia）或達佛，誰不喜歡別人對自己特別表達關心之意呢！

基金會幫「好撒馬利亞人客棧」蓋了棟樓，配有現代化廚房和足夠的儲存空間，是一次令人感動的行動。新的計畫主持人是熱情負責的布蘭達・葛瑞爾・派亞（Brenda Gorrell Pyat）。當地超級市場捐了很多食物，因此布蘭達能夠每天能夠供應三百人份的餐食，每月平均花費約在八千美元。

我上次拜訪是二〇一二年，布蘭達說社區越來越依賴慈善廚房提供的服務。上門的客人當中有三分之一每天只靠慈善廚房提供的一餐度日。我在的時候有幾個客人也在，其中有一位是九十七歲的鮑伯（Bob），他自己開車來這裡吃午餐。「你好嗎？」我邊問邊和他握手。他開玩笑道：「還在地面上！」朝我比了個大拇指。鮑伯是二戰退伍軍人。他穿著線頭外露的舊衣服，曾經在鎮上的A・E・史達利玉米加工廠服務多年。生活不好過，這頓熱食對他而言是雪中送炭。

有個男人獨自坐在一張桌子前，好撒馬利亞人服務團隊都叫他「詩人」。他是維克特（Victor）。維克特到哪都揹著裝有紙張的背包，他在紙上寫詩也寫歌。我們聊了一陣子，他的故事又讓我看見另一個飢餓的面貌。他也是退伍軍人，他受過電工的職業訓練。一九七〇年代，他成為迪卡特市雇用的第一名非裔美籍電工，負責修理交通號誌。他說了一個故事，是關於每次他去修理故障的號誌燈時，現場會有大批人潮和指揮交通的警察，當他走向號誌燈準備工作時，警察往往會大聲叫他不要靠過去。他轉轉眼睛，解釋說：「他們不懂一個黑人拿著工具到現場要幹麼。」維克特說他在加州住過一陣子，他靠修理全錄影印機每年收入有五萬美元。後來他離婚，開始嗑藥和酗酒。這幾個月來他都無家可歸，他這輩子當過好幾次流浪漢。「一碰酒精和毒品，」他說，「就玩完了。」

他讓我看他的詩，他寫得很棒。他最滿意的一首是〈迪卡特：走下坡但撐得住！〉（Decatur: Down But Not Out!）他以這座城市為榮。這是一位才華洋溢的男人。

同一天在「好撒馬利亞人」的還有削瘦、神經緊張的幾個客人，從他們受損的牙齒看來大概都有吸安。自從當輔助副警長以來，我已經看過不少受毒品摧殘的人。我不喝酒也沒吸毒，我不懂為什麼人們會對這些東西上癮。特別是當我知道他們有小孩時，會有一股挫折感，覺得渾身不舒服。我想像這些孩子在艱困的環境中成長，替他們感到難過。酗酒和嗑藥對人所造成的問題不分社經地位和條件。我有一個同輩分的親戚嗑藥過度而死。不過，我不忘提醒自己在克服任何成癮問題之前，人們首先需要有足夠的食物維繫生命。無論他們的雙親犯了什麼錯，癮君子的孩子不應該挨餓。

我當初加入警察局的是出於對美國執法人員深深的敬意。我到過世界上許多律法不彰的地方。在這些地方，法律對待富人和窮人有不同的標準。窮人往往不能相信警察是公正的，也不能仰賴他們的幫助。我想了解創立執法機關時需要的訓練和思維。

現在的我知道「維安」是多麼不容易的事，即便在井然有序、正義、自由的國家都具挑戰性。我更知道家庭如何又為什麼在社會中掙扎，以及許多孩童的成長包袱其實是受到父母牽累。

美國約有一千六百萬孩童長期過著有一餐沒一餐的生活，對他們而言，一個食物銀行的餐盒比我們想像的還要重要。

第二部

無懼、勇氣和希望

或許因為我是攝影師，每當思考飢餓和糧食安全的不同面向時，腦海中總是浮現一張張個別臉孔。第二部的幾則故事主角都是我遇見的人，他們讓世人看見今日糧食不安全的主調和根本問題——有些是透過獻身參與，有些是透過受苦，無論前者或後者都散發著人性光輝。首先我會先說幾個備受飢餓生理和心理折磨的個案，接著為各位介紹意志堅定的幾位英雄，他們用自己的天賦與熱情化腐朽為神奇。

對抗飢餓在今天是一項複雜的計畫，不僅牽涉糧食的生產和分配，還需要和無知、腐敗、暴力與冷漠搏鬥。過程困難重重，而且具危險性。

故事九
摯愛，痛失

我始終沒問到她的名字。她戴著樸實的線編項鍊和小巧的手環，說明有人愛著她，即便尼日是世上最貧窮的國家之一，還是有人希望用北尼日窮鄉僻壤貧乏至極的資源讓她覺得自己很特別。

小女孩的母親前一年過世。她和祖母一起住在蘆葦搭建的小屋，屋內氣氛十分凝重，我無法讓自己過問太多。

但我有拍下她的照片。

她的年齡不好分辨，看起來大約四歲，但也有可能更大一些。出生便嚴重營養不良會阻礙孩

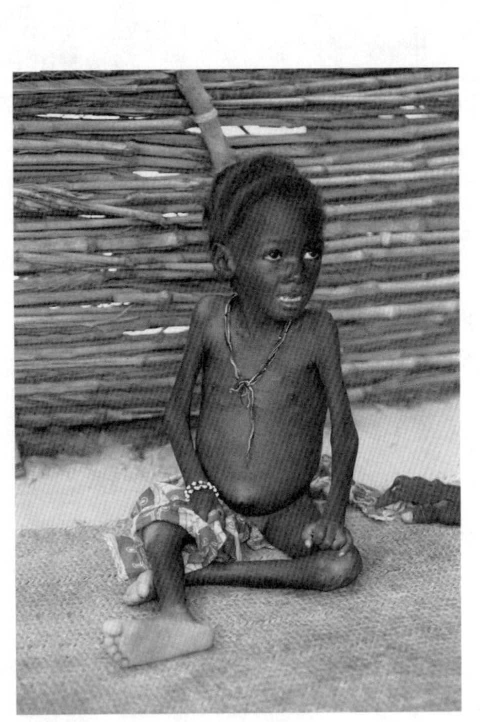
Howard G. Buffett

子的成長。她的五官深邃，臉上表現出的不適與痛苦讓我揮之不去。

據說受飢餓所苦的人們有兩種典型。這名小女孩有因為蛋白質缺乏而導致的大肚子，在開發中國家長期鬧飢荒的地區很常見。四肢瘦得像竹竿，肚子卻這麼大，看起來似乎不太尋常，但這是血液中的體液漏到組織裡造成的水腫。血管需要膳食蛋白質和鹽分維持健康的結構。當必要養分匱乏時，血管就無法將體液留住，滲漏的體液往往會匯集在腹部。（體液也可能集中在腿部或是腳上，尤其是一個人虛弱得不太能夠活動的時候。）一般而言，健康的身體可以自行清理堆積的體液。不過，這些孩子的身體沒有足夠精力將其排出，因此體液始終積在他們體內。小女孩的飲食中還缺乏其他營養素，因此四肢幾乎沒有任何肌肉，而且沒有正常發育。她的各種身體機能全都失靈，包括她的免疫系統——身體對抗疾病的防禦系統。

嚴重飢餓造成的體態還有另外一個典型，這種體態我比較常在難民營的居民身上看到，他們或因戰亂衝突或飢荒而被迫離開家園。這種體態以骨瘦如柴的「消瘦」（emaciation）形容最貼切。二戰集中營生還者的照片有一種效果：你感覺自己好像可以一根根地數著影中人的骨頭，而且這些身體彷彿穿了張鬆垮的皮。比起挺著腫脹肚皮的孩童，這比較常見於有更強壯血管的人身上。

這兩種營養不良都被稱作嚴重急性營養不良（severe acute malnutrition）。[1]

好消息是，現今的醫療和援助人員可以消除嚴重急性營養不良對小孩造成的傷害，就。現代程序只是一個簡單的干預手段，使用特製的配方食品，提供組織恢復與重建所需的營養成分。這個程序被稱為「復食」（refeeding），過去使用的是由醫療診所調配五至六個星期的特殊配方奶。不過，法國研究員在一九九六年研發出一種叫做RTUF的新營養劑，全名是即食治療性食品（ready-to-use therapeutic food）。RTUF的成分有花生醬、奶粉、糖、鹽、維他命與礦物質添加物，而且可以直接從錫箔包裝中擠出食用。因為不須經由診所配給，RTUF（其中最廣為人知的是「胖堅果」〔Plumpy'Nut〕）正影響著越來越多的孩童。通常在第六到第八週便可看見驚人的改善。WFP的營養師告訴我，在今日，保護一個小孩免受嚴重急性營養不良之苦，約需四十五美元。

壞消息是，這個尼日村莊的居民無法取得這種治療性食品。小女孩在我拍攝的幾天後過世。

世界上近十億糧食不安全人口的嚴重性，用想像的很難掌握。但對我來說，記住這個飢餓的面孔卻一點也不難——希望現在你也能夠和我一樣：請記得尼日小女孩所受的苦，以及她死於一個能預防的健康狀況的慘劇。各家數據稍有出入，不過今天世界上可能有兩千萬名孩童正在和嚴重急性營養不良搏鬥，而且每年至少有一百萬名五歲以下的幼童死於嚴重急性營養不良。[2]

閱讀受飢孩童的故事很難受，親眼目睹這樣的苦難更糟糕。這樣的經歷我們只能試圖憑空想像。如果我們因為感到不舒服而轉過頭不去看，尼日小女孩受的苦將繼續發生在幾百萬人身上。

---

[1] 感謝聯合國世界糧食計畫署醫師們協助準備這些材料。更多背景資料，請見http://www .who.int/nutrition/topics/malnutrition/en/index.html.

[2] http://www.unicef.org/media/files/Community_Based__Management_of_Severe_Acute_Malnutrition.pdf.

故事十

空的卡路里

新鮮現摘的黃澄澄玉米穗襯著深色的金屬浪板屋頂，看似閃閃發光。十一歲的瓜地馬拉女孩瑪莉雅（Maria）伸長手，把玉米穗掛在屋頂的椽架上。這是他們家的玉米保存法，既能避免鼠害，又能保持空氣流通不發霉。女孩的祖母穿著傳統布料製成的亮綠色刺繡短衫，在下方憑窗遠望太陽。女孩有健康漂亮的外表，神情沉靜，專注地掛著玉米。彷彿這裡沒有任何問題。我拍攝出的照片呈現一幅平靜畫面，平靜到每當我看著這張照片，想到它與現實之間的矛盾，不由得痛苦起來。但我不會別過頭，因為這張照片讓我想起世界陰暗角落的飢餓臉孔——美國也有這樣的陰暗角落。

在瓜地馬拉的托托尼卡潘（Totonicapán），也就是我遇見瑪莉雅的城市，每十六個孩童中有一個會在五歲前死於營養失調。[3]健康的瑪莉雅究竟是個例外，還是她的家境比一般人更優渥？

兩者皆非。就像村裡的其他孩童一樣，玉米和豆子在她飲食中占的比重最大。在二〇〇七年那趟瓜地馬拉之行中，我看到許多臉頰圓鼓鼓、身材健壯結實的孩童，但別人告訴我，這些孩子並不健康。我看到的十歲小孩，對我而言就像個六歲小孩。他們並不「消瘦」，大部分都稱不上瘦，但是他們沒有取得身體需要的微量營養素，因此發育得並不健全。雖然玉米和豆子吃起來具有飽足感，但這樣的飲食內容並不包括重要的微量營養素，像是維他命A、鐵質、碘等等。

雖然她掛在椽架上的食物相當充足，但我們很容易忘記，誠如許多瓜地馬拉孩童長期處於微量營養素匱乏的狀態，瑪莉雅和她的家人也有一樣的健康問題。Howard G. Buffett

[3] 關於瓜地馬拉微量營養素失調與營養不良的更多資訊，請見http://www.who.int/nutrition/topics/en/與http://reliefweb.int/report/guatemala/breaking-malnutritions-cycle-guatemala.

微量營養素缺乏的情況很普遍。世界上約有二十億人口缺乏鐵質、兩億五千萬學齡前兒童缺乏維他命A。此外，世界上腦部創傷最常見的原因就是碘缺乏，雖然預防碘缺乏並不難，但在全球五十四個國家中仍然是一大問題。這三種營養不足的情況瓜地馬拉都有。該國五歲以下孩童約百分之五十都有長期的營養失調，另外有百分之三十的孕婦營養不足。[4] 即便像瑪莉雅這樣的小孩幸運長大，往往還是會受貧血和甲狀腺失調之苦。更重要的是，他們多數人的免疫系統受損，就算得到痲疹這類不應致命的傳染病，也面對死亡的風險。

營養不足在子宮裡就發生了。營養不良的母親無法提供嬰兒正常發育所需的維他命和礦物質。身體欠佳、營養不良的孩童通常欠缺專注力，心智發展不全，最後可能連上學的精力都沒有。他們因為發育遲緩，始終無法發揮與生俱來的潛能。嚴重急性營養不良患者需要立即的卡路里和營養素度過危機，但糧食安全是一個人從出生到年老的持久戰。童年營養不足最終將導致心血管疾病、免疫系統失調、心理及發育障礙。

WFP專家表示，外界的錯誤觀念之一是認為全球營養失調為晚近現象，源自人類和環境的關係失衡或是拋棄傳統飲食。現實比人們的臆測複雜得多。科學家說微量營養素缺乏的問題早在一萬多年前就出現了，當時人類正從狩獵採集者進化至定居的農業文明。這個轉變對全球糧食消費造成改變，穀物和根莖類作物成為大多數飲食的主體。種植作物消耗的精力雖然比狩獵來得少，但穀物中含有的維他命和礦物質卻不如肉類豐富。人類的身體還沒適應這個變化（一萬年從演化的角度來看是很短暫的），因此維他命和礦物質的缺乏是一個全球性問題。

營養不足在開發中世界非常普遍，但已開發世界也有營養不足的問題。倘若一個人攝取的卡路里不足，則他大概也沒有從糧食中獲得足夠的健康成分。在美國，有些人過度肥胖但營養不足。他們吃肉但活動量卻不如狩獵採集者。此外，他們的飲食當中包含過多脂肪、糖分和加工食品，但卻沒有足夠的維他命和礦物質。營養不足損害他們的免疫系統，並且造成糖尿病、心血管疾病和其他健康狀況，像是骨質疏鬆和皮膚病變。[5]

一名加州的小兒護士最近告訴我們團隊中的一位成員，研究顯示，在加州著名納帕酒鄉工作的西班牙裔農工，他們的小孩身體普遍缺乏鐵質。年輕時鐵質缺乏可能導致影響終生的腦部發育不全。「他們當中很多都把賺到的錢寄給住在墨西哥或其他國家的家人，我們得教育這些家庭，這種左支右絀的做法對孩子的成長不是明智之舉。」她解釋道。「他們已經節省到不自量力的地步，每晚都給小孩吃即食沖泡湯，卻沒有足夠的蛋白質或富含維他命與礦物質的新鮮蔬菜。」

營養不足有一些獨特元素取決於當地的生態體系和社會。沒有哪個地方永遠是伊甸園。人類學家認為自從人類出現在地球上，許多文化已經因為各種「自然」因素而滅絕。我們賴以生產

---

4 http://www.micronutrient.org/english/View.asp?x=620.

5 http://www.cdc.gov/obesity/adult/causes/index.html.

糧食的各種生態體系受氣候變化、新動植物品種的出現或消失，甚至新病原體誕生的影響而不斷變遷。面對變遷，人類在飢荒或洪荒來臨時遷徙到其他地方，獸群可能在變遷中死於極端氣候，糧食作物可能出現各種疾病甚至遭病蟲害徹底死絕。十九世紀愛爾蘭的馬鈴薯荒導致愛爾蘭人不得不移居美國就是一例。有些科學家認為過度耕作、破壞土壤是許多古文明衰敗的原因之一，其中包括希臘、羅馬和馬雅文明。[6]

營養素強化是處理孩童營養不良和微量營養素失調的必要干預，WFP發送營養強化餐盒至許多瓜地馬拉村莊。Howard G. Buffett

在中美洲許多地區，當地居民選擇性地不種植富含重要營養素（像是維他命A）的綠色蔬菜。據說這些人沒有栽種這些作物的傳統。他們大部分都沒受過太多教育，對健康和營養知識一無所知，在選擇作物時以能餵飽最多人為考量。

他們經常吃墨西哥玉米餅和豆子，因此有足夠蛋白質，但他們總是單靠這些主食填飽肚子。

然而，微量營養素缺乏會讓他們的孩子產生失明、甲狀腺失調，以及其他新陳代謝失調症。在這種狀況下，每個家庭都需要被教導關於營養的知識，被鼓勵將飲食內容變得更多元，種植更多綠色蔬菜，並且藉由食用有助調和膳食不均衡的健康補給品，偶爾接受營養素強化（nutritional fortification）。

糧食不安全不僅僅是人們缺乏每天需要消耗的卡路里，同時也是營養素取得不足，有了這些營養素孩童才能在成長階段適當發育、人類才能在各年齡階段茁壯。我照片中的瑪莉雅時刻提醒著我，活著不等於茁壯，達成糧食安全沒有捷徑。

---

[6] 在他二〇〇七年出版的書《泥土：文化的侵蝕》（*Dirt: The Erosion of Civilizations*），大衛．蒙哥馬利（David Montgomery）詳細闡明因為過度犁田與山坡放牧所導致的生產力逐漸衰退，影響糧食生產，而且可能迫使當地人口出走。

故事十一
小鋁鐵

灰色襯衫沒上扣，年輕男子胸前中央的傷疤袒露，疤痕有一把麵包刀刀鋒那麼寬。傷口不難看，甚至顯得出奇平滑。那是二〇〇八年，HWB和我正坐在獅子山共和國一處空蕩蕩的學校操場，和我們聊天的年輕男子似乎提心吊膽，他不斷以雙眼掃視我們周遭的開闊空地。這雙眼睛流露出的人性或情感非常微弱。二十多年來，他每天只靠幾美分和偶爾得到的糧食援助過活，這張飢餓臉孔不是糧食或營養素不足的生物學示範案例，而是說明無能為力的受飢孩童花了多長的時間掙扎求存。

飢餓在某種程度上總是和戰爭攜手相伴。拿破崙曾提出類似「兵馬未動，糧草先行」（An army moves on its stomach）的概念，而在衝突區，作戰士兵經常將人民趕離自己的土地，將糧食占為己有——甚至把飢餓當作一種軍事戰術。對敵軍或俘虜進食與否的控制可以是強大的工具。

然而，有些施暴者同時也是受害者。

我們訪問獅子山共和國的時候，媒體正大幅報導「衝突鑽石」（conflict diamonds）的相關議題。這有一部分要歸功於二〇〇六年由李奧納多．迪卡皮歐主演的電影《血鑽石》（*Blood Diamond*），電影在全球造成回響，讓人們意識到奢侈品的真正代價是鮮血和世界最貧窮人口的生命。故事講述獅子山共和國某處悲慘而泥濘的鑽石礦山，有個家境貧困的男人在武裝分子的看守下做苦力，意外發現一顆巨鑽。男人是個農夫，他的兒子被革命聯合陣線（Revolutionary United Front）的暴徒強行帶走。男人被送到科諾（Kono）地區採鑽石，叛軍就是靠這些鑽石支撐內戰的開銷，家中其他成員則淪落難民營。在此同時，他的兒子成為了孩子兵。

電影故事是以發生在獅子山共和國的真實事件為依據。革命聯合陣線是由賴比瑞亞軍閥查爾斯．泰勒（Charles Taylor）在九〇年代持續資助的一支傭兵叛軍，包括他當總統期間。（二〇一二年，國際刑事法院〔International Criminal Court〕根據他以總統身分下令施加的暴行，判六十四歲的泰勒五十年有期徒刑。）

為控制靠近賴比瑞亞邊境盛產鑽石的礦區，泰勒煽動獅子山共和國的內戰，使該國人民心生恐懼。叛軍團體擄走數千名孩童，就像電影中的小男孩和獅子山共和國操場上的年輕男子。革命聯合陣線踏遍一座座村莊，系統性屠殺酋長、長老、政府雇員和無辜的老百姓。內戰從九〇年代持續到二〇〇二年正式結束，約有五萬人被殺，全國近半數人口被迫遷離家園，其中數十萬流落到賴比瑞亞和幾內亞。[7]在電影中，有一幕駭人的畫面是革命聯合陣線的士兵們手持開山刀抓住村民，把他們壓在樹樁或桌子上扯開四肢，然後會有一個士兵負責問：「長袖？短袖？」意思是：你要刀子砍在手肘以上還是以下？

我們到訪時，獅子山共和國已維持和平有六年。然而，衝突的後果將在經歷過內戰的人心裡留下永久創傷。據說政府為了將鑽石開採權賣給外國企業，將許多百姓從他們的土地上驅離。內戰後，上千名身無分文的寡婦試圖撫養多個小孩。除了大屠殺和流離失所，長袖／短袖的酷刑帶來約兩萬七千名截肢人口。[8]在某些案例中，有人是雙臂都被砍下。還有許許多多人，包括不少沒有一技之長的前叛軍戰士，如今在鑽石礦場工作，一天下來工資僅幾個美分。

我參觀了科諾和凱內馬（Kenema）兩地的鑽石礦場，好萊塢電影把這裡的可怕情況演得完全不誇張。在獅子山共和國開採價值數億、甚至數十億美元鑽石和其他礦物的是一些世界上最貧窮的人。在二〇一二年聯合國人類發展指數中，獅子山共和國是一百八十七個國家中的第一百七十七名，平均國民所得每日不到二美元。[9]

豐富的自然資源一直是非洲人民的詛咒。財源主要來自原油、金礦或鑽石的政府，不需要擔心賦稅和選票。腐敗的領導人可以出售國家資產。濫用資源財富使老百姓在政治過程中不具地位，同時破壞任何走向民主的機會。

獅子山共和國已經開始慢慢進步。不過，參訪期間看見的礦場環境讓我意識到，多年的衝突已阻礙政府對人民的同理心。男孩扛著一袋袋泥土和卵石在礦山與分類清理區之間來回穿梭，他們瘦成鐵絲般，身上一點脂肪也不剩，年紀最小的才八歲。礦工和守衛之間氣氛緊張。我在想：如果過去幾十年的領導人需要仰賴選民的支持，這種工資才幾個銅板的、糟糕的奴役式勞動，而且每天可能只吃一杯米的鑽石礦坑生態還會出現嗎？

當希望消失，生命變得廉價，暴力成為主宰。參觀過程中，當我們走向泥濘的池塘岸邊看工人處理卵石、尋找鑽石，有一批拿著十字鎬和開山刀的守衛盯著我們不放。我把相機背在身旁，我決定從臀部的角度按幾下快門，希望能捕捉一些礦場的環境。快門發出的喀擦喀擦聲震天價響，守衛們一邊開始咆哮一邊朝我們走來，手上握著武器。我們道歉，然後在負責接待我們的政府人員幫助下全身而退。接待團告訴我們，這些守衛和許多礦工都曾是士兵。他們往往很憤怒、帶有攻擊性，因為他們看不到希望。後來接待團安排我和沒被雇主盯住的一名礦工進行談話。「他們一天天把我們往墳墓裡送。」他說。

7 相關背景，http://www.bbc.co.uk/news/world-africa-14094194.
8 http://www.irinnews.org/Report/94037/SIERRA-LEONE-Amputees-still-waiting-for-reparations-almost-10-years-on.
9 http://data.worldbank.org/country/sierra-leone.

小鉻鐵

我透過NGO的人脈，和一名獅子山共和國所謂的「召集人」取得聯繫。「召集人」就是收取小筆費用的中間人，他們替想要做生意或蒐集資訊的外國人安排相關會面。這不是我做事的風格，但在這個國家唯有如此才能接觸到前戰鬥成員。我想了解這些人究竟經歷了些什麼。召集人堅持會面地點要選在城郊，而且要一群人聚在一起，分散外人注意力。我們總共見了十個過去的孩子兵，通常一次三個。我們見到親身參與作戰的幾個男孩，也見到被拐去當革命聯合陣線官兵「老婆」的幾個女孩。當年的女孩如今已是女人，她們當時的生活狀態是無盡殘酷的強暴與奴役。她們也必須聽命折磨、屠殺革命聯合陣線想要消滅或恐嚇的村莊居民，這往往只是因為她們的主人想要看點餘興節目，而他們是喪心病狂的一群人。

穿灰襯衫的男孩不肯說出自己的名字。不過，他的叢林稱號是「小鉻鐵」。在某種程度上，叢林稱號和作戰名稱大致說明了形塑這些孩童的世界的野蠻心態：我們還見了「一個也不放過」。他們的直屬上司是「鮮血指揮官」。他們的襲擊包括「不留活口行動」和「破壞一切行動」。鉻鐵是由鐵、鎂、氧和鉻組成的礦物，屬硬質金屬，經常和鐵摻在一起製成不鏽鋼。小鉻鐵的過去使他變得冷酷。

小鉻鐵說他六歲時被從卡布拉的鎮上被擄走。他說革命聯合陣線當著他的面殺了他母親，並將她的胸部切下。當初他若沒跟著殺她的人走，他不會活到今天。還是小男孩的他當時根本無法扛著槍行軍，所以他們讓他將槍綁在一根繩子上拖在身後，跟著他的小組四處遷徙。自年幼時，他白天被指揮官注射古柯鹼，讓他有作戰、殺人和施加酷刑的精力，晚上指揮官給他抽大麻，確保他不會造反。九歲時，當他拒絕繼續嗑藥，指揮官用刀在他胸口劃開一個洞，然後把古柯鹼搓進去，距離心臟只有幾英寸，這就是他身上傷疤的由來。

心理學家相信一旦被有技巧地操縱心智，任何人都有辦法習慣殺人，甚至對人施加酷刑。小銘鐵成長期間都受到藥物控制，就像一場恐怖秀，以他的母親被殺害揭開序幕。別人命令他殺人，否則就要切下他的雙手。他屬於一支流動隊伍，他們將民眾反鎖在自家屋裡，放火燒死一家大小。在他們的世界裡，告狀者的上

見「小銘鐵」時我坐在一個空曠的廢棄操場。他說他想到索馬利亞作戰，問我們能不能幫助他。他很餓，沒有工作，但他知道怎麼使用槍。自從六歲被革命聯合陣線擄走之後，他開始學習用槍。 Howard G. Buffett

下嘴唇會被打洞，將掛鎖穿過傷口並扣上。他說有一次兩個士兵在爭辯一名孕婦肚子裡小孩的性別，於是便把她的肚子剖開。

這樣的故事我不再多說。前述還不是我聽到最泯滅人性的故事。我永遠不會忘記一位婦人臉上的表情，當她說：「我們看了太多沒有人該看的事情。」

我之所以執著於關注衝突和衝突後的受害者，其中一個原因是當你聽到這些故事，你會了解小銘鐵他們這些人所受到的永久傷害。這些孩子兵被奪走，和家人斷了聯繫，淪為無止盡暴虐行為的受害者；他們被迫從事的行為讓他們失去原有的人性。他們從一種受害者變成另一種受害者。當衝突結束，他們還剩什麼？他們沒受教育，除了打仗什麼都不會，個個心靈受創，而且很多人的腦部都因嗑藥導致永久受創。

有幾個組織進入獅子山共和國，嘗試訓練部分過去的孩子兵學習耕作或其他技能，但他們受到的心理傷害不容易克服。我們在城郊未完工的校舍召開一連串會面，期間有一名前士兵聽說我們在那，決定不請自來。我看得出其他前孩子兵都對於在他面前和我們說話感到緊張。他的眼神狂野，汗珠順著臉頰流下。「我可以示範給你看！」他一度不斷嚷嚷道，然後對我們細數他和其他前士兵會做的一些鬧劇。在場不只我一個人擔心他是認真的想示範；他說他真希望能展示他從革命聯合陣線學到的殺人技巧。

和我聊天的前孩子兵不只一個對自己的「自由」（如果那是所謂的自由）感到迷失與不安。

我想這和罪犯服刑二十年後出獄的情況很類似，更生人對於不再能夠循著既定的規矩而必須為自己的行為負責會感到不知所措。他們當中有很高的比例會在出獄後幾天內再度犯刑。另一個孩子兵小聲地說：「我曾經一天有三餐，有槍，還有一個女人。比我現在過得還好。」當你食不溫飽、前途黯淡，生活重心離不開基本需求。

儘管他經歷過當一個孩子兵的苦，小鉻鐵在我們離開前問我能不能幫助他到索馬利亞當傭兵。我相信一個孩子如果擁有充滿愛的家庭，就算食不果腹也不會為求生存走上燒殺擄掠的路。一個孩子兵所經歷的殘酷再造將這些年輕人推向一個道德模糊的狀態。

我們的基金會贊助幾個計畫，試圖教育並引導前孩子兵重拾諸如農耕等等的生產技能。這是一大挑戰：地方上的民眾通常痛恨且畏懼他們，但這也是情有可原。當我們參觀鑽石礦場時，我記得自己心想這裡幾千名勞工過去曾是一支訓練有素的軍隊，為了食物什麼事情都做得出來。儘管如此，如果我們選擇視而不見，不設法將他們拉回生活的主流中，他們童年經驗中的憤怒和邪惡可能會持續以新的方式爆發。

在人們受飢餓所苦而且對未來充滿恐懼的地方，恐怖分子和狂人就會利用食物引誘某些人走向人性的黑暗角落。食物就是力量。

故事十二

廷巴克圖的性與飢餓

當我還小的時候，經常聽人們提及西非城市廷巴克圖（Timbuktu）。它的讀音有趣、充滿異國風情。它被當成「鳥不生蛋的地方」的代名詞。如果有人要踏上一場長途、艱辛的旅程，你便能說，「看來你是要去廷巴克圖。」

二〇〇三年我拜訪了馬利共和國位於撒哈拉沙漠邊緣的廷巴克圖。它是貧瘠遼闊沙漠中的一座綠洲，主要經濟來源是食鹽貿易、金礦開採，以及米和棉的種植。我造訪的原因有部分是希望能和當地人談談一些議題，像是關於農業價格支持（price support）*以及世界銀行（World Bank）當時為活化經濟並推廣自由市場所作的努力。馬利共和國極度貧困，國內生產的米僅能勉強餵飽自己的人民。不幸的是，我實際造訪才知道世界銀行的努力可能帶來兩項思慮不周的負面衝擊。第一，農夫試圖將脆弱的土地變成棉花田會損害土質，而且不會帶來任何長遠的利益。第二，既有的系統起碼會回饋部分資金支持當地的教育和醫療體系，不過市場一旦自由化，一切便會改變。

廷巴克圖是個一點也不現代的圍城，砂岩建築旁的街道被沙覆蓋。尼日河（Niger River）在廷巴克圖向北進入南撒哈拉，因此雖然地處偏僻，歷來一直是當地聚落和商人的集散地。來自南方礦場伯爾（Boure）和班布克（Banbuk）的金礦被帶來此地交換鹽和其他商品。我造訪此地時，農民和商人依然用駱駝當代步工具並載運貨物。

＊譯注：在經濟學中，價格支持可以是一種補助或價格控制，目的是讓一個產品的市場價格保持在競爭均衡之上。

二〇〇三年我參訪廷巴克圖時，駱駝隊還是個很常見的景色；不幸的是，對住在這偏僻圍城的居民而言，貧窮與困頓也同樣常見。Howard G. Buffett

圖瓦雷克人（Tuareg）於西元五世建立廷巴克圖。他們是游牧民族，幾百年來遊走於撒哈拉各處，為他們的牲畜尋找牧草及水源。廷巴克圖後來也成為伊斯蘭學者們的知識中心；聯合國教科文組織（UNESCO）因為城裡的清真寺古蹟和大量手抄本收藏將它登記為世界遺產。城市名字的由來眾說紛紜，但其中最令我難忘的故事，主角是一位住在尼日河旁井邊的老太太。當圖瓦雷克人隨他們的動物在雨中前進，她會替他們看管私人物品。據信這一帶名稱的各種說法都是在形容她凸出的肚臍！

不過，今天當我聽到「廷巴克圖」時，我不再聯想到這些歷史意義，也不把它當作「遠得要命」的華麗代名詞。我反而會想起我鏡頭曾經捕捉的一名年輕女子墨哈兒（Mohair）的悲劇。她住在所謂的「悲慘腰帶」（belt of misery）。對我來說，她那生動的臉孔永不凋零，代表著世界各地飢餓與性剝削之間的緊密連結。

我看見許多令人心碎的性交易在極度貧窮與飢餓的地區滋生。我曾去過宏都拉斯首都德古斯加巴（Tegucigalpa）郊外的垃圾掩埋場，垃圾堆散發蒸氣，附近來的幾十個小孩在卡車剛傾卸的腐壞、廢棄物中仔細挑揀。踏出車門一、兩分鐘後，我的眼睛開始出現灼燒感、喉嚨也因為強烈的臭氣和沼氣而閉塞。我無法想像長時間住在這種環境中對這些小孩的鼻竇和肺有什麼影響，況且他們當中很多都吸強力膠度日。

我替十三歲的女孩卡拉（Carla）拍照，她靠著在掩埋場分類垃圾並賣掉偶爾撿到還堪用的廢物，一天約能賺五十美分。她的眼皮沉重，眼神因為白天靠吸膠掩蓋掩埋場的惡臭並緩解痛苦而顯得空洞。破銅爛鐵無法讓卡拉和她的朋友們賺得足夠的錢，所以她們會將自己的身體賣給來倒垃圾的卡車司機，每次多賺個幾美元。

這樣的畫面在全世界的貧民窟、紅燈區、卡車停靠站，以及其他無助之人聚集處反覆重演。連結飢餓與性的是在一旁虎視眈眈的險惡角色，他們總是不計手段地剝削脆弱又飢餓的人們。我們基金會曾在衣索比亞資助一項鑿井計畫。工程順利，表面上似乎也是對群落有益的正面開發。但六個月後，我們收到通知說有一名男子拿著自稱是政府頒布的官方文件來到鎮上，挨家挨戶地要求課新井的水稅。（許多居民並不識字，所以這份文件可以是任何東西。）而男人向每個家庭解釋，如果無法繳交水稅，他們也可以把家中的女兒提供給他「使用」，期限

卡拉和其他人吸食強力膠打發時間，並藉此減輕飢餓和虐待所造成的痛苦。Howard G. Buffett

可以是一個月。水源攸關生死。當我們發現這件事時，已經有幾戶人家把女兒提供給這個男人，她們被強迫賣淫。當我們的合作夥伴發現有這種事情發生時，負責的NGO便將情況呈報當局，後來我們得知男人已被逮捕。

沒有哪個國家在這塊市場占有一席之地，也沒有任何國家免疫。美國國務院估算全球有兩千七百萬人口被販賣，而且美國本身的人口販賣正日益猖獗。每年估計有一萬四千五百人在其他國家被綁架，然後帶入美國[10]——許多是被強迫在按摩院和妓院工作的女人和女孩。也有逃家的青少年被皮條客吸收，甚至有一些組織精細的網絡能將遭人綁架或有藥癮的美國青少年和兒童跨州運送，並逼迫他們販賣身體。大多數人想像飢

開發中世界的垃圾場會吸引遊民與絕望的人來此尋找食物。我只不過花一個小時拍攝掩埋場就必須拿面紙塞住鼻子，並用嘴巴呼吸，否則無法承受灼人的撲鼻惡臭。這些孩子經歷了人間地獄。Howard G. Buffett

餓的臉孔時，腦中不會浮現逃家的美國青年男女，但資源匱乏加上餐餐受人支配是前述關聯成立的前提之一，這點倒是千真萬確。這些孩童是遭成人罪犯控制並以各種方式剝削的受害者。他們有些當初是為了逃離家中可怕危險的情況。不管為何流落街頭，他們往往飢餓且脆弱。

悲慘的定義

「悲慘腰帶」位在廷巴克圖郊外，曾經的游牧者在此紮營群聚，試圖尋找臨時的住處和水源。這裡有一些農務可做，也可以當「泥工」幫忙蓋房子賺取微薄薪資，但這裡的人們每天往往只有幾美分的生活費。馬利共和國夏天氣溫可達攝氏四十三度。厚實的沙塵暴將都市地表覆上一層單色調粉末。

這個地區曾是跨大西洋奴隸貿易（Africa-US slave trade）*的供應商，如今當地仍存在某種奴隸制度。此外，美國國際開發署（USAID）資訊顯示，馬利共和國某些地區女性經歷生殖器毀損和切除的比例高達百分之九十二。根據地方習俗，切除部分生殖器能讓女孩保持貞潔，同時更

10　美國人口販賣相關背景，http://thecnnfreedomproject.blogs.cnn.com/2011/06/17/trafficking-and-the-u-s.

*　譯注：指約十六世紀至十九世紀自非洲提供廉價勞動力至美國的貿易行為。

有機會找到一個好丈夫，所以大部分女孩都會在五歲以前接受切除。[11]這項行為的後果除了提高生產時引發併發症的風險，其他對健康的負面影響還包括血崩、人類免疫缺乏病毒感染（HIV infection）、不孕，以及死亡。

這樣的習俗是為了維護某些女人的「貞潔」而存在，但同時卻沒人關心那些走投無路被迫從事性交易的女人，兩相對比似乎顯得有些諷刺。廷巴克圖是如此孤立在一片貧瘠燥熱的沙海中，出生於貧窮便注定了毀滅。當地的NGO接待人員告訴我，一個來訪的男人可以根據廷巴克圖的宗教及地方習俗，從街上選擇一個年輕女子並宣布她為自己的妻子，而且必須和他發生性行為。當他準備離開時，他可以宣布「我和你離婚」三次，然後就能將對她與他們可能有的孩子的義務甩得一乾二淨。

廷巴克圖教女人縫紉的培訓課程。墨哈兒恬靜端莊的美麗吸引我按下快門。Howard G. Buffett

離開廷巴克圖之前，我拍攝了一個名叫墨哈兒的女孩。她生長於「悲慘腰帶」，我見到她時她才十五歲，但已經有了一個孩子。本人如同相片一樣沉著端莊的年輕女子被逼上絕境，生下強迫賣淫過程中懷上的孩子，這樣的故事想來令人於心不忍。我們也見了其他幾位被迫懷孕的少女。這樣的環境創造出一個會自行重蹈覆轍的階層，他們成為未受教育、貧窮、飢餓的人們，沒有離去的選擇。

[11] http://2001-2009.state.gov/g/wi/rls/rep/crfgm/10105.htm.

故事十三

失落的亞美尼亞

幾十年來，亞美尼亞的經濟主要仰賴重工業，以及掌管國家整體農業體系的前亞美尼亞蘇維埃社會主義共和國（Armenian Soviet Socialist Republic）官僚。他們負責發布播種和收成的命令，並發配種子和肥料給農夫。當這個制度在亞美尼亞於一九九一年成功獨立後土崩瓦解，許多農夫失去取得肥料或設備的管道，於是乾脆拋下土地到別的地方找份工作。「嬉過客」（Squatters，按：指非法侵占空屋的人）搬進被拋棄的私人地產，並試著摸索如何種出食物。全國四處爆發糧食短缺，和幾個鄰國之間持續的衝突榨乾各種資源。這個國家比以往更需要農業生產。

在二〇〇五年，我到亞美尼亞實地了解情況，想知道我們能不能幫忙重建這個破碎的農業體系。我們在這個國家的不同地區旅行進行調查。不過我從這趟旅程帶回的照片之所以震撼人心，主要是因為強烈的失落痛楚，和農業關聯不大。住在洛里省（Lori）和一個鄉下村子的幾名長者尤其令我動容。

旅途中遇見的許多人都跟我說他們覺得遭人背叛：家人、政府，有些人甚至抱怨被上帝背叛。我想到每個人面對飢餓的能力可能因生理狀況、社會大環境和個人歷史，或者性格、心智健康和文化規範而有所差異。我曾和一位帶著四個孩子逃到衣索比亞的索馬利亞婦人聊天，她告訴我，「在這裡我們餓死，在家鄉我們被子彈射死。」她沒有什麼情緒，而且立刻回頭面對找食物和照顧孩子的日常挑戰。但在亞美尼亞，我遇到一名父親因為無法負擔疫苗而喪子，整個人意志消沉。他如此形容自己所處的境況，「活不下去，但也離不開。」他的痛苦有部分是來自對現代醫學的認識，而且他知道自己的存款曾經——或許，就連過去的蘇維埃衛生體系——能夠避免兒子早逝的悲劇。

二〇〇五年拜訪亞美尼亞時，世界展望會告訴我根據每日一美元的生活費門檻，*有百分之四十的亞美尼亞人口屬於聯合國定義的赤貧。另有百分之三十的人口生活費比前者多了一倍，不過每日仍少於二美元。這是非常驚人的貧窮率，但不是這趟見聞中最糟糕的部分。亞美尼亞令

* 譯注：目前赤貧的門檻為〔二〇〇五年的〕一．二五美元，所謂「每日不到一美元」的廣泛說法指的是一九九六年的一美元。

人印象深刻之處在於為數廣大的窮人過去曾經不那麼無助，而且對未來還抱有一點信心。當亞美尼亞還是蘇聯成員時，她曾經在工業發展上有突出的表現，和其他隸屬蘇聯的共和國互相貿易。獨立後，亞美尼亞因為和土耳其與亞塞拜然的衝突而停滯不前，衝突並且導致這些國家切斷和亞美尼亞的貿易往來，在經濟上將其孤立。俄羅斯本身的經濟困境為亞美尼亞商品創造一些小型市場，於是他們試圖再次發展農業，但成果有好有壞。

在蘇維埃生產體系裡，許多亞美尼亞人工作非常辛苦是事實，不過至少大部分人還能夠取得足夠的糧食，並獲得稱職的服務。我拜訪的一些人甚至住在過去稱得上中產階級水準的公寓或房屋——不過其中有部分只是空屋，大家只會在一個房間裡睡覺起居，一起取暖。他們將少量食物放在室外的門廊，然後指派人員負責看守。失落感無所不在。

從很多方面來看，這樣的環境和印度加爾各答或衣索比亞難民營相比堪稱奢華，但亞美尼亞卻沒有任何值得樂觀之處。蘇聯的解體為亞美尼亞帶來了民主是事實，但實際上民主制度給這些人民的卻是沒有健保制度的自由、陷入飢餓的自由，以及被遺忘的自由。許多上年紀的民眾看起來就像我在奧馬哈或迪卡特的鄰居，但是他們卻說自己的一生白活了。這種毫無希望的抑鬱和我在貧窮非洲村落度過的夜晚形成強烈對比，非洲人總是開心、充滿希望，即便最窮最餓的人也不例外。

那是在洛里省的一個社區，當時我們剛結束參訪行程，注意到一名拄著拐杖的老婦人身體微微顫抖。她邀請我們去家中坐坐。我們跟著她爬一階階頹圮的樓梯後，從門口看見她的姊姊，心頭不禁一沉。她的生理狀況一看就知道很差，後來我們得知她同時還患有心理疾病。

我們透過翻譯才知道這裡只住著她們兩姊妹。帶我們回家的是八十二歲的妹妹安娜（Anna），姊姊叫瑪利亞（Maria），比安娜大兩歲。安娜穿了好幾層衣服，圍著一條破頭巾。她湛藍的雙眼快速地來回轉動，我們很快就會了解她清醒時幾乎時時刻刻不忘提高警覺的原因。屋內髒又亂。我們走在有人類排遺的地板上。安娜拿給我們看的第一樣東西是她晚上用來綁縛瑪利亞房門的繩子。瑪利亞有時候會妄想症發作、變得暴力，曾有幾次試圖趁安娜睡覺時掐死她。因此安娜晚上把瑪利亞鎖在房裡，自己到兼作廚房的走廊睡覺。

安娜走向一個小衣櫃拿出包括護照在內的一些文件。她談起自己的家人，哭了起來。淚水從她滿是歲月皺紋的皮膚滑落，她沒辦法讓心情恢復平靜。她孤單、受怕、飢腸轆轆。在眾多文件中，有一份證明顯示瑪利亞二戰期間曾在俄羅斯對抗德軍。她負責操作高射機槍。瑪利亞突然出聲（我們拜訪期間她只講了這麼一次話），高喊說自己從不害怕，無論敵軍逼得多近從未離開崗位，還有她以曾經參戰為榮。她以狂熱的神情告訴我們自己是單位上最棒的機槍手之一，然後又變得安靜。安娜麻木無感地告訴我們瑪利亞已經變得危險而瘋狂。

直到現在，每次想起瑪利亞對當兵的往日榮耀念念不忘，我心頭還是感到一陣酸。我不禁這麼想，儘管戰爭充滿混亂與壓力，在她心目中那段時間是井然有序而文明的。或許，因為她現在的生活是晚上在那悲傷、髒亂的房間裡受凍，一邊應付幻覺和暴力衝動，於是穿制服、聽命令、隸屬某個單位、由他人負責伙食這一切就像舒適的特殊待遇。安娜以某種絕望的口吻說她們曾經為政府貢獻己力、為國家勇赴戰場，但如今卻被遺忘了。

根據我的經驗，亞美尼亞人比世界上任何地方的人更願意邀請他人到家裡，並將心事對他人開誠布公。這位是安娜，她日常生活的掙扎深深影響著我和HWB。Howard G. Buffett

「小心點霍華，這食物得來不易」

去塔武什省（Tavush）的時候，我拜訪了一名母親，她和四個孩子住在本來要蓋給動物遮風避雨的庇護小屋，屋內沒有隔間。自從地區內敵對民族的衝突爆發後，屋子的建造也跟著停擺，這幾年來他們都住在庇護小屋。冬天夜間氣溫會降到攝氏零下七度以下。屋內的溫度來自老舊木頭散發的熱以及燃燒動物糞便，孩子被燻得咳嗽不止，即便如此室內溫度依然沒有太大起色。

我對這趟採訪的第一個印象是，他們家門口地上有一穗玉米。每次出國看到當地種植的玉米，我會像大部分玉米農一樣剝開玉米殼，檢查裡面的玉米粒；如果看到採收的玉米穗，我會把它對折，檢查玉米芯的結構和健康程度。我撿起地上的玉米，問接待我們的母親是否能夠剝掉玉米殼看看內部。她拿起玉米穗，剝掉乾燥的殼，遞給我；裡頭的玉米大概才五英寸長，而且只有一半結粒。它的玉米粒只有十二排，比我家中農場種的少了六排。和我們一起旅行的當地接待人員悄聲跟我說：「小心點霍華，這食物得來不易。」

第二個非常鮮明的印象是關於這個家裡的八歲小男孩塔圖爾（Tatul）。我的同事想起曾經在去年夏天的ＮＧＯ營隊看過他，於是他問男孩最喜歡營隊哪一點。塔圖爾毫不猶豫地回答：「食物。」我不禁想像這個答案聽在美國人耳裡一定覺得很奇怪。在美國，挖苦「大廚的驚喜」和營隊的菜色等等根本就是夏令營的固定儀式之一，和蚊蟲叮咬以及獨木舟翻船一樣不可或缺。不過，聊著聊著我們終於清楚，他這輩子除了參加營隊期間從來沒有一日能吃三餐的時候。

最後一個對亞美尼亞的深刻印象來自和夏奇可（Shakhik）的會面。她告訴ＨＷＢ和我，她在一個大型蘇維埃式公社農場替政府工作了四十年。她在小學四年級、十歲的時候輟學，只因政府需要她。如今她七十六歲，眼睛半盲。夏奇可說她過去為國家犧牲奉獻，但現在卻得設法用每個月二十六美元的津貼度日——每日少於一美元。公社農場共住著三百五十個家庭，在那裡至少她還有人可相互幫忙扶持。在我們準備離開之際，她語重心長的對我們說，她寧可得癌症也不想失明，因為得癌症她起碼還能死得痛快。她的視力不佳導致行動不便，不過她在臨別前抱著我的臉，親吻了我的臉頰。她感謝我願意聆聽，感謝我花時間來看她。

HWB就在我旁邊，他也因為夏奇可的境遇感觸良多。他叮囑我們在亞美尼亞的聯絡窗口幫她配一副新的眼鏡。有些時候我們會覺得自己只能替他人做一件微不足道的事，但卻覺得非做不可。起碼，我自己覺得非做不可，HWB也漸漸和我有一樣想法。不過，這可能會帶來一些問題。拜訪特定人家，而且特地滿足某個人的需求，可能會引起其他人的嫉妒之情，或者讓當地幫助我們的NGO感到不是滋味。

蘇聯解體後，東歐國家的貧窮率日益攀升。這對照片中羅馬尼亞小妹妹和所有孩童的未來都是一個威脅，同時令許多年長的人失去希望。 Howard G. Buffett

從亞美尼亞離開後，我開始更關心處在糧食不安全情況的長者——無論他們身在何處。我又想起迪卡特「好撒馬利亞人」慈善廚房的二戰老兵鮑伯。他身上燈芯絨褲的大腿處已經磨到幾近光滑，他的黃色T恤處處破洞，簡直已經支離破碎。他的臉頰凹陷削瘦。不過他似乎是帶著高興而感激的心情來慈善廚房覓食。「我會煮，」他向我透露，「但我真的很討厭收拾。」他的心情和亞美尼亞的兩位婦人截然不同，儘管他那麼窮，但我相信就算沒有「好撒馬利亞人」他依然不會向飢餓屈服。當一個長者不知道有誰在乎他或她今天是否吃過飯，這樣的心理傷害是我們無從計算的。我在亞美尼亞遇見的老人提醒我，無論年紀多大、生活環境如何，食物的和心理的滋養對每個人都非常重要。

故事十四

在戰火下耕作

我能認識艾德．普萊斯（Ed Price）要謝謝姊姊蘇西。我們自出生後就互相打鬧揶揄，這是我欠她最多的一次——雖然她這份人情差點要了我和HWB的命。

二○○九年，在愛達荷州太陽谷的晚餐桌上，蘇西坐在時任美國中情局第十任局長的大衛．裴卓斯（David Petraeus）將軍隔壁。他說他想幫阿富汗的農民尋求農業輔助。蘇西對農業較不感興趣，但她告訴他，「你應該找我弟聊聊。」

經過數個月、幾次電話溝通後，我和HWB穿上防護重裝，無視家中其他成員和我周遭正常人的建議，和德州農工大學（Texas A&M University）的艾德．普萊斯教授一起坐在阿富汗喀布爾（Kabul）美國陸軍基地一間冷颼颼的等候室。我們正在等待雲霧消散，唯有如此才能搭黑鷹直升機飛向東方的賈拉拉巴德（Jalalabad）。連續兩天我們都因濃霧而無法起飛。我們要和一些當地農夫見面，經過多年荒廢，加上晚近美國與盟軍在此清掃塔利班殘餘偶爾會爆發零星衝突，他們正嘗試重建農業體系。沒有人在二月到阿富汗旅行會帶泳裝，這點無需提醒，但我們即便穿著冬天的裝備還是不斷發抖。除此之外，昨天喀布爾全境高度戒備，因為塔利班分子針對喀布爾飯店進行一連串自殺炸彈攻擊，導致數名民眾慘死。我們在前往基地途中看見天空的閃光。

我們三個人忍受了七十二小時的寒冷、憂心、危險和百無聊賴，話題從小額貸款、肩射型飛彈，聊到艾德對抗飢餓問題的最佳工具木薯。農業經濟學家普萊斯教授當時是德州農工大學諾曼．布勞格國際農業研究中心（Norman Borlaug Institute for International Agriculture）的主任。但讓我感興趣的是，他的專業領域來自農業最不尋常的一個面向：當人們承受砲火乃至其他生命威脅時，該如何繼續耕作。

搭灰鷹直升機是拜訪這些農夫唯一的安全交通方式。Howard G. Buffett

我認識艾德時，他已經進出伊拉克和阿富汗超過十幾次。他在德州農工大學教農業經濟學已有好幾年，而且因為六〇年代大學畢業後第一份工作去了當時的英國殖民地砂勞越（Sarawak），因此累積越來越多農業和發展方面的豐富經驗。在婆羅洲這個島嶼上，艾德和山地部落攜手合作，這些原住民看著木材公司砍伐周遭森林的方式導致土地劣化。他開始深信避免暴力衝突之道在於把採集林木的權利歸還給這些部落，因為對他們而言，永續經營符合他們的最佳利益。

有時候你會遇到一些人，他們在一頓晚餐談話中教你的事，比你在學校努力一整年還受用。這種機會通常是可遇不可求。照片中站在右邊的艾德．普萊斯就是那樣的人。 Howard W. Buffett

艾德後來又去了一些衝突熱點（conflict hotspot）。二〇〇二年，當他在象牙海岸致力於提高稻米收成時，意外置身一場暴力叛亂。他被困在飯店裡，不知道自己是否能活著離開。但他認為這次經驗以奇妙的方式改變了他看待危機的態度：「我總是受到這段經驗的影響，驚嚇不已。不過後來，我開始意識到或許自願身歷險境是我的天職。我可能不是最好的數學家或理論家，但這種情況還應付得來。」

還有更多機會等著他。自美軍進駐阿富汗起，艾德過去輔導的學生開始寫信給他。德州農工大學有兩千名學生同時也是軍人，該校畢業的軍官人數僅次於職業軍校。因為擁有農業和科技的專業背景，有幾位和艾德認識的畢業生在所謂的民間事務隊服務，他們在與塔利班短兵相接的士兵後方從事作戰任務，負責贏得當地民眾「全心全意的支持」。

然而，這些小隊不一定懂當地人覺得最困擾的問題。「他們有時候開玩笑說自己是去發排球的，」艾德笑著說：「不過我開始接到幾個過去學生的信，他們形容一些不同的農業問題，像是灌溉渠道被雜草堵住。其中，有封學生的電子郵件，他問我該如何決定一頭牛的價錢。他的小隊上有人意外射死一頭牛，想要補償牛的主人，但是沒人知道該怎麼幫牛訂一個價錢。」

「我意識到農業專長對那裡的某些任務可能很重要，不僅避免這些社群接觸軍人的立場，而且能夠讓人們重新步上生活軌道，自立振作並養家餬口。」他對學生們有問必答，不過他還打了幾通電話到華府，然後和小布希政府的國防部副次卿保羅・布林克利（Paul Brinkley）會面。殊不知布林克利想在另一個衝突熱點借重艾德的長才。

布林克利手上有一些軍隊、政府、民間利益團體正試圖幫助伊拉克重建，除了彌補美國侵略造成的傷害，還要改善荒廢多年的殘局。伊拉克農業在一九八〇年代海珊不顧財政壓力攻打伊朗期間便已經徹底崩潰。道路不通、灌溉渠道運作不良、灌蓋幫浦故障。種子和肥料的分配系統越來越壓榨，到後來農夫乾脆放棄耕作，導致糧食短缺問題變得更嚴重。艾德頻繁往來伊拉克，有一次甚至為幫助當地農夫再造並重拾農耕技術在那裡長住了六個月。

裴卓斯將軍、保羅・布林克利和其他人了解，阿富汗人出了名的不屈服精神加上一些好的專業意見，其實能夠帶來豐厚收穫。因此保羅請艾德幫助阿富汗農夫成立一些領航專案。最後，我們的基金會負責建立一間農業學院，提供一些中樞灌溉系統希望能夠讓作物達到一年二穫，還有由婦女合作社經營的一座加工廠（我希望這個模式能夠向外推廣至阿富汗以外的其他地方）。

在喀布爾令人打寒顫的半桶狀組合屋內，我們建立起一段關係，也為往後帶來其他刺激的計畫。對於擅長分析、運籌帷幄又能兼顧務實面的人，我向來是佩服不已。舉例來說，我還記得我們關於木薯的對話。木薯是黃褐色、圓滾滾的根莖植物，看起來就像一朵薯蟲捧花。但它對戰火肆虐的地方有重要價值，因為它富含碳水化合物、鈣、維他命B和C，還有重要礦物質，而且能夠在乾燥的不毛之地生長。艾德補充說，最棒的是它的果實長在地底下。「這讓它比較難被偷採，而且農夫採收時不至於完全地暴露在外。」

一個地方應該種植需要時便能採收的作物，還是種植玉米這類暴民或占領軍能輕易燒毀或竊取（或更容易在採收時遭攻擊）的作物，懂得兩者之間的差別可能帶來攸關生死的後果。自從我們首次合作後，艾德成為德州農工大學衝突和發展的霍華．G．巴菲特基金會第一屆系主任，他的團隊完成了許多重要研究，我相信這些成果能夠幫助因戰火而惡化的飢餓問題找到更現實可行的解決之道。

故事十五

改變的種子

身材精瘦、直言不諱的喬·迪佛里斯（Joe DeVries）出生於密西根州艾達（Ada）。當他還是大學新鮮人時，一位外地傳教士的演說讓他大受啟發，促使他為開發中世界窮苦之人貢獻己力預作準備。他念農科，在迪士尼世界艾波卡特主題樂園（Epcot theme park）找到第一份工作，擔任大地館（the Land）的研究員。後來，喬志願為聯合國服務，獲派至馬利共和國北部建立灌溉稻作系統。這些工作很重要，但不甚刺激。情況在一九八九年喬加入救援組織世界展望會後有所轉變。世界展望會將他送到位於非洲東岸的前葡萄牙殖民地莫三比克，當時莫三比克已陷入血腥內戰達二十年。

莫三比克人食不果腹，但糧食援助團深入鄉野小路的風險又太高。因此，喬的工作就是負責把一包包種子送到因戰火波及而被迫遷離家園的農夫手上，讓他們能夠種植自己的食物。他和他的組員經常搭著塞斯納叢林小飛機躲避砲擊，運送幾千噸重的種子、鋤頭、砍刀給農夫。他的團隊會降落在靠近村莊處，將貨物卸下後，當地人便把最近被地雷炸傷的受害者抬出來，讓他們搭機到外面接受治療。期間，喬經歷了許多令人痛心疾首的事：他搭的飛機幾乎每次都被子彈射得千瘡百孔。一位和他共事的當地農業推廣員工因為試圖幫助農夫，遭人綑綁在樹上活活打死。

搭機深入前線後方讓喬成為數千名農夫心目中的英雄，倘若沒有他的幫助，這些農夫和他們的家人都會餓死。每當他拜訪一個村莊，視察作物生長情況，當地民眾總是將他團團圍住。不過一九八九年十月，當他聽著幾位地方領袖喋喋不休地發表對他的表揚演說時，他看見一名農夫擠到人群邊緣試圖吸引他的注意。當儀式終於告一段落，喬半推半就地隨著這個鍥而不捨的農夫來到村子外一公里處的他的農場。

喬走進一處豇豆田，這些種子是他兩個月前運送到此地的。作物看起來很健康，但卻不曾開花，也就是說這些富含蛋白質的豆科植物沒有結豆莢。喬要求去村子附近的其他耕地看看，每塊耕地的情況都一樣，但只有這名農夫主動告知：這些活力旺盛的植物全都沒有豆莢。這批作物不會帶來任何收成。種子進口自辛巴威，農夫都依照指示按部就班地播種。但這些種子的品種不適合在低海拔熱帶地區生長。因此生長環境自始至終沒有給這些植物開花結果的適當提示。

看著數百位對他無比信任的農夫，他發現各個救援組織對農業的天真無知是這村子有些人會餓死的原因。喬決定給自己一個任務，確保往後交給貧農們的種子是許可範圍內最棒的品種。

「這是個悲劇式的學習經驗，」他說，頭往後轉，「不過在那之後我就開始迷上將新種子和非洲農業生態配對。」

過去十年，我和喬一起旅行到世界各地。他是我所認識農業發展領域中最堅定不移、滿懷熱血的人之一，聽了他被農夫團團圍住的故事後，我完全可以理解他的堅毅和熱情從何而來。這就是改變人生的經驗。

喬回到美國，並於一九九四年在康乃爾大學取得植物育種與遺傳學博士學位。成為博士的迪佛里斯再度回到非洲。

符合非洲需要的種子

在世界展望會繼續服務幾年後，喬在一九九七年加入洛克斐勒基金會（Rockefeller Foundation），在當時是少數為非洲農夫解決種子問題的慈善機構之一。他開始在肯亞的奈洛比（Nairobi）當玉米育種員，但在培育適應當地條件的新品種以提高收成時很快就遭遇一大難題：少了政府或其他當地玉米育種者幫忙進行量產，就沒有足夠的種子能送到每個農夫手上。受到美國和其他資助國要求整頓財政的壓力，許多非洲政府砍掉不少基礎預算，包括國營的種子生產。當時西方世界的傳統經濟思維是，非洲這些事交由市場運作會更好。但綜觀九〇年代大部分非洲國家基礎建設、科學家、銀行家的不足，意味著諸如種子生產這類重要機能的徹底失敗。

喬覺得非洲在種子方面呈現真空狀態。政府從種子研發領域撤離，而市場又對這塊毫無興趣。在跨國企業眼中，自給農不是他們的潛在客戶。結果就是多數非洲小農無從取得新種子，只能重複使用生產力隨著時間漸漸下降的疲乏種子，任憑昆蟲和植物傳染病攻擊它們的弱點。數十年來，即便天氣和蟲害已有所轉變，非洲部分農夫用的還是傳下來的舊種子。無怪乎非洲穀物收成量只有世界平均值的四分之一。

在世界上任何地區創造優質的所謂混合種子都同樣費時費力。混合種子不是基因改良種子，後者的ＤＮＡ本身在實驗室裡經過人為控制。混合種子的創造要透過傳統育種技術，像是對不同育種親本的特徵精挑細選，或許將能提高收成和抗旱的兩個親本雜交。

農作物育種員必須能夠頂著烈日，在田裡邊記錄數據邊決定要將哪兩個植物配對，如果配對的作物是小麥，還會用上鑷子進行手術般的過程。創造出能夠對抗一種新的疾病或結更多果實的全新品種需要花上數年的時間。

非洲對農作物育種員而言大概是最具挑戰性的地方。不同於在亞洲，一個神奇的種子能種植在任何有灌溉系統的土地上，涵蓋偌大幅員，非洲的生長條件和地形在短距離內就有很劇烈的變化，單一作物耕種在此基本上不可行。絕大部分非洲農場都倚賴降雨，這表示水的存量普遍不穩定。在某村莊結實纍纍的玉米品種不一定能夠適應幾小時車程外的環境，原因從海拔高低到土壤差異都有可能。而且非洲不同地區的糧食作物也不盡相同。烏干達的主食是香蕉，但在蘇丹，人們吃高粱。在肯亞是玉米，至於衣索比亞大部分地區最受歡迎的作物是苔麩（teff）。苔麩是一種禾本科植物，經常被做成麵包，口感像海綿。

非洲要取得所需的種子必須有一支育種員大隊，回應各地不同的生長條件和口味差異。洛克斐勒基金會和喬共同研發的解決之道，有別於其他NGO長期以來在非洲實行的做法。喬深信將一包包免費種子送給農夫的援助方式是治標不治本。沒有公部門的介入，將更好的種子交給農夫的工作必須由私部門完成。在奈洛比工作，喬決心成為一位培育種子公司的育種員。

喬・迪佛里斯形容自己是一個玉米育種員；我覺得他是現代英雄，是對抗飢餓的正義使者。Howard G. Buffett

二〇〇四年，他幫助組織七百萬美元的「非洲農業資本基金」（African Agricultural Capital fund），由洛克斐勒基金會和倫敦的蓋茨比基金會（Gatsby foundation）共同出資。誠如非洲的洛克斐勒團隊為了拓展其農業計畫試圖尋找更多捐款者，在紐約總部的基金會領導團隊也為他們將來的農業發展運籌帷幄。洛克斐勒基金會當時已經結束他們在亞洲的農業計畫。喬很幸運，因為同一時間，比爾與米蘭達蓋茲基金會的幾位高層人士正在考慮是否要踏進農業發展領域。有鑒於世界上四分之三的貧窮人口住在鄉村地區，他們將農業發展視為對抗貧窮的一大關鍵。蓋茲基金會知道我父親正準備給他們一筆豐厚捐款，金額足以讓他們朝這個新方向啟程。

蓋茲基金會的羅伊．史坦納（Roy Steiner）寄了一封電子郵件給喬，問他是否有哪些能夠扭轉局勢的構想需要基金會的資助。二〇〇六年六月，父親正式公布捐款。當情況在幾個月後漸趨明朗，蓋茲基金會和洛克斐勒基金會各拿出一億美元和五千萬美元展開合作關係。喬參與了兩者成立「非洲綠色革命聯盟」（Alliance for a Green Revolution in Africa，簡稱ＡＧＲＡ）的結盟決策。他獲得一筆預算，成立學人獎助給非洲的農業科學家，並提供剛起步的種子公司研究補助金。

我和喬是朋友，但我們也有意見相左的時候。我對非洲的「綠色革命」這個詞很感冒。許多非洲農夫非常窮困，他們的土壤劣化得相當嚴重、市場也脆弱得無法搭上革命特快車。我相信，解決之道必須根據違背宏大發展藍圖的鄉下生活和社會考量更切身訂做。一般而言，我把重心放在土壤品質上，喬則專注於種子。兩者都是解決之道的關鍵角色。

不過我贊同喬利用私部門建立種子產業的策略。這創造了永續的價值，而且在各方資助者退場後仍有維持前進動力的機會。喬提供創業者聰明且適宜的支持，幾乎是隻身為非洲的種子產業注入新活力。目前非洲各地有數百萬小農都從喬的「非洲種子系統計畫」（Program for Africa's Seed Systems，簡稱PASS）取得新種子。PASS和超過七十間私人獨立的種子公司合作，而且繼續朝一百間邁進。喬估算了PASS資助的非洲種子公司在二〇一二年的種子收成達五萬七千噸，約占非洲所有商業種子生產的三分之一，足夠種植約兩百萬公頃的面積。他的目標是在二〇一七年將種子生產量提高到二十萬噸。

我的團隊成員最近在馬拉威南部遇到一位PASS補助金獲獎者，他將理念付諸實行，在追求市場機制的解決之道時，仍不忘社會關懷的初衷。猴子灣位在一個貧困的地區，但風景優美，那裡有一間農場叫做方威（Funwe），以農場邊一座若隱若現的駝峰狀奇怪山峰為名。那裡住著另一位NGO領域的老戰將凱莉．奧斯朋（Carrie Osborne），她是天性樂觀、精力旺盛的英國人，投入「救助兒童會」（Save the Children）對抗HIV已有二十五年。

「非營利組織很棒，但完成一個專案就換下一個，從當地群落的角度來看，外界的幫助來了又走。」她解釋道。「我先生和我想為當地群落創造一點什麼——像是給當地工人長期穩定的工作機會。當時的我們在想，是否能夠經營一個小生意並提供長期的永續課程？當時的我們並沒有想過能夠有今天的成果。」

凱莉的先生強．藍尼（Jon Lane）是水利工程師，他們得到一份馬拉威的農場清單，這些農場已經被取消贖取權，等著被拍賣。二〇〇一年，強開始參觀其中一些農場。凱莉回憶說：「我呢，我看完後會說：『這不可能。』他是工程師，他會說：『可以把這條路修一修，可以把這棟房子修一修。』」他們找到一座以前的菸草莊園，莊園內有樹林和農耕地。

他們的重心不放在商業作物上，而是專注於生產玉米和莢果種子。二〇〇七年，喬注意到這對夫婦，他提供他們四年的補助金，讓他們能夠生產一個叫做MH26的馬拉威新玉米混種，目前方威農場已經開始量產這個新品種，並透過盤商銷售到市面上。他們的進展緩慢但令人耳目一新。凱莉估計他們目前生產的種子，每年可種出足夠三十五萬人吃的糧食。她說這成果「令人興奮」。

坐在圓形茅屋下，凱莉向我們的田野團隊說明，方威農場不援助任何人，而是透過永續經營並提供就業機會對當地群落帶來正面影響，這點令她感到相當滿足。方威農場支薪的當地雇員達兩百二十位，而且農場還有員工專屬的日間托兒所，並提供三餐。「你現在正坐在世界第六貧窮國家的第三貧窮省分的最貧窮地區。」她說道。「十年來，我們在人們生病時給予補助。全額補貼醫療費用。我們有一間規模不大的日間托兒所，然後以牛車將糧食載到鄰近的小學。」

她和先生都不期待從這項事業累積個人財富，只求當初投入的資金能回本。「我們有成功也有失敗。我們是私部門，但實在沒賺到什麼錢。即便如此，我很高興我們還能繼續堅持。」

像方威這樣的私人種子公司正在累積動能，喬如此相信著。在肯亞的卡比亞特（Kabiyet），西部種子公司是AGRA在肯亞輔導成立的四十五間種子公司之一，喬說他希望二〇一五年時肯亞能有二分之一的農夫使用國產種子，比現在成長百分之十。就這部分的發展，有位肯亞人的努力不容忽視。在二〇一二年，西部種子公司（Western Seed Company）創辦人薩林姆．伊斯瑪爾（Saleem Ismael）種植了兩千英畝的混合玉米種子，是喬在非洲看過規模最大的混合種子耕地。我們基金會在南非進行的眾多專案中，也包括贊助適合非洲土壤和氣候的種子研究，並擁有占地九千兩百英畝的烏庫立馬農場（Ukulima Farm），提供部分種子給西部種子公司。西部種子提供小農玉米種子，同時不斷穩定提升產量。「就我所知，其他非洲農業經濟子部門的成長速率都無法和非洲的種子產業相提並論，」喬說完又補充說，種子計畫讓非洲各國紛紛出現他們自己的國產種子公司，像是馬利共和國、布吉納法索、尼日、獅子山共和國、賴比瑞亞、盧安達、衣索比亞和最令喬感到欣慰的莫三比克。PASS為當地人提供技職和科技方面的訓練，這些訓練在PASS退出後依然能夠留在當地。

喬心無旁鶩地改良培育非洲原生種糧食作物，這些作物對小農非常重要。他的注意力也集中在有助種子產業發展的基礎建設，像是：大學研究、訓練在地農民如何使用種子、協助當地商人配送種子，以及推動地方政府制定法令打破有礙種子貿易的藩籬。

喬的立場堅定，他認為政府和NGO不應該免費發送種子，因為這樣的競爭會阻擋當地種子公司向下扎根（種子的確需要扎根）非洲必須從注定失敗的暫時援助循環中脫離。就像喬告訴我的，「這場戰役有一半的重心是說服非洲政府相信他們自己的農業科學家與創業者，是能夠帶來正面改變的可行管道。」

更好的目標：獲利與永續的在地生意

關於發送像種子、肥料或其他物質等農業投入品（input）[*]的兩難，在經濟學家丹碧莎・莫約（Dambisa Moyo）《無用的援助：為什麼援助無效以及對非洲更好的辦法》（*Dead Aid: Why Aid Is Not Working and How There Is a Better Way for Africa*）。擁有哈佛和牛津雙學位的丹碧莎是尚比亞人，她稱這個難題為「微觀—巨觀對立的問題」，並以當地創業者在非洲生產與販售蚊帳的例子作為解說。創業者可能雇用十名員工，每個員工家中可能有十到十五個人要靠他的薪水過活。除了生產的蚊帳數量並未達到需求量，整體而言，公司發展得很好。後來有個慈善家決定要送總價一百萬美金的蚊帳給當地群落，地方上生產蚊帳的生意大概注定要倒閉。難道發送更多蚊帳以滿足當地需求不好嗎？短期來看，是好的。只不過，四到五年之後，當那些捐助蚊帳老舊需要汰換時，當地再也沒有國產製造商能提供這項產品了。最終變成沒有援助就沒有蚊帳。倘若慈善家

---

* 譯注：農業投入品是指在農產品生產過程中使用或添加的物質，像是種子、種苗、肥料、農藥等等。

選擇資助商家提高在地的蚊帳生產量，可能會創造有利潤且能夠永續發展的成果。

二〇一二年，我們基金會給喬一百六十萬美元，希望他能將種子培育計畫帶到另外兩個戰後國家：獅子山共和國和賴比瑞亞。同年稍晚，我們再撥出五百萬美元，將喬的種子培育計畫帶到南蘇丹，美國國際開發署（USAID）也拿出五百萬美元共襄盛舉。南蘇丹是非洲環境最為險惡的國家之一，但喬的行動理念如今正在當地取得影響力。

就改善非洲人民糧食安全而言，喬的實質影響遠遠超越我所認識的任何人。我們的挫折來源相同，這點很有趣，畢竟他大部分的人生都在從事ＮＧＯ活動。喬曾經跟我說：「發展業（development industry）是我所知唯一越發展越愚笨的產業。」喬依然是ＮＧＯ領域的一員，但他正從內部進行改革。如今他已在十六個國家協助成立種子公司，根據他的粗略估算，這些改變的種子養活了兩千五百萬人。

喬．迪佛里斯對可行性做明晰、實地的評估，然後他改變戰略，在實際行動中看到成果。

故事十六
夏奇拉

對，那個夏奇拉。

熱切和混亂可以只有一線之隔。我曾在資源分配中心見證這樣的情形，那是人們在等待可能即將送達的糧食。處境困難的人時常做白日夢，而且有許多異想天開的想法：期待自己獲得拯救、想像苦難會奇蹟般地消失、幻想要是他們崇拜或為人稱道的偶像前來探望會什麼情境。從《巧克力冒險工廠》（*Willy Wonka & the Chocolate Factory*）到《貧民百萬富翁》（*Slumdog Millionaire*），許多電影都有這樣的主題。

夏奇拉·美巴拉克（Shakira Mebarak）關心貧苦孩童的困境。幾年前我和她認識成為朋友。這位才華洋溢的藝人，同時也是慷慨的慈善家，而且有極佳的幽默感。當她來拜訪我位於伊利諾州的農場時，我讓她試開聯合收割機。我不確定是因為她身為表演者的舞台敏銳感，還是身為舞者的協調性，抑或是其他原因，但她開起聯合收割機比我所知百分之九十五嘗試過的人都厲害。

二〇〇八年，我們和她的雙親開著車在哥倫比亞的巴蘭幾亞（Barranquilla）街上。我們要去探訪她的「赤足基金會」（Barefoot Foundation）資助的幾間學校，這些學校著重於提供營養午餐以及收留國內流離失所家庭（internally displaced families）的孩童。我們的基金會則從旁協助。當居民和城裡的孩童意識到夏奇拉就在休旅車裡面，他們又興奮又開心的包圍我們的車。他們想透過車窗看清我們。他們敲打車窗玻璃。他們高聲嘶吼。我以前從沒有類似的經歷。我們的司機擔心情況已越過底線，進入混亂狀態，於是詢問是否應該載我們離開這裡。

對我而言，夏奇拉不只是歌手和藝人；在哥倫比亞的那段時間，我看見她對孩童發自內心的關愛，而且從未忘記飲水思源。Howard W. Buffett

「不，」夏奇拉堅持道。「我必須出去看看他們，與他們碰面。」她對我微笑說道：「好了，我們走吧！」她帶著彷彿正要走葛萊美紅毯的笑容下車。她和群眾握手、幫他們簽名、擁抱孩子們、擺姿勢給人拍照。我知道當時的她受烈日折磨已筋疲力盡，而且在亢奮而躁動的大批群眾環繞下感到有點焦慮。

夏奇拉不只是做做樣子。她對貧窮和各種苦難感同身受。在哥倫比亞長大的她，自小便深知貧苦之人的困境。雖然幼時的她生活仍有餘裕，但父親在她八歲時宣告破產，之後她被送到洛杉磯投靠親戚。當她再次返回巴蘭幾亞，雙親曾經擁有的家產多數已變賣。父親帶她去看住在當地公園的孤兒們。她曾經說，那些孤兒的影像始終停留在她腦海裡，因此她立志倘若有朝一日出人頭地，她一定要為這些窮困的孩童做點事。

她成功了。十八歲那年，夏奇拉在哥倫比亞成立她的第一個基金會，緊接著又成立赤足基金會。赤足基金會在哥倫比亞的巴蘭幾亞、阿圖斯德卡蘇卡（Altos de Cazucá）、基布多（Quibdó）資助六所學校。她也把海地和南非的幾間學校納入基金會贊助計畫中。超過五千名孩童在這些學校獲得營養餐點、教育和心理輔導。總計約三萬人受益於這些計畫，這些人包括弱勢孩童及其家庭和社區成員，多數都是哥倫比亞內亂造成的流離失所人口。

連結飢餓與教育是戰勝飢餓的策略之一，而且幾乎適用於世界各地。學校供膳可以根據一個社群的特定營養需求調整伙食。確保孩童免於飢餓並且偶爾提供食物讓他們帶回家，能夠誘使本來不太願意送孩子、尤其是女孩上學的家長回心轉意。

學校供膳計畫也碰觸到另一個現實問題：營養不良的孩子就算能夠去上學，也缺乏在課堂中學習與表現的精力。教育及營養能夠提供不可勝數的基本助益，但學校同時也提供其他重要的、甚至足以拯救性命的資訊，譬如個人衛生、口腔清潔，以及各種衛生教育。老師也能檢查小孩是否有疾病，以及視覺、聽覺不良等問題。

美國在一九四六年實施「全國學校午餐計畫」（National School Lunch Program），後來追加「學校早餐計畫」（School Breakfast Program）。如今這兩項總預算超過一百一十億美元的計畫，每年影響十萬多所學校及托兒機構超過三千萬名的學生（在學比例的百分之五十四）。二〇〇八年，國會再增加「新鮮蔬果計畫」（Fresh Fruit and Vegetable Program），在二〇〇八至二〇一七財政年度，額外撥出十億美元給學校供膳計畫。[12]

如果我們認為學校午餐計畫對全世界最富裕的國家有其重要性，試想它對世界上飢餓學齡孩童集中度最高的貧窮國家能發揮怎樣的影響。如果美國孩子應該得到一份營養的餐點，其他國家的孩子也一樣。美國國會在二〇〇二年實施「麥戈文—多爾國際教育和兒童營養食品計畫」（McGovern-Dole International Food for Education and Child Nutrition Program），向致力於普及教育的開發中國家提供農產品及財務與技術支援。計畫宗旨是支持學校供膳計畫，但令我感到失望的是該計畫經常預算不足。

我們的基金會直接資助蒲隆地、瓜地馬拉、宏都拉斯、哥倫比亞、獅子山共和國、塔吉克和美國的學校供膳計畫。夏奇拉對學校的承諾，以及將供膳計畫納入基金會資助項目是一大貢獻。她知道希望對於處在生存邊緣的人有多重要。她決心讓那些認為自己已被遺忘的脆弱人們知道她在乎，這也是她踏出車子的動力。

過去十餘年我的想法有了一些轉變，其中之一是意識到全球飢餓不會因為接二連三成立的計畫或相關研究而產生鉅變。我們同時必須專注於全球性的意識與宣導。套用一句很貼切的非洲俗語：「你不能用一隻手打鼓。」我們必須將手中的財務資源和推廣關懷意識的能力利用到淋漓盡致，我們也必須致力於扭轉大眾的想法。

樂於貢獻一己之力的名人是有力的夥伴。我很高興能與幾位名人合作並成為朋友。慈善演唱會、連署聲明或為一個計畫站台，通常要花費許多精力與時間。而且投入這些活動有時會讓他們付出個人代價。我曾與搖滾歌手波諾開過一次會。他與我們家有私交，有時他被援助批評者（aid critics）當作攻擊的目標，其他人則懷疑他是沽名釣譽。我認為這些看法對他都不公平。慈善工作的各種挑戰讓他筋疲力盡，但他不看到顯著成果絕不放棄。有一天，一篇報導對他宣導

[12] 想認識美國的學校供膳歷史，請見http://www.fns.usda.gov/cnd/Lunch /AboutLunch/ProgramHistory_2.htm，亦可翻閱*US Agriculture: Feeding the World and Investing in Our Future*, Howard G. Buffett Foundation, 2012.

濟貧的誠意冷嘲熱諷，甚至取笑他的牛仔帽。會議中有人為他打抱不平，但波諾只是靜靜地笑著說：「我們不要浪費時間在這上面。我自找的。樹大招風，我必須有能力面對。不要緊的。」

夏奇拉談到給她動力的那些飢餓面孔：「我只要閉上眼就能想像他們的樣子。我知道每個孩子都有一個名字、一顆心、一個夢；我知道他們的生命和你我的一樣有價值。但每天都有許多這樣的孩子在社會棄之不顧的情況下死去。」因為我和她相處過、就某些我們所從事的計畫深談過，我相信這是她真實的感受。她的美夢成真，而她從沒忘記鼓勵和希望的力量。

故事十七
馬德雷山上的方濟會神父

碰面之前，我便聽見大衛．波蒙（David Beaumont）神父經過飯店走廊的聲音。我們約定的地點是墨西哥的埃墨西約（Hermosillo）。由於長期待在以煤炭取暖、煮飯的村莊，他的咳嗽聲低沉沙啞。他的長袍薄到不行：一件襤褸棕色棉質教士袍罩著用繩子繫緊的牛仔褲和襯衫。他留長髮、蓄鬍。我猜他不常見到飯店服務生為我們送上的那種精緻而多樣的食物，但他似乎是刻意選擇和信眾過一樣生活。他從頭到尾都沒有碰這些食物，開了五小時的車來和我們碰面僅接受一杯咖啡。

二〇一二年初，我在墨西哥停留了幾天，和當地農業相關領域的不同參與者會談，其中包括大小農場主、穀物買賣經紀人、食品公司、行動主義者與學者。我對墨西哥很掛心。我在ADM工作期間認識了許多住在墨西哥的朋友，而且這個國家目前正遭遇兩個美國人大概不太能夠體會的困境。

第一個問題是水資源危機。過去幾年，墨西哥農業生產的發展效率不彰，而且重要農業產區的水源供給正逐漸下降。從地下含水層抽水的速度讓它入不敷出。許多大型農耕機制仍使用最沒效率的淹水灌溉。我拜訪幾間農場，試圖對他們宣導中樞灌溉與滴水灌溉等能減少用水量又不影響收成的方法。

第二個而且更為急迫的問題是毒品貿易。早在啟程墨西哥之前，我已經對毒品文化深深滲透墨西哥的情況知之甚詳。我有過幾年在亞歷桑那州與美國邊境巡邏隊（US Border Patrol）一起巡查的經驗。我還曾經周遊整個中美洲，訪問長途跋涉至「北方」（*el Norte*）*的移民。不過，當時的我並不知道販毒集團對偏僻區域農業的衝擊如此劇烈。調查毒販對農業的衝擊是我認識這篇故事中的方濟會神父的開端。

有些人試圖前往位於北方的美國，逃離貧窮、飢餓，以及走投無路的生活。「死亡列車」是前往邊境的危險手段。
Howard G. Buffett

波蒙神父生於紐約長島，在美國受教育，年輕時加入方濟嘉布遣會（Capuchin）。過去二十年來，他在墨西哥中部馬德雷山脈（Sierra Madre）最荒無人煙處工作——索諾拉州（Sonora）與奇瓦瓦州（Chihuahua）之間住著如皮瑪（Pima）和馬齊（Maqui）等部落的深山小村。神父會說幾種方言，通常騎騾子來往於村落間，一趟路往往要花六、七個鐘頭。以我們的標準來看，這一帶的原生居民一直都很窮困。不過根據波蒙神父的形容，住在這片美麗山林的居民擁有深厚的文化底蘊，在生活上與大自然和睦相處。幾世紀來，他們在此種植小麥及玉米，性好和平。

他的主教轄區中心位於葉柯拉（Yecora）小鎮，但轄區內信眾四散的範圍涵蓋方圓好幾英里。提到葉柯拉時，他臉上流現安詳與快樂的神情。不過，當他講起這群以自給農占多數的群眾當下所面對的問題，便臉色一沉。有位與神父一起工作的人類學家陪同他來見我們，他補充道：「現在的皮瑪人覺得自己沒有未來。他們說：『我們的傳說是謊言。』」

來自錫那羅亞州（Sinaloa）和華雷斯城（Juárez）販毒集團的幫派在此地橫行。根據蘭德公司（RAND Corporation）的智庫研究，墨西哥販毒集團現在每年出口十五億至二十億美元的大麻到美國。[13]波蒙神父向我們形容一個地獄般的現象，他說這現象在各村落間蔓延擴散。毒販全副

* 譯注：西班牙文，是墨西哥與中美洲對美國及加拿大的稱呼。

13 http://www.drugwarfacts.org/cms/?q=node/1988.

武裝地進城，命令當地農民將本來種植的小麥與玉米換成大麻，信口承諾他們將會賺更多錢。農民與他們合作——他們有什麼選擇？——結果收成時，毒販才宣布他們要用槍枝和酒代替現金支付作物。他們告訴農民，武器讓他們更能「保護」作物，酒精則讓他們保持消沉、順服聽話。如果有人反對，毒販可能當場讓他們一槍斃命。他們有時會射殺個當地村民，為達殺雞儆猴之效。神父補充說：「婦女是我們群落和生活的核心，但如今好多女人在成長的過程中受到性侵害，以及心靈與精神虐待。」

在絕望和壓力下，有些農夫放棄了自己。「我有個好友是四個孩子的稱職母親，她丈夫某天晚上回家後便在全家人面前舉槍自盡，」波蒙神父說。「這種絕望現在已是常態。我問她，『妳往後怎麼過？』她將小寶寶舉到我面前。『我必須撐下去。我必須為了這個孩子繼續過活，神父。』這些人有這般美麗的靈魂，那是我繼續努力的動力。」

波蒙神父娓娓道出馬德雷山下一代的末路窮途，就像這個女孩。Howard G. Buffett

他拿列印在影印紙上的照片向我們說明孩童受到的影響。孩子身上的衣服帽子顯示毒販影響無所不在；男孩們的卡車和通卡玩具車和我幼時的一樣，只不過他們最常玩的遊戲是「毒販大逃亡」。照片裡帶著笑容的孩童開著一輛裝載著大麻的玩具卡車，想要模仿他崇拜的毒販偶像。「警察是這些遊戲裡的壞蛋，毒販才是英雄，」波蒙解釋道。

更多代價

這個群落在許多挑戰下掙扎求存。我訴說這故事，一部分是為了呈現我們的資源和專業有時無法應和某些處境的需求。譬如，神父說毒梟有時會以酒精替代金錢支付種植大麻的農夫，因此村裡的男人普遍有嚴重酗酒問題，這同時損害了他們養家活口的能力。販毒集團在這個地區的毒害之深，但將毒害斬草除根卻不在慈善事業能力可及的範圍。神父也提到當地人開始轉向伐木製炭，他們視此為農耕之外的另一條出路。我們在世界各地的赤貧鄉村經常見到這個現象；試圖改變這個行為有幾種辦法，但我們沒辦法提供適合墨西哥農村的建議。

不過，波蒙神父提出一個我們或許幫得上忙的問題。他說當地農民已漸漸背離過去種植多樣化作物的傳統。總體玉米產量減少，許多農民甚至懶得生產當地的傳統主食——藍玉米（blue corn）。他正努力幫助並鼓勵農民繼續生產原生作物。

返家後，我們著手調查是否有種子公司致力於改善原生藍玉米的研究，以期有助農夫們提高產量，並改善他們家人的生活品質。我們目前尚未尋獲這樣的資源，但我們希望繼續尋找，竭盡我們所能。這不是關於某單一群落的議題，它涉及全球。許多大型農企業已不再從事對小農有所助益的研究，我擔心這趨勢將傷害那些光是想要改善收成就筋疲力盡的農民。如果升級種子的唯一管道是購買昂貴的高科技種子，小農注定會持續處在無計可施的困境裡。

我對天主教聖人所知有限。小時候，母親給了我一個聖方濟亞西西（Saint Francis of Assisi）的聖牌，根據我所聽聞的聖人事蹟，眼前這位方濟會修士過著和聖方濟亞西西同樣樸實的生活，他對服務的民眾全心奉獻，並試圖保護環境。波蒙神父代表我在旅程中常見的另一種飢餓面孔——他們是拒絕放棄最貧困之人的沉默英雄。這些人在缺乏關注的狀態下，以有限資源排除千萬困難。他們的故事發人深省。

故事十八
大猩猩對決游擊隊

大猩猩扯下我的棉質手術口罩，用他黑色皮質觸感的手指溫柔地觸碰我的臉。我戴口罩是為了避免將任何人類病菌傳染給他，可是在大猩猩身旁行動要慢，否則會有危險，因此我停在原地不動直到他後退離去。在我屏住氣息以低沉的呼嚕聲安撫他時，他悲傷的雙眼凝視著我。然後他舔了舔我的下巴。這還不是我那天所經歷最超乎尋常的經驗。

我在二〇一二年中來到剛果民主共和國（Democratic Republic of the Congo，簡稱民主剛果）的維龍加國家公

有機會看到生活在原生棲息地的山地大猩猩令我備感榮幸。Dan Cooper

園（Virunga National Park），這是非洲大陸歷史最悠久的國家公園，也是世界上半數山地大猩猩的家園。山地大猩猩是絕種危機最高的哺乳類，世界上目前僅剩不到九百隻的數量。十五年來我不斷拜訪這個地區。剛果是世上所得最低、最為貧窮所困擾的地區之一。維龍加則是一座奇異的、令人懼怕的、戰火衝突肆虐的、活躍的叢林。它是溫柔的山地大猩猩的庇護所，同時也是殘暴的輔助軍游擊隊的棲身之地。游擊隊之間相互襲擊，並對小村莊的當地居民進行恐怖統治，有時甚至威脅到動物的存在。

距離上次到維龍加已有三年，二〇一二年五月我人剛好在民主剛果的鄰國烏干達和中非共和國，我們為拜訪國家公園安排到一架飛機以及地面接應。我抓住機會。維龍加國家公園的主管是艾曼紐・狄梅洛德（Emmanuel de Merode），他是我心目中的真英雄。

到維龍加的路向來不容易。國家公園位在民主剛果東部邊界鄰接烏干達和盧安達處。就像中非許多其他國家，烏干達和盧安達的歷史發展錯綜交纏。我們飛越翠綠、林相多元的連綿山丘，看見香蕉樹、咖啡樹、一座座火山，四處都有農業耕作的痕跡。地面上的人造設施還很原始。抵達目的地時，機師特別低空飛越，確定我們在正確的降落跑道上空，因為有人警告我們其中一條跑道屬於叛亂武裝團體的地盤，如果降落在那裡我們很可能被扣留，後果難以預測。

降落後，一位相貌端正、身穿卡其制服的男子出來迎接我們：艾曼紐，陪同前來的是他的武裝山林守護隊。我看得出他的狀態不太輕鬆。簡單寒暄幾句後，他向我們簡報一些嚴肅的安全事項。叛亂團體之間的砲火日益猛烈。他指了指四周的山脊，讓我們了解衝突發生的確切地點，以及衝突地點和我們之間的距離不遠，不過他也安撫我們，他說他有很多地面情報窗口，如果他的總部和我們即將下榻的小屋附近爆發任何狀況，我們至少有二十四小時的時間可以撤退。他微笑對我們說，「現在回頭還來得及」，雖然他知道我不會這麼做。

我們擠進卡車，武裝山林守護員分別坐在我們的卡車後座以及另一輛殿後卡車。艾曼紐負責開車。前往他的指揮中心途中，我們經過一些泥土屋。居民和赤腳孩童穿著破舊衣物向我們微笑招手。狒狒和猴子滿不在乎地穿越街道，彷彿牠們是鎮上的小官員。

比起國家公園局長，艾曼紐更像某個小州的州長。除了兩百隻藏身叢林地帶的大猩猩，國家公園境內將近一百萬分散在各個村莊的貧窮人口也是他的職責範圍。他有一支維安部隊，當地方上爆發衝突導

艾曼紐有一支全心投入的山林守護隊負責保護國家公園的資源。「沒有人需要為了拯救一棵樹而餓肚子。」是他每天身體力行的宣言。Howard G. Buffett

致人們流離失所於國家公園邊界時，他會設立提供遮風避雨處的營地，張羅數千人的伙食，有時甚至得在軍事規模的砲火襲擊下做這些事。

好像這些事還不夠他忙碌，艾曼紐最令人佩服的一點是，他始終夢想著要給當地民眾和平與繁榮。他也相信地方發展是保護環境的關鍵。他已督導許多當地人創業，這些地方生意的目標是改善人們的生活，開拓一條走出貧窮的自立之道。而他自己則追尋一個美夢，希望將維龍加國家公園變成世界級的觀光景點。談論這個主題往往能舒展他緊皺的眉頭，並啟發他人像他一樣為維龍加投注全副心力。

「這是一個乾淨的產業，一個新的產業。能夠創造就業。」他熱切地說道。「只要看大猩猩旅行團給盧安達帶來什麼改變就知道了。他們創造了十二萬個職缺以及產值四億三千萬美元的產業。我們一定能在十年後有同樣的成就。這是滿有野心的目標，但也是可達成的目標。維龍加一定可以成為產值數十億的觀光產業。下一代剛果人會是全新的一代，他們會是學有所長的高技術人士，成為驅動和平與發展的一股力量。我們會遇到挫折，但我們會持續前進。這也讓我們有機會發展水力發電之類的地方建設，連帶創造成千上萬的就業機會。我們希望成為民主剛果東部地區規模最大的企業主。」

岌岌可危的安全

在某種程度上，我們的故事像兩條平行線。艾曼紐職涯的起點是保育員。他生於肯亞，在英國受教育，一直都知道自己想要踏入保育界。他在一九九九年搬到非洲的加彭，在那裡首次接觸了保育大猩猩的工作。在加彭時，他一步步計畫前往維龍加工作，「對保育員而言最棒的工作基地。」當時維龍加沒有職缺，但他心意堅決。他辭去在加彭的工作，在烏干達買了一輛重型機車，一路騎到維龍加。他和當時的國家公園局長見面，表示願意貢獻己力。

那時維龍加的山林守護員缺乏訓練、紀律散漫，而且國家公園有時會發不出薪水。大猩猩靠著本能奮力求生，儘管侵門踏戶的村民、盜獵者和民兵不斷對牠們造成威脅。艾曼紐和同僚們在公園營運經費募款方面曾經歷一段黑暗時期。說來諷刺，不過他們從美國魚類及野生動物管理局獲得第一筆補助金，並以此為基礎開始建立資源網絡。他開始以歐盟為目標，試圖籌措更豐厚的補助款以重建國家公園，終於在二〇〇五年如願以償。不過維龍加在二〇〇七年成為世界關注的焦點，因為非法的煤炭貿易商殺了幾隻大猩猩，藉此報復成長中的觀光業對其生意帶來的影響。

大猩猩岌岌可危的安全躍上國際版面。[14]二〇〇八年，艾曼紐當上國家公園主任，維龍加也

[14] 維龍加國家公園大猩猩與危機的更多資訊，請見http://ngm.nationalgeographic.com /2008/07/virunga/jenkins-text.

在同年獲得一筆更豐厚的歐盟補助金，為他的重建計畫帶來曙光。他認為當務之急是淘汰不好的工作人員並重新訓練他們，不過又有另一場衝突爆發，而且軍事活動的核心地點就在國家公園內。山林守護員在他們位於盧曼卡波（Rumangabo）村莊的保育基地遭到攻擊，被迫攜家帶眷撤離。武裝衝突爆發期間，艾曼紐人在兩個小時距離以外的戈馬（Goma），照顧安置營地裡受戰火波及被迫遠離家園的人。後來又爆發第二波攻擊，國家公園的山林守護員無奈地撤回森林裡，十天後才開始徒步前往戈馬。

值此期間，和剛果軍隊對立的「全國保衛人民大會」（National Congress for the Defense of the Congolese People）領袖宣布，他將打造一個全新的國家公園系統。艾曼紐當時正監督安置營地的三千名國內流離失所者（internally displaced persons），深知這樣的舉動對人民和國家公園都會造成莫大創傷。於是他去拜訪環境局長，再由環境局長向民主剛果總統約瑟夫·卡比拉（Joseph Kabila）訴願，成功避開政治角力的影響，獲得許可直接和叛軍談判，終於讓他的國家公園人員能夠回到維龍加，繼續營運。一份更具規模的和平協約最終在二〇〇九年簽訂。

自從那之後，艾曼紐開始國家公園的重建與打擊貪腐。他逮捕了一些自己手下的山林守護員，因為他們參與大猩猩的獵殺，這個行動為國家公園帶來新氣象。他專注於制度性的改革和山林守護員組織的現代化。

艾曼紐為了保育動物來到維龍加，但自從來到這裡他開始將提升當地人民生活品質視為自己的基本職責。建設觀光產業帶來新的工作機會以及讓他成立九間學校的盈餘。透過輸入能將過去活動遺留炭灰壓縮成煤磚的設備，他已將煤炭問題（維龍加數公頃的林地遭煤炭商人非法砍伐）變成一個能夠賺錢的煤磚商機。「在這種情況下，我們不能分離經濟開發與環境安全。」艾曼紐說。

我們去參觀新的小木屋，那是艾曼紐對這個地區觀光願景的重心。小木屋在二〇〇八年啟用，截至二〇一一年，小木屋已經招待三千三百人次的觀光客，並創造將近一百萬的營利。嚮導帶領觀光客在生態多元、林木蓊鬱的雨林健行，觀光客還可以近距離觀察大猩猩，現在大猩猩們已經習慣看到人類出現在牠們的棲地。（觀光客和大猩猩沒有肢體接觸。艾曼紐請我在一支影片中說明我資助維龍加的理由，這支影片在未對大眾開放的地點拍攝，那裡是工作人員飼養未成年大猩猩孤兒的地方。）小木屋的硬體設備很棒，訂房率逐漸成長。食物在水準之上：法式濾壓咖啡、自家烘焙麵包和湯品、牛排，以及和世界其他地方高級餐廳相比都不遜色的巧克力甜點。最棒的是，小木屋所帶來的觀光收入有七成將回饋到國家公園系統，其他三成則回饋給當地群落，用來蓋學校和水利建設。

然而，小木屋在我們參訪期間沒有帶來盈餘。艾曼紐最近剛關閉觀光申請，因為再度點燃的衝突戰火讓招待旅客變得太危險。我們坐著和他聊他的兩難，嚴肅氛圍開始籠罩。聽聞度假村開幕時雇用了一名全職狒狒驅逐員，確保附近三、四十隻的狒狒不會對客人糾纏不清，我們不禁哈哈大笑，但遠處叛亂團體彼此轟炸的微弱轟隆聲顯示國家公園東半邊地區的人類和大猩猩正遭受生命威脅。艾曼紐得動用現金存款支付員工薪水，同時將他們轉置到其他工作項目。

非洲大湖區地方勢力錯綜複雜的程度難以言表。艾曼紐敘說不同剛果派系勢力對當地居民和他的山林守護員的生活帶來困難和威脅，我根本就記不得這些派系，而這還只是民主剛果內部的派系而已。艾曼紐沉著、老練的危機評估令我敬佩，而且他從不曾忘記自己的初衷：保護並幫助當地居民和國家公園變得更好。

混亂時刻需要冷靜的頭腦

在我們離開後幾個月，艾曼紐展現了他不折不扣的沉著與老練。二〇一二年十一月，更名為M23、原全國保衛人民大會的其中一個派系以武力取得了戈馬。當這座城市在戰火餘波期間失去電力供應，居住在當地的百萬人口立即失去乾淨水源。當這樣的危機在衝突地區爆發時，往往造成徹底的失序混亂。政府光是軍事行動就忙得不可開交。大量人口逃離家園，前往本來已經生存不易的城市或地區。地方行政官員不是沒有資源就是沒有權力有效介入。在大湖地區運作的

ＮＧＯ大概有七十個，但每個組織的宗旨各不相同，而且通常首重保護自己的工作人員。當水龍頭不再出水，而人們開始從基伏湖汲取未過濾的水，艾曼紐意識到戈馬可能再次經歷二〇〇八年同樣因為停電而發生、帶走數千條性命的霍亂傳染病。

艾曼紐和我們取得聯繫，而我們也成功在二十四小時內提供緊急資金。艾曼紐添購了四個發電機重新啟動汲水幫浦，他的工作人員和其他當地居民連續工作三十六個小時，終於讓戈馬恢復供電和供水。支持並鼓勵像艾曼紐這樣有理想的人，是投身慈善事業令我感到最心滿意足的事情之一，他們總是能夠在危機時刻找到變通的辦法，而不讓自己被既定的工作內容所局限。

Ｍ２３後來從戈馬撤離。在我提筆寫這故事的當下，地區性維和工作正在當地展開。近年來我投注很多時間在這個地區，參訪地方上的專案，也和地方高層會面，協助艾曼紐實現他在民主

民主剛果在今天有多達四十個民兵團體。
Howard G. Buffett

剛果東部地區執行「馬歇爾計畫」*（Marshall Plan）的願景。這個地區的局勢依然不穩定，我們和艾曼紐保持密切聯繫，他則持續保護國家公園，在難以預測的區域衝突中找出路，並藉由將當地居民拉近他的經濟願景藍圖，確保他們看得見生活改善和孩子獲得溫飽的機會。由於叛亂勢力目前控制著他負責管理的國家公園，艾曼紐的高級生態觀光暫時無法實現，但他並不因此停下腳步。

我們的基金會針對可能有助於創造預期成果的幾個要素提供財務資源：我們幫助艾曼紐將山林守護員隊伍擴編一倍，創造國家公園版本的「美國陸軍工兵隊」，幫助重建重要基礎設施。有鑒於小型先鋒計畫的成功，我們相信在基金會的幫助下，艾曼紐能建造兩座利用當地河川資源的水力發電廠。對住在這一帶的民主剛果國人而言，取得電力的重要性需要強調再強調：它能夠幫助當地在農業之外發展輕工業，我們鼓勵有關棕櫚油製皂和藥用木瓜酵素萃取的創業商機。這些發展計畫總共為民主剛果東部地區帶來三萬個工作機會——全都是和槍枝或作戰無關的工作。

* 譯注：二戰後美國對被戰爭破壞的西歐各國進行經濟援助、協助重建的計畫。

第三部
慘痛教訓

慈善家、NGO和投身地區發展的國家面臨一個根本的兩難情境：如果我們投注這麼多心力情況卻沒有改善，我們是否做錯了，又或者我們什麼都不做情況其實會加倍的糟？舉例來說，經濟學家丹碧莎・莫約在二〇〇九年提到已發展國家在二十世紀下半葉對非洲的總援助已超過一兆美元，但非洲的人均收入甚至比一九七〇年代還要低。[1]因此：援助是否讓情況惡化，或者少了援助非洲會有更高比例的人口生活在貧窮線之下。

這是個難以回答的問題。不過，我們往往因為援助的立意良善而給予自己鼓勵，進而認為前述的第二個情況為真。有許多令人佩服且專心致志的人投身全球飢餓問題，各位也已經看到幾個範例。但再厲害的人都無法讓有根本瑕疵或不再有效利用資源的計畫起死回生。喬・迪佛里斯和艾曼紐等人已看清這個問題，於是他們改變策略。但同樣的體悟並沒有發生在某些慈善家和NGO身上。而且那些對抗長期貧窮問題的國家有太多特別利益正在擴大現況的種種缺點。在第三部中，我將呈現過去十年親眼見證的一些錯誤取徑、誤解和適得其反的善意。

---

[1] Dambisa Moyo, "Why Foreign Aid Is Hurting Africa," *The Wall Street Journal*, March 21, 2009, http://online.wsj.com/article/SB123758895999200083.html.

故事十九
這個村莊還有救嗎？

「她頭上插著的是一根斧頭嗎？」

我坐在休旅車後座，置身非洲西南部靠大西洋岸的國家安哥拉。休旅車在鄉村泥路上奔馳。那是二〇〇六年，安哥拉在媒體中出現時總是伴隨遭戰爭撕裂或遭戰火蹂躪這類形容詞，少有例外。這個國家的內戰持續了數十載。

葡萄牙人在十六世紀來到安哥拉，大西洋港口讓她成為奴隸貿易的供應者，數千名安哥拉人被送到巴西的農場工作。葡萄牙在一九七五年突然從安哥拉撤離，獨立短短幾個月後，「爭取安哥拉徹底獨立全國聯盟」（National Union for the Total Independence of Angola，簡稱安盟〔UNITA〕）和對立的「安哥拉人民解放運動」（Popular Movement for the Liberation of Angola，簡稱安人運〔MPLA〕）爆發衝突，安哥拉陷入內戰。冷戰支配著這場內戰，安人運以古巴和蘇聯為後盾，美國和南非則支持安盟。不出所料，這場內戰不是單純的意識形態之爭。安哥拉擁有大量石油和包括鑽石在內的礦藏。戰火持續了好幾年，但隨著冷戰情勢冷卻，外國勢力紛紛撤離。安人運自二〇〇二年起掌權。

數百萬地雷中許多是由安哥拉軍隊所埋設，目的是希望叛亂分子不能接近村莊、耕地、軍事基地、水壩和道路。地雷以恐怖的方式讓人們想起內戰歲月。[2]地雷爆炸造成的傷亡數字中平民總是占最多數。這些遍布安哥拉的邪惡裝置旨在使人失去四肢與行為能力，而不以殺人為要務，於是造成數萬名以上的截肢者。自從國內衝突宣告結束，戴塑膠頭盔、身穿防彈背心的清除地雷大隊拿著金屬探測器，進展緩慢地執行地雷拆除或爆破的辨識工作。一九九七年，已故英國黛安娜王妃訪問安哥拉，她被拍到身穿除雷裝備走在安哥拉某條路上，沿途都是以紅旗幟標示的地雷區。當時她擔任紅十字會的代言人，為傷殘孩童爭取關注。

我來安哥拉了解該國普遍的糧食不安全問題。內戰後田裡地雷清除的速度很緩慢，而且二〇〇五和二〇〇六年的氣候異常導致作物嚴重歉收。當時我正在評估世界展望會致力發展與募款的一些農業協助和灌溉計畫。

我跟隨一支規模不大的出訪隊伍到幾個村莊和農民碰面。車子行駛在塵土飛揚的路上，兩旁是連綿的高粱田，我看見一位獨腳婦人。她穿寬鬆的白上衣和棕色裙子，以規律的步調在路肩行走，那僅剩的腳像是鐘擺在一雙金屬拐杖之間前後擺盪。不過當車子愈來愈靠近，我看見一根長

二、三英尺（約六十到九十公分）的木柄從她頭的正前方突出來。這是一幕令人瞠目結舌的畫面。

「老天，她頭上插著的是一根斧頭嗎？」我問。不過當我們經過她身邊，我才將突出物看清楚：那是耕作用的鋤頭。她將頭巾弄出一個可以放鋤頭柄的凹槽，然後將鋒利端藏在後腦勺。鋤頭柄被削短，即便她撐拐杖前後搖擺也能在頭頂保持平衡。

「我們停車。」我說。

戰爭可能帶來永久的後續影響。奧古絲塔展現農夫為養家活口而淬煉出的勇氣和不屈不饒。Howard G. Buffett

[2] 不同單位統計的安哥拉地雷數量差異很大。光環信託非政府組織（NGO HaloTrust）已經在安哥拉進行掃雷工作達十七年：http://www .halotrust.org/where-we-work/angola.

替世界展望會工作的一位安哥拉人和我一起下車。我們不想嚇到婦人，於是站在原地等她走過來。當地安哥拉招待問她是否願意和我們聊聊，她點了頭——交談期間鋤頭始終穩穩地躺在她頭上，木柄向前突出。她散發出無比的力量和優雅，彷彿她戴著哪個部族的作戰頭盔。她說自己名叫奧古絲塔（Augusta），三十六歲。她在二〇〇一年庫安多古班哥省（Cuando Cubango）某次地雷意外中失去了一隻腳。她的先生在內戰中陣亡，但她還有六個小孩要養。她是農夫，正要去耕田。

奧古絲塔向我們展示她的耕作技巧。她用拐杖支撐斷腳那一側的身體，然後彎腰以左手中的鋤頭敲掘地面。這動作看起來好費力，但我卻沒從這位婦人身上看見一絲絲的自憐。她想養活孩子的唯一辦法是耕種，於是她讓自己有辦法耕種。我問她是否同意讓我拍幾張照，因為我想讓世界上其他地方的人認識安哥拉人的生活困境。她同意了。

拍完照後我們向彼此道別，我腦中浮現在家鄉伊利諾州所使用的拖拉機、聯合收割機、GPS系統和電腦化播種與施肥技術。我也想到天氣變動和設備故障會讓農民感到某種不便，有時也讓我們的計畫短暫中斷。如今這一切都顯得微不足道。就像父親的娘胎樂透概念所說，即便這位安哥拉的地雷受害者如此令人敬佩、堅毅且勤奮不懈，但她的成就只能是活在已開發國家所能創造的一小部分，這一切全是因為她的出身。

奧古絲塔的親身經驗是啟發人們投入慈善事業的那種故事。不過，當我在幾天後離開安哥拉時，我確信自己必須停止資助許多在非洲施行的傳統農業和糧食援助計畫。

曾經是個穀倉

回到休旅車上，我們繼續從萬博城（Huambo）驅車五個小時前往萬博省幾座偏僻的村莊。萬博省位於安哥拉土壤最肥沃、水資源最豐富的中部高地。招待我的陪同人員說，殖民時代這個地區不僅能夠完全應付國內的糧食需求，而且還有多餘的收成能夠外銷出口。安哥拉過去曾經是重要的咖啡生產和出口國，但國內連年戰亂導致咖啡產業搖搖欲墜。我們拜訪的這個地區總共有將近五百萬人口，大約是安哥拉總人口的三分之一，世界展望會認為和其他地區相比，這個地區最有潛力讓安哥拉從貧窮中站起來。

安哥拉的NGO顯然面對令人望而生畏的困境。當地的貧窮基準超乎想像。萬博城是我們這趟旅程的起點，該城市共有四十五萬居民，但市政當局連電力都無法供應。安哥拉過去是、現在依然是世界上嬰兒死亡率最高的國家之一（那時安哥拉五歲以下幼兒的總體死亡率為百分之六十六），同時也是預期壽命最短的國家之一。最近有許多人注意到石油收入連續幾年為安哥拉帶來雙位數的GDP成長，不過石油帶動的GDP成長幾乎只提升了貴族菁英和政治人物的生活水準。世界展望會職員估計安哥拉人口至少有三分之二以務農為生。

安哥拉政府積極和世界展望會配合，提撥百分之七十的預算用來購買種子和種子生產。世界展望會試著幫鄉下農夫尋求可貸款的農業專案。兩者都是值得投入的目標。儘管挑戰眾多，但安哥拉最具代表性的問題是，土地租佃制度的缺乏使國家在農業發展上面臨嚴重危機。

安哥拉鄉下農夫占用國家土地，沒有能夠合法化其土地使用權的名義或文件。地方政府和部落領袖保有土地所有者和使用者的紀錄，但這些權利不受保障。有錢有勢的人可以讓貧農流離失所。無論高科技與否，所有永續農業都需要對土壤的長期經營。但如果一個農夫的土地隨時會沒來由地被奪走，他或她還會對土地投入多少心血？

世界展望會的團隊在車子裡解釋說，安哥拉目前面臨的情況相當危急。休耕季期間的大雨和乾旱已連續兩年嚴重破壞作物收成。更嚴重的是，瘧疾、痢疾和霍亂導致幼兒的高死亡率。這些病原體傳染疾病在長期飢餓、營養不良的幼兒身上經常演變成致命的疾病。

不久之後，更多饑饉的景象印入眼簾：隨著我們深入更偏僻的鄉下地區，我開始看見多處新挖掘的墳墓，其中許多只有三或四英尺長——容納幼童的大小。我停下來拍攝一群掘墓者。接著再開了一小段路來到名叫盧窩（luvo）的小村莊，那裡有七百位來自盧窩與周圍村莊的人在等著我們。我們被告知村民在乾季種植作物的潮濕谷地「納卡斯」（nacas）因為淹水而被沖刷殆盡。後來又發生一次乾旱，把他們種在高地的潮濕季作物全都摧毀。這些人靠著數量不多的高粱和未成熟的香蕉勉強度日，日子相當難過。

我確信我眼中的孩子有很多可能都撐不下去。許多母親們腿上抱著的嬰幼兒無精打采、兩眼無神。每個人都好瘦，關節骨明顯突出，在孩童身上尤其明顯。瘧疾和霍亂在這些免疫系統不良的孩子身上找到溫床，世界展望會團隊說明這裡的人每十個有一個是ＨＩＶ帶原者或愛滋病患者。一位名叫麥妲琳納（Magdalena）的婦人告訴我她有五個小孩，其中已有三個死於饑饉。她的兒子胡立歐（Julio）那時三十個月大，我看得出他病了，而且如果沒有接受醫學治療一定活不下來。這裡宛若一座死亡之村。

一位婦人緊抱著一個嬰兒走向我。她說她最近剛埋葬了三歲大的女兒。她動了動手上還活著的嬰兒，將聲音提高說：「我的身體壞掉了。」她的奶水沒了，嬰兒跟著受餓。她請求我把小嬰兒帶走，然後一古腦把這小小的身軀推向我，試圖把孩子放到我懷裡。「這是他活下去唯一的機會。」她以懇求的眼神說道。

這孩子會死。我無法將小嬰兒帶走。一股排山倒海的迫切感將我覆蓋：這些人等不到下一次收成。他們時日不多了。一定有什麼是我們現在能夠幫忙的。我和世界展望會的團隊開始相互激盪腦力，成員中還包括世界展望會安哥拉事工處長強納森・懷特（Jonathan White）。如果我們採取行動，在此地進行大筆投資，是否能夠成功干預並拯救這座村莊多數的居民呢？

村莊領導人抵達後和我們打招呼。非洲的鄉村領袖所扮演的角色複雜而具權威性。他們是仲裁者、決策者、執行者。如果有人做出某些踰矩的行為他們有權將那些人逐出村莊，無論是偷竊或巫術。這位領導人說他負責統管十八個村莊共一千六百位居民。如果我們想為任一個村莊做事，必須對其他十七個村莊一視同仁，他說這是我們取得他支持的前提。有了這個前提，我意識到自己剛開始計算的需求暴增了好多倍。我請強納森認真看待這項挑戰：拯救這些村莊牽涉的層面有哪些？我們需要什麼？

試著讓情況變好

強納森說第一步是請專業醫療從業人員評估這些村莊裡誰需要一般供食幫助（feeding support），誰需要治療性供食幫助。營養學家必須在現場，以確保為嚴重營養不良者所做的營養強化準備是正確的。即可使用的治療食品還未問世，當一個人處於重度營養不良狀態時，即便是最簡單的「普通」餐食都會對他們受損的新陳代謝系統造成負擔，因而觸發像是心律不整之類的致命後果。治療性供食需要靜脈注射管，而且病人接受治療時需要監看其心電圖。這代表我們需要更多人手、器材和資金。

第二步是處理更根本的作物歉收問題，我們必須提供新的種子。他們耕作而沒有收成，當然不可能得到更多種子。出乎我意料之外，強納森向我解釋前述兩項行動必須相互協調並算準時機。如果種子比糧食早到，又心煩又飢餓的人們會把種子吃掉，而不是拿去播種。在從事田地播種前，人們需要藉由進食重拾充足活力。但播種期一定要落在正確的季節區間。我請世界展望會職員提供財務需求的資訊。回去萬博城的五小時車程中，他們透過手機聯繫試著回答我的問題。當天晚餐時，我們幾乎已算出大略的數字。

好消息是他們找到一名負責瘧疾計畫的醫生，他能夠很快提供我們所需的健康評估。總費用大約在一萬到一萬兩千美元之間。我請世界展望會的團隊開始張羅各項事宜。然而，執行一般與治療性供食行動所需設備、糧食、種子和工作人員的後勤運輸費用高達五十八萬美元。單單治療性供食的營養包裹費用就可能高達一百萬美元，療程有時可能長達數月。針對健康狀態尚可的人而言，足以讓他們撐到下一次收成的普通糧食補給則需要一百八十萬美元。重啟村子農業系統的種子要大約一百五十萬美元。

根據最粗略的計算標準，我們認為「拯救」這一千六百位村民需要將近五百萬美元。不過後勤補給的挑戰遇到一項又一項的挑戰。WFP並沒有庫存的緊急資金或糧食能夠提供。而且即便由我們提供資金，WFP也沒辦法承諾取得並提供糧食的確切時程表。強納森認為他能夠讓政府提供種子，但最困難的部分可能還是在於後勤安排的複雜性。組織救援需要交通工具、燃料和專業的工作人員，缺少這些要件，事情無法順利執行。但國內唯一能夠幫世界展望會協調這次緊急任務的人正要離開，兩個禮拜後才會回到安哥拉。

倉促的行動總是帶著風險。我逐漸意識到自己的情緒受村裡居民處境所影響，但他們不過是飢餓汪洋中的一杯水。世界展望會帶我看盧窩村，是要讓我了解其他數百個同樣艱苦的當地群落的處境。我們或許能夠拿出五百萬美元幫助這個村莊，這是暫時性的善舉。但無論是花五百、五千、五億美元，以緊急介入的方式處理這類飢餓問題，每次拯救一個村莊，不會改變阻止當地出現實質發展的根本問題。安哥拉有必要將照顧人民的健康和福祉當作國家發展的優先要務。NGO不斷成立專案的救援方式，不能改變安哥拉或這個地區農業發展的未來，甚至對盧窩村的糧食安全問題也於事無補。政府得花時間心血投資農業體系的開發。農夫需要道路、農業推廣訓練、擁有耕地的權利、貸款管道和進入市場的輔導，才能生產超過生活必需的收入，從貧窮的絕望處境中站起來。我們願意竭盡所能將醫生、糧食和種子送給安哥拉的飢餓民眾，幫助他們撐個幾年，但若沒有其他基礎建設，人們很可能再度回到我遇見他們那天之前的處境。

那天晚上我睡覺的時候，一幕幕畫面投影在我的腦中：奧古絲塔和她不屈不饒的意志與力量；母親將她的孩子交給我；路旁的小小墳塚；母親腿上幼兒空洞的雙眼；強納森和世界展望會團隊即便知道希望渺茫仍試圖改善村民生活而忙得團團轉。

利用手中資源打造農業基礎建設的基石讓當地農業能夠永續經營，一定還有更有效的方式。當即將死去的孩童出現在他們眼前，無怪乎世界展望會和其他世界性NGO會以成立單次單一專案的方式對抗問題。這些組織根據在不同的區域各自努力，同時各自面對最棘手的情況，希望自己能在特定領域中改變現況。這麼做沒有錯。問題是這種取徑雖然立意良善卻沒有創造推動變化的根本力量。如果解決之道是暫時性的，情況仍然不會變好。最後我們提供了盧窩村一些緊急支援，但沒有如我所願地拼湊出「拯救這座村莊」的辦法。我這才了解單靠這種專案式的辦法，就算集中所有慈善事業名下的資金也不夠「拯救」半座像盧窩這樣的非洲村莊。就算你願意投注數百萬美元，一次緊急干預不過是一顆不長效的止痛藥。

故事二十

一言難盡的遺緒

我生平最大的遺憾之一是沒能遇見諾曼．布勞格。在美國農業歷史中，或者說，幾乎在任何領域中，甚少有人對世界的貢獻比他更大。

墨西哥曾在一九四〇年代早期和大量毀壞小麥的黑鏽病（stem rust）纏鬥。一九四〇年，當國際情勢日益緊張，曾是富蘭克林．羅斯福（Franklin D. Roosevelt）總統任內農業部長、時任副總統的亨利．華萊士（Henry Wallace，合夥創辦後來的先鋒良種種子公司〔Pioneer Hi-Bred Seed Company〕）為釋出善意拜訪了墨西哥。他看見農人普遍的困境，也見證小麥作物歉收導致的貧困與飢餓。回到華盛頓後，華萊士遊說洛克斐勒基金會派遣一支科學團隊至墨西哥。

黑鏽病使小麥的麥稈變得脆弱。當整株作物折裂斷落，作物頂端穀粒的生長會被破壞。經過一連串巧妙的育種實驗，團隊中的諾曼．布勞格博士研發出麥稈較短的小麥品種，它非常堅韌、產量高、對病蟲害有抵抗性，而且具可遷移性——代表它在各種地理環境中都能生長得一樣好。雖然花了幾年時間研究，但最終的成果顯赫。墨西哥小麥農的產量提高，並且為墨西哥往後小麥種植產業的蓬勃發展奠定基礎。

布勞格的小麥品系在世界其他地區也富有活力而多產。自六〇年代開始，開發中國家的農產量已不足以供給暴漲的人口。亞洲發生的兩次嚴重旱災帶走數百萬性命，美國運送大量小麥至印度以填飽數百萬乃至上億人的胃。美國政府高層雖然為援助亞洲而煩惱，他們同時也鼓勵印度、巴基斯坦和其他亞洲國家的政府首長考慮採納布勞格在墨西哥亞基河谷（Yaquí Valley）研發出的強壯麥種。

布勞格在印度及巴基斯坦親自教導農人將收成最大化的方法。他在示範農地上向貧窮的印度農人展示他的新方法，相較於使用傳統種子與方式，特殊混種種子和肥料能在同樣大小的農地上產出五倍多的穀物。他也對外遊說，讓農民能夠取得務農所需的工作——像是種子與肥料——並提供他們買前兩份種子與肥料的貸款。後來，印度總理英迪拉．甘地（Indira Gandhi）甚至移除了一個花壇用來種植布勞格的小麥。援助資金自全世界湧入，幫助提供所需的種子及肥料。

印度小麥收成扶搖直上。一九七〇年代中期，印度生產的穀物已足夠建立廣大的國家糧倉系統。除了改善糧食短缺問題，這場我們後來所知的「綠色革命」（Green Revolution），更進一步改善農人的生活品質，他們現在有多餘的作物可以販售，換得的現金能支付教育、醫藥和其他社會福利。洛克斐勒基金會和其他組織資助類似研究，試圖提高稻米的產量，這些稻米與小麥聯手拯救了上百萬飢餓的亞洲人。

布勞格博士在一九七〇年獲頒諾貝爾和平獎。我拜讀許多關於他的作品以及他自己的著作，也曾經和他的孫女茱莉（Julie）相處過一陣子，茱莉在德州農工大學諾曼·布勞格國際農業研究中心工作。布勞格博士不是遠離人群的科學家：他每天都捲起袖子在田裡作業。他知道如何與農人溝通，這點我相信有一部分是因為他生長於愛荷華州的農場。他個人對工作的投入、對各種影響農耕的變因的了解，以及對有關農業的政經因素的認知，讓他的資歷和成就更加出色。根據四十個機會的精神來看，我覺得他總是從前一次的收成學習，從而調整並使他的方法更加完善。

然而，綠色革命留下的遺緒其實一言難盡。布勞格博士開創的新方法是以混種種子和氮肥增加單一作物的產量。以這個辦法解決印度和巴基斯坦的嚴重飢荒十分高明。以相同方式種植單一種作物，或稱連作（monocropping），讓生產、收成、儲存和發放這些小麥更簡單也更有效率。但讓我氣餒的是，「綠色革命」被當成無論在何處都能成功提高任何作物產量的方案。有些人假定現在我們已經有一套高收成的耕作方法，因此只要取得資金與政府的配合就可以在任何有需要的地方提高其作物生產量。這不正確。從來沒有單一方案能永久創造最高產量，就算在已開發國家的農地甚或任何一個美國農場都不成立。*

是重大貢獻，但不是終極解決方案

在世界上糧食不安全問題最嚴重的許多地區——主要是非洲大陸，但也包含部分中美洲地區——創造綠色革命的條件並不存在。非洲土壤是地球上受風雨侵害、濫用最嚴重，並且最難耕種的土壤。很多缺乏養分；有些砂質太多，水分會直接被排掉；其他則是含有太多黏土，植物的根無法穿透。非洲農業多是看天吃飯，而且乾旱頻仍。自給農求生不易的地區通常都缺乏公路及鐵路，因此種子與肥料無法送達最被需要的地方。土地所有權屬於各個部落代代相傳的遺產，而且非洲五十四個政府致力於幫助人民的方式大相逕庭。非洲農民極容易受植物病蟲害影響，因此單一作物連作等於讓他們蒙受更高的糧食不安全風險。依循傳統的農夫們種植多種作物，以降低作物在同一次收成季節內全部荒歉的可能。

最後，還有社會經濟及基礎建設的因素。印度在布勞格和綠色革命開始之前已經投入農業的發展。農業推廣部門遍布全國。印度中央政府有能力處理大量採購並和國外政府協商取得援助，而且印度政府可會動員軍隊保護特定資產與設備或是負責運送種子與肥料。非洲過去的殖民者將鐵路連

---

* HWB在我們內布拉斯加州農場使用的技術和我在伊利諾州的不同。我的土地有部分含約百分之二的有機質，其他有百分之四——這代表我必須針對不同土壤使用不同劑量的肥料。其他變因包括坡度、排水率、土壤密實性（soil compaction）、酸鹼度，以及有效養分（available nutrients）。

結至礦場，印度的殖民者為了協助棉花出口則將鐵路通向農業用地。這套鐵路系統是無價之寶。

自從綠色革命拯救十億人於飢荒後的幾十年來，混種種子和肥料無法根除印度的飢餓問題也成了不爭的事實，而且印度的自然環境也受到不良影響。在今天，印度孩童營養不良的比率在全世界排名數一數二。聯合國兒童基金會（UNICEF）統計二〇〇九年度，印度有百分之四十八的五歲以下孩童中度至重度發育不良。[3]

以對自然環境的影響來說，某些區域過度使用氮肥汙染了地下水並使土壤劣化，作物收成量連帶下降。問題是氮肥能大量增加許多作物的成長，但卻無法補充有生產力的土壤所需的有機質或其他必要養分。單單施肥就好似給一個生病的人氧氣與咖啡因，但不給他食物。這麼做會加速他的新陳代謝，讓他更清醒——甚至讓他短時間變得更有活力——但一段時間後他的身體終究會撐不住，因為他缺乏維持體態、補充腦力和其他基本需求的必要熱量。印度的小麥產量持續增加了好幾年，但近來有許多人擔心這個國家可能有將近五成的土壤因過度施肥（overfertilizing）而劣化了。[4]

「等等，還有更糟的！」

二〇一二年初，我動身前往墨西哥的亞基河谷，也就是諾曼・布勞格研發出強壯小麥品種的地方。我在CIMMYT總部與承繼布勞格研究的研究員們相處了一天。CIMMYT是「國際玉米及小麥改良中心」（Centro Internacional de Mejoramiento de Maíz y Trigo，英文是International Maize and Wheat Improvement Center）。它是非營利的研究與訓練中心，有著全世界規模最大的小麥研究計畫之一，其創立宗旨在於增加這兩種作物在全球的產量。據估計，開發中國家百分之七十五的小麥品種皆源自於亞基河谷或是CIMMYT的研究夥伴。布勞格博士在這裡被視為英雄：他的巨幅肖像被畫在奧夫雷貢城（Ciudad Obregón）研究中心總部前面的牆上，總部裡則有他在二〇〇九年過世前不久到此地參訪的照片。

我們實際走進田地裡，一邊討論CIMMYT正在研發的一些技術，他們希望找到能同時兼顧產量、小麥生長效率，以及土壤永續生長的技術。接待我的人說，布勞格博士一九四〇年代實地耕種的那塊田就在幾百公尺之外，他們也提到布勞格博士後期的努力之一就是鼓勵農民減少失控的過量施肥。

---

3 http://www.unicef.org/publications/files/Tracking_Progress_on_Child_and_Maternal_Nutrition_EN_110309.pdf.

4 更多關於印度使用肥料的歷史介紹，可參看這支二〇一〇年由《華爾街日報》（*Wall Street Journal*）拍攝的影像報導：http://live.wsj.com/video/over-fertilized-soil -threatens-india-farmlands/81484D0D-5086-4AEE-AD84-E22C62AA89DD.html#!81484D0D-5086-4AEE-AD84-E22C62AA89DD.

據這些研究員所言，對於布勞格博士最初視肥料為提高產量關鍵的研究成果，亞基河谷的個體農戶們深信不疑。聯邦政府也提供種子與肥料補助津貼幫助農人。但一個令人頭痛的情況由之而生。當地小麥農過度與不當施肥已到達令人震驚的程度。CIMMYT的研究員向我解釋，當地施氮肥的有效性只有百分之三十一，代表三分之二被施予的肥料沒有被植物吸收。氮肥吸收率會因天氣和土壤的變化而有所不同，相較之下，若使用良好的養分管理計畫，我在伊利諾州的農場一年約有三分之二的氮肥會被植物吸收，有時甚至明顯超過這個分量。

CIMMYT研究員也為我解說當地農民採行的技術。首先，他們使用乾的氮肥；然後灌溉；接著才開始播種。我聽到這個順序的反應，應該就像牙醫聽到病人夜間的例行動作是先刷牙、含一個鐘頭充滿糖分的硬糖，然後去睡覺。耕種的順序至關重要。在灌溉（這個地區通常使用淹水灌溉，又稱溝渠灌溉）前就將全部氮肥施加到土壤中，

我們抵達國際玉米及小麥改良中心，外面有向諾曼・布勞格博士表達敬意的大招牌。Howard G. Buffett

會沖洗掉移植床（planting bed）中大多數的氮肥，將氮肥灌入更深層的土壤、甚至從田地裡流失。它變得沒有任何作用，只會慢慢囤積或是滲入地下水中。許多美國農人施肥的方式是以播種機將肥料種在種子旁邊，以此保障種子能直接受惠，將肥料的流失量減到最低。這些墨西哥農人使用的方法卻導致灌溉水一定會將肥料從植物和田地中流失。

「這樣的氮肥管理方法簡直就是大災難，」我將想法說了出來。

「等等，還有更糟的！」CIMMYT 一個資深科學家說。

有些醫生和營養師曾開玩笑說，那些吃大量維他命的人最終的收穫只是排出昂貴的尿液。沿用這個比喻形容這些農夫

溝渠灌溉會將田中的養分沖離植物，誠如圖中瓜地馬拉的情況。Howard G. Buffett

的氮肥管理，那就等於是將昂貴的尿液撒回自己乾淨的水源。奧夫雷貢城附近受檢測的水井當中（多數都沒有定期檢驗），至少百分之二十五超出符合安全飲用水十倍的氮含量。CIMMYT科學家給我看一個投影片，描述該施肥情況造成的另一種環境衝擊：投影片中是墨西哥本島西岸和下加利福尼亞半島（Baja Peninsula）之間的加利福尼亞灣（Sea of Cortez，按：亦稱科爾蒂斯海）在種植期過後的衛星空照圖。因為流向海域的水含有過量的氮，灣中可見明顯的藻華（algae bloom）現象。同樣的情況也發生在墨西哥灣，因為密西西比河帶來的淡水覆蓋了鹹水，逕流（runoff）中的氮造成厭氧性細菌大量生長，這個現象可能對原生水域生態造成破壞。

CIMMYT曾經成立一個計畫試圖說服農民減少氮肥用量。作為示範實驗，中心就一英畝田地停止施肥一季。由於過去幾年施的氮肥還在土壤中，產量與前一年相同。部分農夫對此感到印象深刻：肥料畢竟得花錢買，無需額外投資就能得到相同產量，等於農人的口袋裡會多一些錢。因此CIMMYT進一步說服當地一位農民，請他在八十英畝的田地上進行相同實驗。農夫起初答應，後來又打了通電話說自己後悔了。結果是因為當地農會提供會員兌換免費肥料的額度，農夫聽說如果他今年沒兌換就會失去資格。CIMMYT介入，對農會解釋這只是為期一季的實驗，於是農會也同意破例一次。

但這位農夫又再度致電，「是這樣的，我這八十英畝田地有四十英畝是我夥伴的，他對於不施肥感到非常不安。他會在他的田地上施肥，但我不會，我們再看看會怎麼樣。」結果產量相當。肥料錢降低了這位夥伴的獲利。

在孕育綠色革命的搖籃之地，農民與綠色革命農法的附帶苦果搏鬥。布勞格博士也知道有這樣的情況發生。在過世前的幾個月，他造訪了亞基河谷並懇求當地農民減少肥料用量。

好消息是，研究人員已著手探尋這些問題的解決之道。CIMMYT目前正嘗試向農民推廣用後期施肥技術，以期減少田地中的含氮量。奧克拉荷馬州立大學研發的「尋綠器」（GreenSeeker）可謂簡潔有力。基本上，植物缺乏氮時會變黃或比較不綠。將感應器附著在目標對象，農夫就能夠根據葉子綠的程度調整對玉米吸收的氮肥量。另一套適合小型農業、較不機械化的方式，是讓農人以手持式儀器做同樣的調整與計算。CIMMYT的教育推廣計畫讓這些農夫有機會得到四十次機會的頓悟，我希望他們能夠把握機會從中受益。

在非洲的布勞格

布勞格博士從不曾停下對抗飢餓問題的腳步。晚年的他試圖將他的原始方法加以改良，應用到非洲大陸。一九八〇年代，日本慈善家笹川良聘請布勞格博士率領一項行動，將綠色革命傳播至迦納、蘇丹和其他非洲國家，而布勞格博士也為此貢獻了二十年的歲月。他在開發程度較高的地區有些許成果，但在布勞格博士二〇〇六年的演講中，他說明在非洲工作遭遇的一些難處——

從瘧疾到交通建設的缺乏——都是妨礙進步的重要因素。他說非洲需要自己的馬歇爾計畫，就像美國為重建二戰後歐洲所設計的大型援助計畫，才能讓非洲大陸各地的開發成為永久而持續的進步。[5]

以更宏觀的視野看待耕作艱難、人民飢餓的許多非洲國家，並加入內亂戰亂和腐敗的因素，我得到很清楚的結論：農業需要重大的新措施，但這些措施必須是有助於自給農的基礎技術，而不是大型農業。單一作物連作並不是一個好主意，因為這會提高自給農受特定作物的病蟲害侵擾的風險。我們應致力於幫助他們取得合宜器材、高產量種子和貯藏設施，因為這些元素能幫助他們提高產量，而且將剩餘作物賣到市場上能改善他們的生活——這是徹底脫離赤貧及飢餓的唯一方法。

蚯蚓是「棕色革命」重要的盟友。圖中是一位墨西哥農夫向我展示他以「轉動式蚯蚓銀行」（revolving worm bank）著力改善的土壤。這是我們基金會幫助農夫成為「土地營養師」的計畫。它是簡單的低科技方法，但卻能改善幾乎任何地方的土質。Howard G. Buffett

我們可以教導農夫留下有機質並維持土壤健康的土壤管理技術。我把對土壤的重視稱為「棕色革命」（Brown Revolution）。目前，我們的基金會在南非烏庫立馬農場與亞利桑那州的農場試驗一些有趣的新農耕技術和科技，期待能夠對那些最需要的人有所幫助。這些新的方法費用低廉，在設計上以當地的地理和建設為考量，而且非常實際。就像布勞格博士的綠色革命幫助了墨西哥並解決一場可怕的飢荒潮，新的「棕色革命」希望延續博士的精神，並創造更廣泛的影響。

[5] http://www.cgdev.org/doc/events/9.6.06/9.6.06/BorlaugGreenRevolution.pdf.

故事二十一

要提升產量，先低頭觀察

當我以拇指誇張地撥弄砍刀，我覺得自己好像舞台上的魔術師，邀請面帶笑容的助理進入一個箱子，然後假裝即將把她切成三大塊。

我到莫三比克的楠普拉省（Nampula Province）參訪。我們和國際救援與發展組織「國際關懷協會」（CARE）的團隊同行，參觀莫戈博拉區（Mogovolas District），此地農夫用以改善土質的技術，是多數非洲農夫所能執行的、最不費事的技術。這技術有時被稱作「雜洞」（zai hole），或者種植坑。雜洞有各種不同的形式，但莫戈博拉區農夫所挖的雜洞是直徑兩英尺的盆狀坑洞。我們一行人當中有些沒有務農的經驗，他們想知道在土壤像石頭般硬的田裡挖洞為什麼會是很有幫助的一件事。

我問在場的人誰有砍刀。站在一旁觀看的年輕農夫拿了一把砍刀遞給我。我檢查刀刃，然後把尖端放在兩個坑洞中間的硬盤（hardpan，密實，幾乎像水泥般的土壤）上。我用力。毫無動靜。我雙手握著砍刀刀柄，用全身的重量向下壓。刀尖約插入土壤半英寸。接著我往旁邊走兩步，把刀尖戳在距離盆狀坑洞中央一株玉米兩英寸的土壤上。我伸出兩隻手指，放到刀柄末端。砍刀輕而易舉地沒入土壤中，只剩刀柄在外。

我不是魔術師，但這些種植坑確實施展了一點魔力：它們把泥土變成土壤。

我們多數人總把腳底下的土地當作理所當然。我們甚至會用類似「像泥土一樣不值錢」、「把他當泥土般對待」的形容表達輕蔑與不尊重。泥土只是一切地面物質的總和。泥土在我們眼中就像用來製作基底的玩具黏土，我們認為基底上的其他東西才是更有價值的：建築

一名莫三比克自給農利用「雜洞」改善貧瘠的土壤。「雜洞」最適合有充足勞力和能夠收集大量有機質的地方。Howard G. Buffett

物、道路、渠道、隧道、牆壁。

相較之下，土壤顯得珍貴。土壤是每個農夫最重要的工作資本。土壤的生產力對生產量構成最大的影響。

泥土和土壤之間的差別在於後者是活的，土壤是數百萬不同種類微生物的家。最適合耕作的土壤是鬆軟的壤土（loam）——黏土、砂土與坋質（silt）的綜合體——而且它的表層有豐富的有機質，包括腐爛植物和養分。最棒的土壤在結構上是完整的，也就是具可耕性：既不會太黏導致根部無法穿透，也不會鬆到讓養分和水分輕易流失。最棒的土壤應該富含礦物質，這些礦物質不斷從土層下的岩床釋放出來（多虧蚯蚓的幫忙）。土壤的複雜性就和任何生物系統一樣。在我位於伊利諾州的某塊土地上，有四種不同的第一級土壤，分屬水文土壤A和B類型：Flanagan、Catlin、Wingate和Elburn坋壤土。水文土壤類型根據水分滲透程度區別土壤的種類。為了將生產力提到最高，我針對每種土壤調整種子發芽率，也就是每英畝種植的種子數。

莫三比克雜洞的土壤不是Flanagan坋壤土。但和雜洞旁的硬實泥土相比，它較為鬆軟的結構以及較豐富的有機物質代表土質已有長足改善。挖出坑洞之後，農夫們將摻著土的糞肥放進去，然後再把種子撒在糞肥上。這麼做會吸引白蟻，牠們在土壤裡挖出無數通道，把更深層土壤的養分帶上來，讓土壤混合物中充滿空氣。因為碗狀的造型，這些坑洞不僅能留住水分還能將水分集中在植物的根部周圍，同時將風中沙土和其他植物碎屑困在坑裡。農民也蒐集香蕉皮、花生殼製成的護根物以及其他有機物質，持續「餵養」能夠分解物質和改善土壤質地的生物。就像一座迷你堆肥堆，而且能夠提高產量，在水資源稀少的時候效果尤甚。最後，農夫會在坑洞與坑洞之間種下莢果類或有固氮效果的樹木。這樣的耕作方法普遍流行於乾燥的西非國家，像是馬利共和國與布吉納法索，住在這裡的農夫已將耕作技術調整至臻於完善，甚至開始教導同樣在困難土壤環境中耕作的其他農民。這個方法如今已向東傳播到肯亞等國家。

「雜洞」不是餵飽非洲的終極解答。這是勞力密集的耕作方式，而且需要悉心照料。即便如此，這仍然是一個聰明又實用的方式，而且不需要昂貴工具或投資。當地人告訴我，在莫三比克的實驗田地中，玉米的收成翻了三倍。這個概念讓我們知道，小農應該把注意力放在土壤品質之上（捐贈者和政府官員也一樣）。

土壤是工具

在未來數十年裡，土壤是世界餵養快速成長人口最重要的工具，在此我所指的是世界各地土壤。為因應人口從目前的七十億成長至二〇五〇年的一百億，所有的農夫無論耕作規模大小，都必須以永續的方式將其生產力提升至最高。非這樣不可。雖然在全球土壤議題上扮演直言不諱的倡議者有時會感到有點孤單，但還是有人和我持相同立場。GMO投資公司（Grantham, Mayo,

Van Otterloo & Co.）的共同創辦人兼首席投資分析師傑若米・格蘭森（Jeremy Grantham）管理世界上最大的投資基金之一，其資產規模超過一兆美元。他曾說土壤劣化是人類目前面臨最嚴重的威脅之一。[6]二〇〇八年，聯合國農糧組織發布報告，世界上許多地方的土地劣化問題，無論在程度或範圍上都正加速發展。在所有開墾地中有百分之二十正在劣化中，森林的劣化比例是百分之三十，草地則是百分之十。除此之外，聯合國農糧組織估計有十億五千萬人賴以維生的土地已經劣化，這數字占全球人口的五分之一。[7]

挑戰昭然若揭：我們必須保護並改善現有的土壤，而且我們要在任何有生產糧食需求的地方，將泥土變成土壤。這個挑戰適用於美國的大穀倉，適用於熱帶地區，也適用於覆蓋大部分撒哈拉以南非洲，乾燥、貧瘠又飽經風霜的土壤。

在對抗飢餓問題的整體進展中，重視土壤屬於所謂的「慘痛教訓」項目。這有一部分是因為人類似乎一再忘記悉心照料為我們生產糧食的土壤的重要性。我不確定這是為什麼。綜觀歷史，土壤被人們當成地球上最取之不盡的資源，但事實上地表只有薄薄的一層。當岩床鬆動，蚯蚓和微生物開始把岩塊變成黑色的壤土，然後推擠到表層，每增加一英寸土壤至少需要五百年以上。

然而，歷史上已經有數個文明徹底滅絕，否則就是因為過度耕作、毀林或其他破壞表土速度快過其形成的行為，重創或竭盡土壤而被迫離開原居地。馬雅人、阿茲提克人、維京人和復活節島居民都是因為沒能保護和滋養土壤，徹底摧毀了自己的農業生產力。衣索比亞是地球目前的危機爆點之一，我稱這個危機為農經破產。就像許多非洲地方的土壤一樣，衣索比亞的土壤被認定是「衰老」而嚴重風化的，然而該國人口在過去五十年來已經成長三倍。因此，衣索比亞不僅土地生產力低落，而且農民大量毀林、在農耕地上過度放牧，生產力更是被榨得一滴不剩。土壤酸化、鹽化和水分流失的問題——以及植物生長所需養分磷本身的稀少性——等同宣告衣索比亞多數地區的土壤已經沒救，土壤中沒有任何生物活動。土壤已回歸塵土。在死掉土壤上撒肥料的效果，就像替大體戴氧氣罩。

美國很幸運擁有地表上數一數二富饒的耕地，不過我們同樣濫用了這個資源。在一九三〇年代的大平原，美國農夫為了種植更多作物剷除了能夠抗旱的草原。當作物因氣候乾燥而枯死，風起時，沒有任何植被能留住土壤。當帶著大平原泥土的塵暴襲擊華府，美國的政治人物才意識到這個危害。

冬天時，當我開車經過我在伊利諾州中部的田地時，最令人沮喪的景象之一就是我鄰居休耕田地上的小丘。他們平坦田地上的表土近乎黑色，而且有好幾英尺厚。但我的鄰居們是守舊派。

---

6 傑若米·格蘭森的看法請見他事務所二〇一一年七月的《GMO季刊：「資源極限2」》（*GMO Quarterly Newsletter*: "Resource Limitations 2"）；或者http://www.nytimes.com /2011/08/14/magazine/can-jeremy-grantham-profit-from-ecological-mayhem.html?pagewanted=all&_r=0.

7 http://www.fao.org/newsroom/en/news/2008/1000874/index.html.

他們仍然以盤打和鑿犁耙土作為每個收成季的收尾：翻動那一年的土壤表層，掩埋那一年的作物殘莖。他們認為這麼做能讓土壤充滿空氣，提高土壤保存水分的能力，然後將養分帶到表層。開車在這一帶遊走，你會看見他們整齊乾淨的田地：連綿不絕的空曠地景。

但那些小丘訴說著不一樣的故事。毫無例外的，小丘頂端的土壤顏色總是比靠近平地上的顏色要淺。這是因為經過犁田的斜坡表土會在雨水來臨時很快被沖刷而下。沒有東西可以留住土壤。耙犁平坦的土地同樣會導致土壤流失，譬如被風吹走或在田地被雨水、融雪沖刷時隨逕流流失。根據一項研究顯示，自從愛荷華州開墾以來，該州的表土已經在一百年內流失了一半。[8]

對照傳統農法，我力行所謂的保育性農法。我的田地在耙理過的田地旁顯得一團亂。我不移除收

免耕農業總是保留土壤上的護根物。透過將種子直接栽入先前遺留的作物殘梗或被護作物之中，這個過程能夠打造健康土壤、固存二氧化碳（to sequester carbon）*、減少土壤侵蝕和降低石油燃料的使用。Howard W. Buffett

成後留下的玉米莖或小麥稈。我甚至會在收成過的玉米田埂之間種植一年生裸麥或蘿蔔與其他非糧食作物的植物。整個冬季，當雨水來臨、降雪堆積，這些所謂的被護作物幫我留住了田裡的表土。有些情況下，被護作物還能幫我固氮，於是我就可以在下一次作物生長期間少用一些肥料。當播種的春季到來，我把種子直接放進土壤中，除了播種機挖出一條細長的小溝投下種子，沒有多餘的泥土被翻攪。

這樣的方法符合所謂的「免耕」（no tillage，按：或稱為不整地法）農耕技術。免耕農業是一整套系統，包括被護作物的使用、耕作技術最小化、良好的養分管理和輪作。這不是「有機」耕作。我使用能夠抗蟲與耐除草劑的基因改良種子，而且也使用氮基肥。雖然我相信以土壤為主的技術對我們的未來不可或缺，我不認為有機的方法能夠生產足夠讓全世界溫飽的收成量。因此我選擇了一個務實但又能永續經營的折衷路線。我很失望美國採用保育性農法的腳步比阿根廷和巴西等國家還要慢，這些國家採用保育性農法後發現，使用比較保護土壤的技術所帶來的產量並沒有比較少。

---

[8] *LosingGround: Iowa's Soil Erosion Menace and Efforts to Combat It* (DesMoines, IA: Soil Conservation Service, 1986). 欲取得報告，請輸入http://www.whybiotech.com/resources/tps/ConservationTillageandPlantBiotechnology.pdf.

* 譯注：指將二氧化碳以各種形態儲存起來的碳固存作用（Carbon sequestration），亦稱碳封存或碳截存。自然界中主要的碳固存者是海洋和植物，以及其他行光合作用的有機生物。

阿根廷和巴西的熱帶氣候讓他們的土壤出現一個獨特的問題：蟲子，潮濕的天氣代表有機物質腐化快速。熱帶農夫砍燒雨林試著種植糧食作物，儘管他們多年來不斷嘗試，但不消幾年就把同一塊土壤的養分耗盡了。養分耗盡後，農夫便離開，在土地上留下光禿禿的醜陋疤痕，這塊土地曾經滋養的無數植物以種種方式對地球貢獻己力，像是提供動植物遮風避雨處，產生氧氣，固存空氣中的二氧化碳。近年來，這些國家採用更好的土壤滋養和管理技術，過程中農夫發現生產量明顯大大提升。

非洲很多地區的農夫也採行某種砍燒式火耕。他們用砍刀清除樹叢，在部落土地上騰出空地，讓陽光能夠直接照射在糧食作物上。採收完畢後，農夫放火燒掉剩下的殘莖落葉，為下一個播種季整地。經過兩到三年的火耕，和空氣接觸的土壤生產力疲乏，收成一落千丈。傳統上，農夫會轉而清理另一塊地，將枯竭的土地閒置數年修復地力。在馬拉威這樣的地方，其中一個問題是人口稠密度過高，可耕土地稀少，藉休耕恢復地力的方式不再可行。

貧農也能創造富饒土壤

我頭一次真正了解火耕對非洲造成的衝擊，是從一架小飛機試著拍攝斑馬和牛羚在肯亞境內靠近坦尚尼亞的馬賽馬拉國家保護區（（Masai Mara National Reserve））平原上遷徙。拍攝完畢後，機師說他想帶我看點別的。他將飛機盤旋攀升，直到高度足以飛越一面高聳的峭壁。峭壁頂端延伸出一片森林。機師向下方比手畫腳指出農民在哪些地方燒樹換取玉米田。當地居民正對雨林蠶食鯨吞，因為他們需要肥沃的土壤。後來有人告訴我，世界上最飢餓的國家毀林的速率通常也最快，這個現象持續至今日。根據一份針對六十五個國家所做、二〇一一年發表的調查報告顯示，從二〇〇五至二〇一〇年毀林速度速率最快的國家是多哥和奈及利亞。多哥國內每年失去百分之五點七五的雨林，奈及利亞的雨林則以每年百分之四的速度消失中。[9]

大部分撒哈拉沙漠以南非洲國家的困境來自擁有世界上風化與劣化最嚴重的土壤。非洲是一座古老高原，就地質而言，這個陸塊筋疲力竭了。誠如我們曾經討論過的，非洲大部分土地都不在豐饒腰帶的範圍，沒有氣候和理想土壤的先天條件能夠生產餵飽全世界的穀物糧食。首先非洲只有小部分土壤是肥沃的，但火耕法又讓這些肥沃土壤更加劣化。

在我們基金會位於南非林波波省的烏庫立馬農場內，最好的土地也不過只有幾英寸的表層土。我們有幾個正在進行的專案是以土壤為核心。其中一項計畫由來自佛羅里達州非營利組織「飢餓教育關懷」（Educational Concerns for Hunger Organization，簡稱ＥＣＨＯ）的一群科學家領

---

[9] 參考Juergen Blaser, Alastair Sarre, Duncan Poore, andSteven Johnson, *Status of Tropical Forest Management 2011* (Yokohama, Japan: International Tropical Timber Organization, June 2011).

航，陸陸續續開挖了超過五千個「雜洞」。ＥＣＨＯ正試著研發如何從該技術當中得到更高的生產力。

「這土壤就像海灘的沙。水直接就滲透過去了。」ＥＣＨＯ的科學家布蘭登・林比克（Brandon Lingbeek）用腳趾朝乾燥土地點了兩下。他解釋說，他和研究夥伴已經栽下很多像是豇豆、木豆和扁豆的莢果樹在種植高粱的雜洞與雜洞之間。高粱因為比玉米耐旱，是非洲地區廣泛種植的一種穀物。這個農耕法稱為「間作」（intercropping）他們希望這麼做不只能為土壤增加養分和有機質，還能為人類和動物提供莢果。「這土壤原有的養分幾乎是零。雜草帶來生物量（biomass），但它們不會像莢果樹一樣改善土壤的養分。這有點像是『自己的肥料自己

非洲農夫以砍燒樹叢的方式創造耕地，浪費了能夠強化土壤健康的珍貴有機物質。Howard G. Buffett

種』。」布蘭登說，然後大笑。「我們試圖替貧農尋找不花錢的辦法，而且是能夠永續發展的辦法。我們的研究特色是以這些農民現有的技術為改良基礎。」

沿雜洞田地築起的一道柵欄展示了此地耕作環境的另一個挑戰。有一部分的柵欄以鋼條強化，基座四周堆疊著大石塊。當地的豪豬喜愛莢果樹，總在晚上發動鍥而不捨的攻擊。人們曾經在田裡搭帳篷並架設泛光燈，以為能夠把豪豬嚇跑。「正當我們架設完畢，」ECHO的克里斯·埃圖（Chris D'Aiuto）說，「牠們就挖地道闖進來了。」

這些研發改良工作對在枯竭土壤上耕種的農夫可能會有重要的幫助，尤其是在非洲的半乾燥和乾燥地區，像是受沙漠化問題嚴重困擾的薩赫爾（Sahel）*地帶。益發頻繁的旱災和地表林木的大量消失導致土壤容易被侵蝕並受陽光直射，這些都是讓土壤變貧瘠的情況。當雨滴落到這些土壤上，雨水會直接流失，而不是慢慢向下滲透。

烏庫立馬還有來自賓州州立大學（Pennsylvania State University）研究根構型（root architecture）的團隊。有些植物擁有深根系（deep root system），深根系的植物比較容易在心土

---

* 薩赫爾是非洲一個生態氣候和生物地理分布的過渡區，氣候屬半乾旱，北邊是撒哈拉沙漠，南邊是蘇丹大草原，從大西洋岸一路延伸到紅海岸，橫跨塞內加爾、茅利塔尼亞、馬利共和國、布吉納法索、尼日、奈及利亞、查德、蘇丹共和國和厄利垂亞。

（subsoil）中找到水分，因此也比較抗旱。有些植物根系較淺，能夠比較有效率的在表土中吸取類似磷和氮的養分。賓州州立大學的團隊嘗試培育綜合深根系與淺根系的玉米和其他糧食作物品種，希望新品種的種子能幫助小農改善收成，即便他們的土地水分不足、生產力低落。

面對非洲農業的根本挑戰，我們必須專注於改善非洲貧瘠的土壤。前述保育性農法顯示最貧窮的非洲農夫也能讓土壤變得富饒多產。如果非洲國家領袖還需要更多相信棕色革命能振興國力的理由，他們可以看看巴西的例子，細節詳見第五部。

故事二十一又二分之一

耕者最好有其田

最近一次去加州聖華金谷（San Joaquin Valley），我和一位富有創新精神的農夫共進晚餐，他的事業在當地名聲響亮。他大規模使用滴水灌溉，採行先進的勞工政策，並且貢獻大量新鮮食物到當地的食物銀行。我們就科技和其他想法交流彼此的故事，相談甚歡，然後他說了些關於中西部耕作的事令我大感意外。

「在加州，我們很習慣和彼此分享有用的資訊，怎麼做得更好。但我們的土地都是自有的。我之前和一位在中西部耕作的朋友聊天，他說那裡的簽約農夫競爭越來越激烈，所以大家都喜歡搞神祕。他們想靠比其他人更高的生產量贏得農場管理公司提供的租約。」

簽約農夫？這個名詞在我所熟悉的美國並不常聽到。我有許多朋友實際耕作的土地同時包括自有地與租賃地，但我從來不會將他們稱為「簽約農夫」。不過我越想越覺得這位加州朋友說到問題的癥結了。隨著農地重劃在中西部如火如荼地進行，越來越多農地由不在地主（absentee owner）租賃給農夫，這些不在地主包括大型農場管理公司。這些租約可能只有幾年，然後他們就要投入競爭性招標，因此大家為創造收成而做的努力比較激進而短視。

神祕、好勝的農夫讓我難以接受。這和我對農耕的喜好完全牴觸，而且要不是身旁有一些願意傾囊相授的慷慨之人，一個開著推土機不知道盤犁（disk）和迪斯可（disco）

農耕的規模有所成長，因為越來越多的土地被出租給少數耕作者。這個新動態帶來的挑戰是，確保以開採土壤維生的農夫持續將資源管理視為優先事項。
Howard G. Buffett

有所不同的孩子如我也不會踏進耕種的世界。不過，我必須承認，這個趨勢不僅在某種程度上改變了社會的動態，它也對土壤造成嚴重的影響。為了贏得租約，確保有地可耕種，農夫們專注於證明自己在短期內創造最高產量的能力。他們不需要展現想要照顧土壤的意圖。一個農夫是否擁有他所耕種的土地會影響他對土壤長期健康的態度。

這段對話有個諷刺之處，多年來，我一直在談論開發中國家農民擁有土地的重要性。正所謂說比做容易。土地是一種法制建設，而且自從人類從採集社會走向定居以來，對特定土地的控制權一直都是人類陷入戰爭、嫉妒和口角的原因。無論在世界的哪個角落，自有土地的農夫總是比替人耕種的農夫更照顧他們的土壤。每當有一個地方需要我們投入資源，我們最先問的問題當中一定包括，「土地租佃的實際情況如何？農夫和他們所耕作的土地關係緊密嗎？他們有沒有改善耕地的動力？還是他們覺得自己毫無抵抗力，隨時可能被迫離開他們耕作的土地？」舉例來說，衣索比亞農業的挑戰之一就是土地國有制。

我先前寫到安哥拉農民對於國內土地產權不明與分配不均的困境，同樣的問題發生在非洲和中美洲的許多國家。我們可以說，美國之所以發展出生產力驚人的農業體系，部分是因為我們國家擁有土地私有制度。我們的國家很早就發展出土地私有制。農夫在照顧他們的土地與投資像是道路、電力、貯藏設備的社區農業基礎建設時，可以清楚地看見這麼做對自己與後代子孫的長期效益。

我們嘗試支持世界各地的土地租佃計畫，目前最成功的案例發生在尼加拉瓜共和國。我將在本書第五部詳談這個成效令人滿意的案例。大部分非洲國家的土地租佃情況都相當不理想，同時影響力更勝土地管理和國家律法的部落習俗又讓事情變得更複雜。

土地改革的重大挑戰之一在於推翻傳統習俗——或者試圖將土地歸還給因內亂或外患而失去一切的人——不僅困難，而且在某些情況下具有危險性。歷史上有太多領土紛爭導致的暴亂和戰爭。改革也是困難重重。自從二十世紀早期開始，墨西哥一直在為土地改革的問題奮鬥。譬如，公社的農用地可透過合法管道分配給個別農民，讓他們取得土地產權，買賣土地，並將土地當作貸款抵押品。但本來應該很有幫助的工具卻在社群內部遇上阻礙。將一塊參差不齊的土地切成一個個公平的區塊並不容易。但如果個別農夫不持有產權，就沒有可貸款的抵押品，也就沒有錢能投資有助於提高生產力的設備和其他農耕消耗品。該社群最後決定將土地以租賃的方式分配給農人。於是我們又面對同樣問題：承租土地的農夫不會對土壤進行長期投資。

非洲越來越嚴重的一個問題是，各國政府不斷把僅有的國內優良農地使用權拍賣給外國公司，而且租約經常一簽就簽九十九年。眼看衣索比亞、獅子山共和國和賴比瑞亞的土地被當作熱門投資標的推銷給避險基因操作者和投資客，我的心裡很不好受，因為我曾經拜訪這些國家，親眼看見他們飢貧交迫的絕望生活。儘管國內仍有數百萬人靠糧食援助過活，但這些政府卻向外國投資客和國家廉價出售土地使用權，讓他們能夠把收成的糧食運回自己家鄉，或者賣到國際市場上。當地居民幾乎不曾受惠。事實上，當地居民可能受這些交易導致的市場扭曲之害。投資者主張，開發土地創造的就業機會將提振該國整體經濟。對此我和許多人都抱持懷疑態度，我們指出這些外來開發者告訴非洲政府他們會雇用數千名員工，可是開發商的內容計畫書又對投資者說，他們意圖引進在眾多耕作方式中最不依賴勞力的高科技農耕。究竟哪個才是真話？

土地交易的支持者如投資客和政府官員有時會對外聲稱，大部分交易案涉及的都是「閒置」土地。放過我吧：投資客購買或投資都是挑最棒的資產，絕不會選乏人問津的標的物。非洲過去數十年來一直都是農產品的淨進口國（**net importer**）。[10]我覺得這些國家應該把全副心力花在改善國民的生活，讓人民變成更具生產力的農夫。他們應該把土地留給自己使用，以永續的方式提高糧食產量讓國內人民不再飢餓。此外，某些圈地案鎖定的土地目前有養牛戶或其他家禽飼育者使用，他們需要周邊土地保持開放且持續生長自然牧草。

只有天真無知或妄想症發作的人才會相信精打細算的投資客會接受一塊乏人問津的土地，然後乖乖排隊取得關鍵水資源。當一個國家內有民眾處於餓死邊緣，沒有「良」田會乏人問津。政府必須更看重農業發展和農民土地所有權之間的連結。這些決策對這些國家未來的飢餓樣貌會有至關重要的影響。

[10] http://www.fao.org/docrep/015/i2497e/i2497e00.pdf.

ＨＷＢ將在後面的故事中向各位介紹一名富創意的中西部青年農夫，這個年輕人找到啟發他人（包括出租土地與承租他人土地的農夫）採用更永續農法的角度。說來有些諷刺，這趟加州行提醒我不要對發生在自家後院的趨勢視而不見。無論住在哪裡，無論耕作的規模大或小，如果那塊土地歸他們所有，農夫會加倍用心地照料土地。

故事二十二
文化差異

九〇年代晚期，我們基金會著重於物種與棲地保育，於是我想到在南非成立一個機構，讓獵豹研究能在受保護的環境中進行。我一直都對這些滿布花斑的長腿貓科動物深感著迷。拉丁學名為*Acinonyx jubatus*的非洲獵豹是地球上速度最快的陸生動物。牠能在三秒鐘內從零加速到時速六十英里，甚至可瞬間加速至七十五英里。牠們被世界自然保護聯盟（International Union for Conservation of Nature）列為易危動物（vulnerable species），部分因為野生獵豹雖然迅捷，卻沒有能擊敗獅子和鬣狗的武器，因此幼豹容易受到危害。盜獵者覬覦獵豹，有些牧場主也會射殺出現在農場的獵豹。另外，牠很難在人工飼養的狀態下交配繁殖。我們希望更深入的了解有助於保障其生存。

我們購買十四塊地產，建立了JUBATAS保護園區，並與南非最優秀的獵豹專家安．凡．迪克（Ann van Dyk）合作。我們聘用的職員全都是當地人。但從最初成立直到十年後決定出售園區，這段經歷成為我人生中最激烈的文化差異速成班。我學到的教訓是無價之寶，但我也開始討厭向人賠罪的滋味。

文化衝擊在我們成立不久後就發生了。協商購買JUBATAS園區的條件時，我們發現有四戶人家住在這片土地上。基本上，他們算是嬉過客。南非的法律容許他們在此居住，但他們並沒有土地所有權。由於我們的獵豹是要被放養的，就算以柵欄圍住他們現有的房屋，我們還是很擔心讓人類和這些動物如此靠近可能會釀成危險。我們想要慷慨行事，於是我們請律師透過官方管道幫他們尋覓和現有土地條件相近、甚至更好的新土地。我們與政府和部落領袖合作。這幾戶人家也很願意遷離，應該說，他們很開心能搬走。

早期我們對獵豹保育的投入，幫助我認清往後資助訴求中的重要文化問題。Howard G. Buffett

經由正式管道花費了兩年時間，我興高采烈地出席簽字收尾的會面。我們律師團隊中有位成員會說當地語言，他也在場提供協助。平時心平氣和的他在會中突然臉色大變，非常生氣，當我詢問發生了什麼事情，他吼道：「不是現在，霍華！」

他起身用肢體示意要我和他一起離開。當我們遠離別人聽得見的範圍後，他對自己突然發脾氣向我道歉，他說他是希望讓那些人知道他們已經太過分。雖然我們得到相關人士的許可，而且已經為此投入許多金錢，一名當地巫醫突然決定插手干預搬遷計畫。他告訴那幾戶人家，他們不能搬走。我們委派的談判人說，他很確定這個狀況只要再多花幾個月和幾個錢就能解決。事情發展完全如預期，那些不可勝數的障礙都在巫醫拿到錢後煙消雲散。

在非洲，巫醫之流不可預料的意圖和行為是人們的日常現實，就連非洲人都稱之為「TIA」：「這就是非洲。」（This is Africa）這說法在非洲大陸十分普及，說的時候通常伴隨著聳肩或眨眼的動作。但非洲還有其他不同形式的TIA，對外來組織從事發展的成效造成負面影響。我這麼說不是為了責難誰；而是希望提出我的一點淺見：當我們空降到任何不熟悉的情況卻自負地認為自己的想法是正確的、世界觀是更理想的，那麼我們注定會失敗。非洲的人民（還有其他地方的也是）長期在困境中求生，許多風俗、習慣和觀點已根深柢固。我希望能試著讓諸位體會TIA的無所不在，以及某些TIA的微妙之處。

處理土地或辦事情的時間點被靈體、巫術和迷信影響在非洲並不奇怪，而巫醫有極大權力可放逐某人或影響部落領袖的決定。另一個較不明顯的TIA影響當地人民的時間感與計畫方式。在JUBATAS，我們經常因為沒有提前計畫而遭遇挫折。許多計畫的執行時間遠遠超出合理範圍，或是因為做事亂無章法而執行得七零八落。我經常更新或打造新的硬體設備，然後自以為設備到位後研究人員就會立刻開始使用它們，最後才發現他們根本還沒準備好。就算在某個計畫上已達成共識，他們過一陣子又會說因為不覺得計畫能實現，所以都沒有人做分內的事，只是靜觀其變。我們建立的是一個研究機構，所以工作內容包含丈量和記錄各式各樣的動靜，像是動物們飲食或行為的改變。員工時常不在正確的時間或日期調整動物的飲食，不然就是執行指令的方式前後不一致。有好長一段時間我始終無法理解他們的行為。

巫醫對地方決策有很大的影響力，我在莫三比克拍攝的這位巫醫就是一例。Howard G. Buffett

某天，我開著車在當地一條叫做迪耶迪夫特（Diepdrift）的路上。這條路鋪設得不錯，而且因為附近有一些設有圍欄的私人狩獵場，路過時可以從金合歡樹頂上看見長頸鹿露出頭，或是有著矮胖身軀和抖動尾巴的疣豬家庭飛快衝過馬路。（非洲疣豬沒有挖不過、撞不破的圍籬。）有天我見到一個JUBATAS員工的車爆胎了。我停下來幫他，才發現他沒有備胎。這個男人認真工作，能力也非常好。我告訴他我會載他到最近的商店讓他買修補輪胎的材料。他同意了。我們來到六英里外的商店。他在裡面找到一個修補輪胎的工具組。他出來後問我能不能載他回去拿錢包然後再回來付工具組的錢。我訝異地問他：「你剛剛為什麼不帶著錢包呢？」他回說：「我們離開時我不需要它。我現在有需要了。」

我想美國人很難不提前計畫、根據需求安排日常行程，我們很習慣將未來當成循序漸進、有邏輯性的一連串活動。其他文化卻不一定這樣。我在二〇〇六年描述「蘇丹的失落男孩」的紀錄片《上帝不再眷顧我們》（*God Grew Tired of Us*）中看見這種文化差異的跡象。在一九八三到二〇〇五年的蘇丹內戰中，約有兩萬名蘇丹男孩成為孤兒或與家人分離。他們集結成群，花費數年跋涉上百英里到衣索比亞或肯亞尋找庇護所。這些人有很多已過世，有些還在庇護所裡，最終有超過三千人被重新安置到美國。

電影中有一幕是一個男人受命協助三個蘇丹青年在匹茲堡（Pittsburgh）安家落戶，男人在公寓裡展示電子時鐘的功能與使用方法。那些年輕人顯然對時鐘不甚熟悉，也不理解在特定時間出現在特定地點的重要性。他們又怎麼會理解?他們在難民庇護所住了好幾年,三餐不繼,只能活在每一個當下。「美國有句俗語,時間就是金錢,」男人對青年們解釋道,青年卻越顯困惑。

「創造時間」

在烏庫立馬農場幫我工作多年的一名南非女人曾試圖向我解釋非洲傳統的時間觀。「非洲人不認為自己身在更龐大的時間之中,」她說。「他們覺得自己一個人時,甚至是在創造時間。他們十分專注於當下;未來很抽象。不是生長於非洲的人很難理解這點。」真的是這樣。每當員工沒有做相應的準備導致計畫受阻撓或中斷總使

許多我們的設想在世界其他地方並不合乎風土民情。在騎驢子上班上學的南非,人們的時間觀念與我們非常不同。Howard G. Buffett

我感到萬分挫折。對他們而言，「現在」（now）可以是下個星期。

一段時間後我學到，在南非如果有某件事需要即刻處理，你需要使用的詞彙是，「現在馬上！」（now-now!）你必須與當地的管理者合作，他們知道哪些問題可能存在文化差異，並能以當地人的時間觀或觀念讓員工理解工作內容。有時解決方法很簡單，只需要在他們的語言或社會習俗中找到某個特定詞彙，藉以傳達我們語言中欠缺的微妙意義。這個辦法適用於計畫與時間觀之外的狀況，譬如薪資給付：我們發現績效獎金會造成嚴重的不滿與混亂。兩個相同職位的員工一定要有相同薪資，否則另一位會造反。最後我們發現，只要給表現較好的員工一個不同的職稱就不會產生問題。

我們經歷慘痛教訓才了解必須請當地人協助建立管理架構，更重要的是，我們學會不將自己傾向的生活模式套用在員工身上。我們決定幫一些住在JUBATAS的員工蓋一棟新的房子。我們希望他們能住得舒適。我們幫他們買了一些家用器具，以為這麼做會讓他們開心。不久後，房子完工，然後他們也搬進去了。當我開車經過發現全新的爐子被放在前院，我以為它一定是壞了，於是停下來察看問題。原來那家人將爐子搬到戶外，然後在廚房中央的地板上挖了一個能生火的坑。住在那裡的女人都用開放式火堆煮飯，爐子對他們一點用都沒有。

我最後一個關於TIA的故事發生在與迪耶迪夫特路垂直的科沃耶路（Koevoet Road），它旁邊的土地曾是JUBATAS園區。有群被稱作科沃耶人（Koevoets）的居民就住在我們對面。附近鄰居告訴我，這群落有許多男人曾是安哥拉的傭兵，也曾在南非種族隔離時期為警方工作，擔任管制群眾的人員。南非政府成立了這個聚落，當我們還在那裡時，科沃耶人並不受當地人歡迎。

我們園區面對許多人稱之為科沃耶「營地」的那面圍欄附近樹木茂盛。圍欄很高，因為它是用來圍繞保育園區的，我們需要確保人群在外，獵豹與獵物們在內。但其實圍欄兩側都有樹木不是件好事，獵豹有時會跳上低矮的樹枝，有逃走的可能——或是愚昧的人能輕易爬進來受到傷害甚或死亡。我們也希望能有空間做防火障（firebreak），因為閃電引起的野火經常發生在被稱之為「南非稀樹草原」（veldt）的非洲南部草原。

於是我們開始沿著路將圍籬內的樹木移除。我們很在乎樹木之間的距離，因為我們希望圍籬內能保有四周被環繞的感覺。最後，我們移除了幾十棵樹，我請園區經理將木頭拿給科沃耶人，給他們煮飯取暖。我認為這能給他們帶來些幫助，而且我們也不需要這些木柴。我以為這能展現我們想當好鄰居的態度。

科沃耶人收到木柴很開心，他們運走木柴，將之燒盡。幾個月後，幾個科沃耶男人找上我們的園區經理，說他們要更多木頭。抱歉，經理對他們說，我們已經砍掉所有計畫要移除的樹了。為了照顧棲息在此的動物，我們得保留目前剩餘的樹木。「可是你們裡面還有那麼多樹，」代表團的男人回應道。「你們的樹那麼充裕。」我們需要保留這些樹，經理回應。我們現在無法再給你們更多木柴。

不久之後，園區經理開車經過科沃耶路，發現圍籬外面到處都是樹墩。科沃耶人交涉後離開保護區的態度非常和平——不是高興但也沒有表現出憤恨的樣子。然後他們就按照自己的需求砍掉了圍籬外的樹。經理與他們的代表人接洽並反映情況。「但你們圍籬內有那麼多樹。」是他的答案。「你以前給過我們木柴。」

這就是非洲。在非洲許多地方，給予等同對外人開啟期待之門。如果我們當初沒有給他們那堆木頭，科沃耶人或許不會砍伐任何樹木。一旦我們給予，一段不言自明的新關係就被建立了，科沃耶人認為我們這麼做等於暗示未來也會持續給予支援。

關於試圖協助修復爆胎的故事，我在上文中沒提到後續發展。總之，因為備感挫折而且時間緊迫，我並沒有載男子回他的車上拿錢包。我直接拿了當地貨幣的幾塊錢讓他買那個工具組。後來我把這件事告訴園區領班，他皺起眉頭，說我犯了個錯。一個月後，那位員工車上的水泵壞了，他要我幫他換一個。他不能理解為什麼我能幫他修補輪胎，卻不願意繼續支付他汽車維護的費用。

這個態度有時被錯誤詮釋為比起工作人們更喜歡接受施捨。我不認同。當糧食援助及其他資源湧入，許多在困境求生存的非洲人會調整他們的觀點，開始認為這是他們吃飯的新方式。這是他們對於來到自己土地上的新資源的文化回應：「如果你開始餵養我，我會讓你繼續餵養我；如果你停止，我要知道為什麼。」如果一個NGO選擇發放食物與種子，而另一個組織說，「我們會訓練你們農耕，這樣你們明年會獲得更高產量的收成」，同一批農人可能更傾向擁抱眼前的資源。這是可以被理解的。

事實上，在世界上很多地方，慈善跟給予的概念都和美國不同。早年在JUBATAS時，我可以感覺到包括鄰居、專家、受專業訓練的研究員和當地官員在內的許多人都不相信，我來到非洲只是為了保護獵豹。這也是另一種形式的TIA，因為非洲長期被外來者剝削，當地人對待說要進行援助或貢獻的外人總是戒慎恐懼。在美國，我們的賦稅制度將給予的概念制度化，因此我們總認為付出是普遍並令人嚮往的。在南非，我們總是為了取得當地官員的許可耗掉好幾年時間；我們甚至感受到研究員對我們的意圖缺乏信任。

這些經驗使我相信，若要創造永續的解決辦法，我們必須讓當地人更早參與任何新的經營模式。我們最近剛結束與一個NGO的合作計畫，他們在賴比瑞亞教導永續的農耕技術，過去有另一個組織在同一地區域發送種子與肥料。我們支持該計畫的重點是教導農夫使用糞肥及其他不用被給予任何東西的技術。剛開始農夫來參加訓練，但不久後就音訊全無。

問題在於，先前的NGO讓他們認為，外來支援等同於發放食物和種子。我們的夥伴並沒有在計畫準備階段將這點納入考量。他們也沒有預料到另一個組織使當地人對沒有包含物資支援的訓練計畫抱持先入為主的不良印象。因此，我們投入的資金並沒有造成任何改變。兩年後，根本沒有人會記得我們曾經去過那裡。這些言論會讓NGO和許多有志於發展的單位感到不安。但我深信，即便把全世界的精力和善意都加起來也不能戰勝文化差異。要有成效，我們必須問問題，也要傾聽受我們作為影響之人的心聲。然後我們要讓他們儘早參與我們的計畫與準備，並隨時調整我們的方法。

故事二十三

做得更好是什麼樣子？

霍華・W・巴菲特

我父親對人生四十個機會的頓悟，發生在伊利諾州中部史隆器具行一棟裝滿農具的屋子裡，那時是冬天，屋裡冷風颼颼；我的則發生在一個灼熱早晨。二○○四年奪走超過二十萬條生命的毀滅性海嘯過後約十五個月，我來到泰國的小村莊遊歷。

當時我二十二歲，已經完成西北大學（Northwestern University）政治學和傳播學的學士學位，而且我滿確定自己想要繼續念法學院。我已經和父親一起拜訪過許多開發中國家，立志要從事幫助他人的職業。我和父親經常討論未能兌現其承諾的開發和援助計畫。大學時，父親鼓勵我多研究慈善事業實際運作和組織結構，思考讓慈善工作更有效發揮作用的方法，所以我報名了為期一年的「維斯特慈善事業工作坊」（Philanthropy Workshop West）。有志為慈善事業帶入新氣象的人，在此學習改變社會最好的做法。工作坊成員一共有十二人，課程包含一趟去泰國的旅程，我們主要觀摩的對象是環境和人道關懷組織。

二〇〇四年十二月二十六日的印度洋大地震引發印度洋海嘯（也被許多人稱為節禮日海嘯〔Boxing Day tsunami〕*）。它是網路時代（internet age）最早見證的大災難之一。因為數位相機和媒體分享的快速成長，全世界幾乎立刻透過轉發的驚悚照片和令人目不轉睛的業餘影片間接見證了這場災難。泰國是冬季度假勝地，那天早晨許多觀光客從度假飯店陽台或是其他高樓拍攝影像。遙攝沙灘遊客散步或淺水池裡孩童嬉戲的畫面時，他們可能閒聊著天氣，或是和子女聊他們的聖誕玩具。在許多影片中，我們看見第一波大浪打到海灘上，接著如怪獸般巨大的浪頭從幾分鐘前還寧靜有序的畫面中撲炸開來。海濤將人們吞噬，尖叫聲四起，建築物碎裂成破碎的金屬和木頭。一切發生得太快，很多攝影者顯然還沒有看懂取景器中發生了什麼事。

我抵達泰國時，二〇〇四年海嘯後的整頓作業大多已經完成。大部分課程時間，我都待在普吉（Phuket）。有許多誇張的海嘯影像在普吉被拍下，雖然當地實際的毀損和傷亡不若其他地

* 譯注：二〇〇四年的南亞大海嘯發生於被英語系國家稱作「節禮日」的十二月二十六日。節禮日最早的記載出自十七世紀，名稱由來眾說紛紜，但大致是說在聖誕節過後的這一天，主人會將金錢或禮物放在盒子裡送給僕人，作為辛勤工作一年的酬謝。

方嚴重。譬如亞齊省（Aceh）的蘇門答臘（Sumatra）有十七萬人死亡。在某些靠近亞齊省的村莊，海嘯對一些小鎮造成的毀損高達八成。包括泰國、印度和部分東非在內的十四個國家，死亡人數共計達二十三萬。[11]

參訪時，我得知其他國家投入了幾十億資金幫助泰國人重建，NGO也紛紛湧入提供協助。海嘯過後，「帳篷城市」（tent cities）立刻冒了出來，因為成千上萬個家已被夷為平地，他們主人的所有物也被海嘯沖走或破壞殆盡。人們憂心屍體可能造成的汙染，也擔心困難的衛生狀況，幸好疾病並沒有真的四處擴散。大量的糧食援助透過災後重建的管道進入這個地區，單單在泰國一地就餵養了超過一百萬人。

我參加的課程正是為試著了解過去十五個月以來的教訓。我們實地考察一些由NGO重建的村莊。人們勤奮地工作著；百廢待舉的土地上處處都在大興土木。在那裡，我看見勤勞、誠懇、無私奉獻的賑災人員和NGO工作者仍然堅守崗位。他們試圖達成的目標很好：幫助國家重建，照顧災難倖存者的健康和福祉。這段期間發生了許多感人的故事，我聽到人們在危難中展現強大的勇氣。我遇見一位來自美國的年輕女子，她與未婚夫在二〇〇四年聖誕假期到泰國旅遊。海嘯來襲時，他們正在海邊小屋內睡覺。他被海水沖走，她再也沒有見過他。她決定留在泰國協助重建；我遇見她時，她正從事輔導工作，協助那些失去摯愛的人。她的勇氣和大愛令我肅然起敬。

然而，和當地專家交流湧入泰國的資源運用卻使我沮喪。對我而言，最令人難以接受的是考察村落中四處林立的招牌，宣揚各個NGO投入救災的義舉。某些小鎮有二十五到三十間屋子，每一間都掛著大型看板或閃亮匾牌，表揚著那些參與重建的NGO。在抵達城鎮的路上和公共場所能看見更多標誌。我不禁思忖：「真的嗎？他們已經徹底重建這個社區，而且還有剩餘的資源可以行銷他們的所作所為？花在豎立標誌的心力和金錢，難道不能用來資助更多診所、疫苗，或提供農業協助，保障這些一無所有的人三餐無虞？」

在泰國，早在有更迫切需求的房子建好前，上百個廣告標誌率先被架設起來，替那些贊助重建工作的NGO打知名度。我無意指責哪一個特定的組織，所以將照片中的組織名稱做了特殊處理。Howard W. Buffett

[11] http://www.nytimes.com/2006/12/26/world/asia/26tsunami.html.

熱帶地區的冬衣？

在與NGO專家、學者和其他地方領袖的談話過程中，我也得知災難早期外界投入好多徒勞無功的努力，不然就是像無頭蒼蠅般瞎忙——主要是因為整合工作做得很差。滿載捐贈衣服的貨櫃被運送至亞齊，但卻是厚重的冬衣。泰國最冷的季節平均溫度是攝氏二十四度。還有其他不合時宜甚至損壞的物品也是以援助物資的名義送達泰國。曼谷的「亞洲災害準備中心」（Asian Disaster Preparedness Center）代理執行董事厄爾・凱斯勒（Earl Kessler）在報告中說道：「這場天災得到外界前所未有的回應。這是祝福也是詛咒。來自捐贈國的冬衣、過期藥物、壞玩具和其他破銅爛鐵被發配到受災家庭，不應該再被視為『任務達成』。」[12]

有個野心勃勃的NGO帶著適用於其他國家或地區的計畫，迅速蓋起兩層樓的房屋。問題是，在我們所拜訪的泰國村莊裡，居民並不習慣住兩層高的樓房。搬到二樓令他們感到不自在。所以他們幾乎從不使用二樓——等同浪費了百分之五十的建材、勞力和居住空間。外國工人和專案經理還在一些屋內裝設馬桶，這些昂貴的附加設備肯定乏人問津，因為村民不習慣把馬桶裝在如此靠近生活起居室的空間。賑災過程中，外國NGO（也有一些政府官員）所欲強加的，和當地人的習慣或需要存在巨大歧異。當地諮詢做得太少——甚至根本沒諮詢。這情況就好像颶風摧毀美國一座城市，然後一個前來賑災的外國援助團體以二百二十瓦而不是一般的一百二十瓦電纜重建整個社區。

加州大學柏克萊分校（University of California, Berkeley）「人權中心」（Human Rights Center）二〇〇五年發表的一篇研究報告指出，缺乏當地社群的參與是整個受災區域的關鍵問題。「在所有研究地區，」報告說，「倖存者反映，關於賑災、安置和重建等救援的決定，都在未諮詢當地群落的情況下發生，最後造成的結果令人感到挫折與絕望。」[13]其他問題還包括現有的人權問題、貪汙腐敗、救援物資分配不公、缺乏整合，以及土地開發問題等。

救援組織對各議題的順序考量也解釋了我在泰國村莊看到的奇異廣告。海嘯獲得的廣泛關注和世界各地對賑災的響應，表示ＮＧＯ利用群眾關注募款的同時，必須讓捐款人感受到組織對災後情況的迅速回應與實際貢獻。但是，一位當地賑災人員跟我們說，有幾個村莊的地方官員發現ＮＧＯ不僅有超出其調動能力範圍的資源，而且有急迫壓力需要展現迅速行動。於是那些村莊舉辦了不可說的「拍賣會」，進行檯面下的現金交易，得標者可取得在某村莊展開救援行動的專屬權。是的，你沒聽錯：ＮＧＯ相互競爭招標，只為取得行善的許可證。

---

12 E.Kessler, The International Community's Funding of the Tsunami Emergency and Relief: Local Response Study Overview (Bangkok: Asian Disaster Preparedness Center, 2005).

13 參考 *After the Tsunami: Human Rights of Vulnerable Populations* (Berkeley, CA: Human Rights Center, University of California, Berkeley, October 2005).

NGO會舉辦幾梯次的活動，帶捐款大戶到重建村莊與地方領袖交談，由他們向捐款人進一步證實其捐獻對受災民眾有「極大的幫助」。捐款人心滿意足。NGO形象加分。但村民呢？這個嘛，我不太確定那些「安排」背後的現實是什麼樣子，但當NGO在某些地方爭奪行善的許可證時，其他地方的受災民眾的需求幾乎無人聞問，因為他們住得太過偏遠，或是沒有足夠的政治能見度與資源網絡。後來終於有個叫做「災難追蹤重建協助中心」（Disaster Tracking Recovery Assistance Center）的NGO出現，專門整合其他NGO的活動，確保資源能更平均有效的分配。

人權中心的報告提出，「〔NGO〕雖然表明他們的主要責任是回應需要幫助的人，但他們實際回應的卻是制定目標及政策的中央官僚。」這裡有個好例子：一個著名的NGO承諾要建造房屋，但受限於該組織的全球性行動標準流程，他們必須使用某種經過特別認證的木材——這種建材無法在泰國取得，尤其海嘯過後。雖然有其他木材可使用，但該組織把心力都放在引進這種特定木材。當計畫成本因而變得令人望而生畏，他們便宣布房屋建造計畫超出其能力範圍。

諸如此類似乎不太恰當的外來干預和意圖，不勝枚舉。我在旅行日誌中寫道：「令我難以理解的是——如果你想要幫才剛失去一切的群落建造房屋——在動工之前，怎麼可以不得到他們的同意。」這讓我想起彼得叔叔曾經用過一個詞：「慈善殖民主義」（philanthropic colonialism）。

旅程結束後，一股挫折感全面侵擾我。我知道賑災本身就是反射性的行動。先送出自己認為可能有需要而且能夠快速集結的資源所造成的浪費和調配事倍功半，對於其正面影響依然瑕不掩瑜。災難之後，在計畫和溝通橋梁構築的過程中，難免混亂失序。但前述情形似乎已經超出預期，而且不再受控制。當全世界慷慨協助賑災，某些組織卻以浪費資源的行為剝削了這些善舉。災難追蹤重建協助中心的代表和其他地方團體表示，海嘯過後十五個月，貪汙腐敗、辦事不力，以及裝模作樣的行為依然普遍存在。

泰國也使我對NGO的傳統架構產生質疑。我與父親曾在許多不同的情況下探討NGO擴大到一定規模後會遇到的挑戰。募款的需求導致它必須呈現看得見的進展，即便有時候他們所面對的情況複雜而艱困，不一定能在短時間內見到實際起色。因此，與其評估實際所需，它們傾向選擇可行但不一定有長期效用的行動，以便向外界展示他們的成果。在許多群落幾乎沒有獲得任何外援的同時，拿某個獲得世界級援助的城鎮來大肆宣傳，似乎就是前述情況最有力的證明。

更嚴重的是，隨著時間流逝，這種從事慈善工作的取徑會使狹隘思維成為NGO的制式化思維。我提醒自己：做好事不代表我們不用將它做得更好。

我只能祈禱競標行善權，然後拿行善事實向外國捐贈人宣傳，是可恥也是罕見的行為。我想這很可能是災難受高度關注及大幅度報導所導致的過度檢視。不過，無知和缺乏計畫而無視當地習俗慣例的情況，其實常見於全世界各地的援助行動中。發生在二〇〇〇年的北部肯亞旱災，糧食機構無視於放牧者每日攝取肉類、奶類與茶的飲食習慣，竟然送玉米作為糧食援助。結果呢？

不僅援助糧食沒人吃，而且最急迫的需求也沒有被滿足。一位馬利共和國的朋友告訴我們，有間NGO運來大量縫紉機，希望能幫助被逼迫從妓的女人們尋得求生之路。組織立意良善。不幸的是，馬利位於沙漠，被磨得極細的沙粒遍布所有角落，很快就把機器卡住。不僅機器不再運轉，這些女子還因而擔心會受責怪。

拜訪泰國之後的幾年，我更專注於我對災後回應的第二種感想。我見證了雜亂無章的組織能力，也看過無法應和當地文化的計畫。這次經驗影響我後來對待任何計畫、地方或合作夥伴的方式，同時迫使我自問：做得更好是什麼樣子？

如何強化專案的實際設計？

慈善家、NGO以及政府背負任務，試圖幫助生活於飢貧中的人們，如今他們在認識全球需求（global needs）方面已經有長足進展。然而，每個方法都需要與時俱進，定期更新重整。目前亟需重整的是NGO、捐款人與受惠社群三者之間的關係結構及框架。營運經費龐大的大型NGO為了持續獲得捐款，必須讓捐款人相信他們的善款被妥善利用。這樣的目標很容易產生目光短淺、短視近利但成果簡單易懂的計畫：譬如掘一口井，或是在協助農人提高產量時，直接提供包括種子及肥料在內的農業投入品。這些計畫的目標都沒有問題，但我和父親越來越相信，設計這類計畫的過程通常是有問題的，缺乏永續影響也是不應該的。

這些問題的影響層面遠勝過緊急救援。令人倍感失望的是，我們看見慢性飢餓或飲水問題也受到這些專案的設計缺失影響，或是當我們知道NGO明明有很多經驗和前置規畫期能將事情做好。許多援助發展專案太脆弱，不堪一擊。它們可能依賴需要被教導的科技，也許產品或勞務運送會經過容易生變的道路或強盜或游擊隊肆虐的區域。它們或許需要訓練課程或專業的團隊領導人，不過一旦當初帶著計畫前去的負責人離開後，沒有人能夠延續這份努力。接下來我們會指出一些更永續、更市場導向（market-oriented）的方法，但平心而論，短期、專案導向的做法依然是慈善工作的常態。一個不盡人意的常態。

與其在一旁說風涼話——因為發展工作很辛苦，而我也知道這些問題不好解決——我想說，我對目前仍在開發中的新工作模式抱持高度期待，我們的基金會也贊助了部分。無論我們有多少解決貧窮和飢餓的資源，所有參與其中的人都要重新思考既有架構，捨棄那些不合時宜的部分。同時我們必須更有效地提升社群及其領袖的社會價值，如此才能對我們試圖幫助的人做出更完善的貢獻。就算我們已經竭盡所能為他人的福祉付出，我依然相信我們每個人都必須做得更好。否則，一旦援助終止，一切就會變回本來的樣子，像是被遺棄的沙堡隨潮水消失。

故事二十四
「這是誰想到的瘋狂點子？」

根據世界衛生組織的統計，二〇〇五年十二月芮氏規模七．六的地震造成巴基斯坦至少七萬五千人死亡，十五萬人輕重傷，以及超過兩百五十萬人無家可歸，其中許多是偏僻的山村居民，而喜馬拉雅山區的寒冬正要降臨。

我在地震發生幾個星期後到巴基斯坦，想看看基金會能不能幫上忙。負責管理先母基金會的艾倫．格林伯格（Allen Greenberg）建議我一定要到巴基斯坦軍事基地阿伯塔巴德（Abbottabad）參訪WFP的救援行動。

抵達時，我看到工人們正忙著將成千袋食品——主要是基本民生食品，像是麵粉、食用油和豌豆——從卡車裝到貯藏櫃，再送上直升機。這個地區崇山峻嶺、人口分散，直升機是唯一能將物資送到需要的人手上的交通選項。但使用直升機也有其風險。這裡氣候嚴寒、多風又多霧。我看WFP人員將物資裝進俄國製Mi-8直升機，於是也設法獲得參與運送任務的許可。

生還者的處境悲慘，自然景色既美麗又淒涼。我們飛越崎嶇山嶺，景色是一片點綴著白雪的常綠樹林，同時也飛越被地震摧毀成斷垣殘壁、甚至是一片平坦瓦礫石堆的村莊。我們看見的帳篷營地是以防水布匆忙搭建而成，在強風的吹襲下，防水布不停地抖動著；這些帳篷連保護物資似乎都嫌牽強，遑論保護人了。這些聚落與世隔絕，道路不便，而且地震後接連下了幾場雨，土石流把現存的道路破壞得無法通行。

看WFP在巴基斯坦確實地執行複雜的援助糧食空投任務，這個經驗讓我對糧食援助的正確使用有了新的認識，並開啟我們基金會最重要的合作關係之一。Howard G. Buffett

我們飛行一個小時到恰塔平原（Chattar Plain，高度五千英尺），又多載了許多袋麵粉和一些其他補給品。恰塔平原是出發前往空氣極為稀薄的下一站之前的集結待運區。直升機加載貨物時必須謹慎小心，不能超過承載限制，因為燃料會隨著高度提升消耗得越快。當我們來到坎度

（Kandol，高度七千英尺），已經穿起連帽風雪大衣和手套。降落時，我不忍心地看著等待物資的人們穿著單薄的傳統服飾「沙瓦爾．卡米茲」（shalwar kameez，長袍與寬鬆褲子），他們一整年都穿這套衣服，只不過現在多套了一到兩件毛衣，肩上繞了一條圍巾或毛巾。有些孩童在臨時畫出的直升機升降坪旁等待，很多都沒有手套可戴。有個小女孩的保暖衣物似乎只是一雙長度不過小腿的條紋襪子。另一群男人從附近的山丘踩著雪花前來此地領取補給品。雪地上出現一條深刻的溝槽，這些人的回程路加倍艱辛，而且他們還得扛著沉重的袋裝麵粉和其他重要補給品。

然而，WFP救援行動的縝密程度直逼手工腕錶。根據計畫每架直升機每天要執行十趟救援任務、總共運送四十五噸的糧食補給。每趟任務都分秒必爭，不能在地面上浪費太多時間，機

當我們在八千英尺的高山間飛行，我透過窗戶看見穿著單薄衣物的人們等著幫忙從直升機搬卸救命糧食。 Howard G. Buffett

上人員已經做好準備動作，等直升機一落地就能立刻把補給品遞給當地居民。任務涉及的協調工作繁雜。根據我的第一手觀察，原本可能餓死在偏僻雪地山區的數千人因此得救。

糧食援救在緊急情況下極為重要。但一般人可能不會意識到，確保緊急狀況發生時糧食援助保持暢通是一項很不簡單的挑戰。它需要很多事前準備、儲藏設備和短時間內能夠啟動的運輸方案。為了能夠迅速提供糧食救援，美國農夫需要全面性支持糧食生產的政策和誘因。有鑒於世界上存在將近十億糧食不安全人口，處理前述緊急糧食援助情況的能力不可或缺，但我們不能等到緊急情況已經爆發才批准預算。緊急情況的發生是無預警的。

我在ADM的前老闆德韋恩·安潔亞斯是明尼蘇達州參議員修伯特·韓福瑞（Hubert Humphrey）的朋友，也全力支持韓福瑞參議員推動永久性糧食援助計畫，後來成為在一九五四年通過的四八〇號公法「糧食用於和平計畫」（Food for Peace program）。

法案的正式名稱為《農業貿易發展與協助法案》（Agriculture Trade Development and Assistance Act），由美國農業部和美國國際開發署管轄，計畫宗旨是以美國的剩餘糧食對抗世界飢餓問題，幫助美國農夫拓展其作物市場——同時也幫助美國的運輸業，因為國會最後要求至少有百分之七十五的援助必須由登記為美國籍的船隻負責運送。四八〇號公法以創造美國農夫、海洋運輸業者以及世界飢餓問題的三贏為目標。誠如其名稱所言，「糧食用於和平」糧食援助也可以發揮重要的外交功能。

二〇〇六年八月，就在WFP的巴基斯坦緊急糧食援助行動讓我大感敬佩幾個月後，我到莫三比克考察幾個農業案，它們都帶有保育農業的要素以及某些水資源關懷。我在楠普拉城的國際關懷協會辦公室。我借用傳真機和在迪卡特的基金會團隊來回交換訊息。我在傳真機旁聽見兩名國際關懷協會高層的談話，關於當地市場的商品買賣。這談話內容太詭異了。國際關懷協會為什麼需要買賣商品？

協會的當地行政人員有點怯縮地向我解釋說，他們打算把美國送來的救援糧食「貨幣化」：也就是說，將實際的救援穀物賣給地方市場，然後把賺到的錢投資到其他發展計畫上。

就我所知莫三比克農夫種的玉米也是賣到同一個市場。我腦中出現的第一個念頭是「這是誰想到的瘋狂點子？」販賣進口商品讓NGO變成了「準穀物貿易商」。如果當地市場供給量增加，當地農民的穀物行情一定會被破壞。如果美國的慈善機構說服巴西以貨櫃運送剩餘大豆，然後由慈善機構將大豆賣到美國穀物市場上，這麼做雖然可以籌募善款，但卻會創造剩餘、拉低穀物價格，因此我可以想像美國農民的反應。特別是在開發中國家，市場扭曲會重創當地物價，而且造成農夫不再願意種植該作物的意外後果。破壞當地貧農種植作物的價格，讓他們變得更加糧食不安全，然後拿著從貧農身上間接剝奪的現金資助同一批農夫的訓練課程，或者支付NGO的開銷。這麼做意義何在？這可不只是浪費而已；這是判斷有誤，甚至有害。倘若援助是為了讓人們能夠自立，進而自強，我們怎麼會削弱了當地市場的健全。

這段對話帶我認識了前述穀物貨幣化的概念。我完全不知道它始於一九八〇年代，當時美國政府為解決受補貼糧食過剩而傷透腦筋。一九九〇年代，美國國際開發署預算刪減，這表示NGO得自己籌措資金以平衡現金贊助的直接損失，於是他們開始以貿易商的身分積極投入國外市場。這變成一個大生意——不過如果目標是對抗飢餓，那就是很沒效率的生意。我們將美國生產的食物以昂貴代價運送到遙遠的地方，當食物抵達，NGO不把它們分配給飢餓的民眾——他們把糧食賣到市場上，如此才能換得其他計畫和組織營運所需的現金。美國政府責任署（Government Accountability Office）二〇一一年六月發表的一份報告發現政府在三年內以七億兩千兩百萬美元的現金購買美國商品，希望能夠創造貨幣化的結果，最終卻只換得五億三百萬美元。[14]

根據現行四八〇號公法的規定，多數美國糧食援助一定要由美國籍船隻運送，因此我們不意外美國船運業一直遊說希望保留該計畫。此外，美國農業利益團體和NGO也加入遊說行列，形成所謂的「鐵三角」，是貨幣化持續那麼多年的幕後推手——即便這個做法傷害了許多他們本來想要幫助的人。在某些案例中，運送即將貨幣化的特定糧食援助商品，其成本比商品市價還要高。美國政府責任署曾經報告過一個二〇〇八年的案例，運送價值三百九十萬美元、一萬公噸的小麥到馬拉威，需要四百五十萬美元的海運成本。相較之下，或許直接拿八百四十萬美元資助當

[14] http://www.gao.gov/assets/330/320017.html.

地採購計畫所創造的影響會更大。

美國海運業者和一些食品加工與農業利益團體，誓言捍衛現行規定。有些海運業者對我公開談論這個議題感到不太高興，但我還是堅持這麼做。執行該計畫事前準備所產生的龐大運送成本應該用在幫助飢餓之人獲得溫飽。國會在二〇一二年把使用美國船隻運送援助的門檻從百分之七十五降低至百分之五十，算是朝正確方向邁進了一小步。然而，我很難想像短期內會發生任何重大轉變，而且新的門檻未必會對現實世界產生太大影響。我認為美國有必要重新評估其糧食援助計畫，以確保計畫的主要宗旨是讓人們不再挨餓。當運送糧食援助是最佳選擇時，要以有競爭力的價格完成運送，其他時候則以最經濟的方式，用援助資金盡可能購買最大量的當地糧食。[15]

糧食援助變成商務人士的早餐可頌

我不樂見NGO明明知道貨幣化對他們的目標社群造成負面影響，但還是有部分組織繼續使用貨幣化的援助方案。簡言之，這些組織只求自保。根據美國政府責任署統計，二〇〇八到二〇一〇年，NGO在三十四個國家買賣了一百三十萬噸的美國農產。我應該指出，我在莫三比克接觸的國際關懷協會高層對於組織參與商品貨幣化的過去並不感到自豪。我特別提出國際關懷協會的原因之一是，該組織正勇敢地揮別過去，轉而採取不再使用貨幣化的原則立場。為理解國際關懷協會的犧牲，我們必須點出，在所有NGO中，國際關懷協會和美國政府的關係最為緊密。該慈善機構由美國在二戰結束後成立，目的是將戰後過剩的軍隊糧食做成包裹送給位於歐洲的倖存者。當國際關懷協會拓展服務領域，在八十四個國家對抗飢餓，華府也持續提供贊助。

截至二〇〇六年，國際關懷協會已經從貨幣化美國商品獲得四千五百萬美元。這些錢被用來支付協會在世界各國對抗飢餓的種種計畫，而協會很多海外辦公室的預算至少有一半來自美國糧食援助的貨幣化。藉由貨幣化獲得的收入流向將近二十個非洲的發展計畫，像是教農夫種植向日葵之類的替代性作物增加收入，或者教農夫關於土壤保育和農林間作（agroforestry）的知識。

不過實際發生情況運作如下：國際關懷協會領導核心發展出新的立場，認為有必要讓窮人更直接參與旨在幫助他們的計畫的決策。這個「權利基礎」哲學的中心思想是，國際關懷協會的高層應該思考他們的抗貧計畫是否存在意料之外的後果。貨幣化美國商品之所以成為一個道德議題是因為他們發現，只要有國際關懷協會從事穀物貿易的地方，農民都蒙受其害。更重要的是，國際關懷協會的高層意識到美國糧食援助應該幫助窮人溫飽的基本命題已經被扭曲，當糧食被貨幣化，受惠者變成開發中國家的中上層階級。舉例來說，在烏干達，部分美國糧食援助最後成了美

---

15 截至二〇一三年中，包括國際關懷協會與國際NGO樂施會（OXFAM）在內的許多救援組織越來越積極呼籲華府提出援助改革，不過也有許多慈善機構加入農企業界與海運業者的陣營，反對改變目前的貨幣化政策。相關背景介紹見，http://www.nytimes .com/2013/04/05/us/politics/white-house-seeks-to-change-international-food -aid.html?smid=tw-share&_r=2&.

國大使館對街烘焙坊的麵包。在衣索比亞，國際關懷協會賣出的食用油有部分流向位於首都阿迪斯阿貝巴（Addis Ababa）的喜來登飯店。

國際關懷協會駐奈洛比資深員工丹尼爾．麥斯威爾（Daniel Maxwell）告訴我們，透過商品貨幣化的收入對組織非常重要，但他和其他同事對此越來越無法認同。丹尼爾和研究所認識的朋友、康乃爾大學經濟學家克里斯多福．巴雷特（Christopher Barrett）合作《糧食資助五十年：重塑職能》（*Food Aid After Fifty Years: Recasting Its Role*）一書，過程中他對貨幣化的擔憂也益發深刻。他們的結論是糧食援助初衷不再，如今其目的不太是為了幫助受糧食不安全所苦的人，而「主要是在處理捐款國家的國內問題」。

NGO仰賴將糧食援助貨幣化換取專案資金的程度，導致他們對可能改變糧食援助預算的改革遊說抱持猜疑。譬如，移除四八〇號公法的運輸指定法令有冒犯海運公司的風險，然後這些公司可能就不會再支持糧食援助。同樣的，農業利益團體支持糧食援助計畫是因為政府會購買剩餘作物，他們不想失去這層保護網。丹尼爾和克里斯多福在二〇〇四年國際關懷協會資深主管的集會上提出研究發現，二〇〇六年起，協會便不再從事貨幣化的行為。*

停止貨幣化商品的決定導致國際關懷協會預算出現缺口。美國政府以各種形式提供的資助總額，從二〇〇六（慈善機構）財政年度的兩億九千八百萬美元，降到二〇〇七年六月三十日、新一財政年度的兩億四千三百萬美元，少了百分之十八。直到二〇一一年，美國對國際關懷協會的贊助已大幅下降至一億七千六百一十萬美元。協會持續提供各國辦公室資金至二〇〇九年，杜絕貨幣化行為，希望藉由換取時間找到能夠支持現存計畫的替代資金。但許多由貨幣化收入支撐的國際關懷協會專案已經消失。

國際關懷協會至今仍為二〇〇六年的立場轉向付出代價。五年後，協會募得的捐款總數為五億八千九百七十萬美元，只有過去販售美國糧食援助換取現金時所運用資金的九成。「若說我們沒有真正準備好面對實際後果，根本就是在輕描淡寫，」國際關懷協會主席兼執行長海蓮娜・D・蓋樂（Helene D. Gayle）說道，「即便如此，我認為這也加快我們朝新發展典範邁進的腳步，並且讓我們更能夠擁抱從事發展工作的新方法。」

我欣賞國際關懷協會人員願意做對的事。這個決定需要勇氣，而且他們為此付出代價。國際關懷協會不得不從各個國家裁撤上百名員工，並且減少計畫案。根據我的了解，國際關懷協會呼籲其他NGO跟進他們的腳步，希望一個齊心向善的陣線能夠促使華府將貨幣化計畫的預算調撥到每個組織都能善用於發展工作的其他計畫。不過，其他NGO退出了國際關懷組織所屬的華府糧食援助遊說團，另外成立他們自己的遊說團體。國際關懷協會拿不到的資金，如今流向其

＊國際關懷協會持續販賣商品的唯一例外發生在孟加拉：孟加拉政府為了一項學校計畫向國際關懷協會購買糧食援助，因為沒有其他當地供應商有能力處理後勤運送，而且在這個案例中，國際關懷協會很清楚食物最終的流向。

他NGO，他們將貨幣化合理化為必要之惡。有鑒於這些組織的使命，我對這樣的情況演變感到不安。

自從我了解更多關於貨幣化的實際問題，我才發現世界各地的農民已向我抱怨這件事好一段時間了。只是我過去並不了解他們在說什麼。至少有十幾次，農夫們問我為什麼「美國」要把自家商品丟進他們的市場，導致他們的產品價格下跌。在衣索比亞，有位穀物貿易商曾向我展示一間倉庫，裡面一袋袋的商品堆積如山，他說他這些東西賣不出去，因為地方市場上充斥著美國商品。那時候，我以為操縱當地市場的是某個和美國政府關係良好的獨立穀物貿易商或哪個流亡海外的生意人。我沒意識到，當地農夫可能也沒意識到，其實供應貿易所需商品的正是NGO。歐洲國家也曾一度允許貨幣化，但在一九九〇年代中期，包括歐洲和後來的加拿大都改變了他們的援助政策；從此以後，這些國家以現金在當地購買並分配糧食。

將糧食援助貨幣化的做法應該停止，以美國籍船隻運送美國糧食援助的限制也該解除。海運業者主張這項有政府保障的鐵生意有助於維持一支龐大船隊，可供戰爭或災難時使用，而且保有一支龐大船隊對國家安全與就業都是必要的。然而，根據美國政府責任署，運輸優先偏好對前述準備毫無貢獻，部分原因在於運送糧食援助的船隻沒有任何軍事功能。[16]更何況，許多美國船隻是外國企業子公司所有。對糧食援助的承諾將依然會為美國船運業帶來可觀生意，但這些公司的價格應該更具競爭性。

世界上有許多地方需要我們提供實物型的糧食援助，譬如巴基斯坦就是一例。不過與其讓NGO將我們的商品貨幣化，然後把這些收入的一大部分花在運輸成本，我們應該轉向另一個模式，把現金送到有足夠地方農產的區域，然後在當地採購糧食援助。在第五部中，我將和各位介紹WFP的先鋒計畫「當地採購，促進發展」（Purchase for Progress，簡稱P4P），這個計畫給糧食援助管理者更多空間購買來自小農的商品。這麼做不僅能夠擴大一個地區的經濟基礎，而且還能將糧食送給需要的人。使用這個模式，WFP除了提供糧食援助，也幫助小農們有機會成為農業市場上具競爭力的參與者，因而改善他們的生活，甚至徹底擺脫貧窮。

太僵固

我也認為美國政府對於投注到糧食援助的金額太僵固。除了把糧食援助的預算釘死，華府更應該做的事情是想辦法讓運到海外的商品數量保持穩定。二〇一〇美國聯邦財政年度，二十三億糧食援助預算產生二・五公噸的糧食援助。早十年，在穀物價格於近幾年發生震盪之前，美國政府能夠以十七億送出六百萬噸的糧食援助。問題是，緊急飢餓程度不會因應市場價格的波動。

---

[16] http://www.gao.gov/assets/330/320013.pdfandhttp://archive.gao.gov/t2pbat2 /152624.pdf.

美國產商品在糧食援助中永遠會扮演重要角色，一部分是因為我們可以相對迅速地動員大量穀物，也因為在某些情況下，從海洋這端運送糧食是最好的替代方案。這話聽起來令人感到不可置信，不過我看過數據資料，從南蘇丹延比奧（Yambio）運送穀物到達佛的花費是從美國港口送到達佛的兩倍。道路有時因為天氣或其他因素而無法通行，而且護送貨物所需的安全費用極為昂貴，也使得這條路線變得不切實際。空運費用則是陸路的兩倍。

理想上，美國農業部和美國國際開發署這些單位應該專注於尋找援助與現金的適當搭配，以回應需求，無論是像我在巴基斯坦看到的高效率行動，或者透過組織完善的流程在條件許可的狀況下向當地農夫購買糧食援助。

故事二十五
六瓶啤酒的洞見

我不喝酒。

當我還是在奧馬哈的小男孩時，我家和外祖父威廉・奧斯雷・湯普遜（William Oxley Thompson）的家距離只有兩條街。自五、六歲起，我偶爾會走路到他家。他會將我抱起來，讓我坐在他腿上，然後對著我說些人生大道理。其中一則告誡是：「小霍，每當你喝酒，就會殺死很多腦細胞。」然後他會停一下，露出笑容說，「你沒有多餘的腦細胞可浪費。」這就是他的幽默。他是一個很棒很好玩的人，我很喜歡聽他說道理。我對喝酒從不感興趣，我相信這是一件好事。因為我對喜歡的事情總是不知節制，我很慶幸自己從不曾對酒精感到好奇。

當然啦，不是世界上每個人都懂得欣賞我外祖父的智慧。在許多文化中，喝酒是表達善意、友誼和尊敬的方式。我贊同展現對當地文化與習俗的尊重是很重要的。如果有人邀請你喝一杯，絕對不能置之不理。在世界上某些地區，邊喝酒邊談生意是一種傳統。我通常會想辦法逃離喝酒的場合，但這可不容易。我在一九九一年的二月造訪俄羅斯。蘇聯總統、共產黨總書記戈巴契夫（Mikhail Gorbachev）面臨政府內派系鬥爭，他們希望重整俄羅斯的整個農業體系。我以農夫和內布拉斯加州郡委的身分到俄羅斯訪問，同行的還有前國會議員、高峰有限（Summit Ltd）農業顧問公司的約翰．卡瓦諾（John Cavanaugh）。

我們在距離莫斯科七個小時、靠近圖拉城（Tula）的地方，和許多農夫和當地官員展開一系列有趣的會談。我記得和我談話的農夫們的沮喪氣餒，他們很想要改進農耕方法、生產更多糧食，但卻得和政府官僚對抗，因為這些人可不想放棄手中握有的權力或官威。

蘇聯當時還是蘇聯（雖然蘇聯將在那年的十二月解散），國內旅行限制重重。我們離開圖拉時，一輛軍用車輛閃燈要我們把車停到路旁。幾名軍官命令我們下車。我有不好的預感，覺得接下來有壞事要發生。我們的司機和嚮導用身體示意我們走出車外，幾名軍官跳出卡車，邊吐氣邊跺著腳，他們的氣息在冷空氣中形成一朵朵不祥的雲。另一輛車停到路旁，又有幾名軍官下車。其中一名軍官在軍用卡車車廂蓋上擺出一排伏特加酒瓶，另一名軍官則拿出一盤盤開胃菜。另外還有一名軍官開始遞酒杯給大家。「他們來這裡，」我們的嚮導說，「是要謝謝你來訪，敬酒祝你旅途平安。」

天氣冷到喝酒「加冰塊」很多餘。但這群男人似乎心情快活，他們或微笑或大笑，對即將開喝的烈酒引頸期盼。我抓起一支酒瓶，在眾人面前表演從瓶口（假）牛飲。「哈哈，來吧，喝到杯底朝天喔，各位。」我高聲說。我走到每個軍官面前，將伏特加倒進他們的酒杯裡。「來，享受吧，這酒太棒了。」然後我會往後退一到兩步，轉身背對，作勢又要再吞一口酒，接著回過身來。「誰還要？」我們就這樣喝了一個多小時，他們越來越醉，我嗓子越扯越開，戲也演得更加誇張。不久酒瓶就空了，而且好像不只一瓶，然後我用袖子擦擦嘴。「真不想停下來，不過謝謝你們這麼精采的送別。」當我們的車發動，重新上路，我真是鬆了一大口氣。

清醒的洞見

這些年來，我的自制為我帶來一項奇特的好處。我學到新聞記者和間諜熟知的祕密：當一群喝醉酒的人之中唯一清醒的人可能得到意外收穫。

二〇〇七年，我到南蘇丹參加一場和某個NGO有關的會議。他們在一間破舊的小屋裡舉辦「晚餐會」。當時我情緒非常低落，幾乎是在生氣，因為我發現我們贊助的專案幾乎沒有進展。發展領域的評論家和專家七嘴八舌越來越大聲：「非洲貪腐這麼嚴重，我們是不是應該在某個時間點停止派送援助？這麼做應該能讓那些惡棍和腐敗的統治者知道，除非他們洗心革面，否則我們不會再送物資助長他們養成的歪風？」

我們所處的大環境很糟糕，這點無庸置疑。南蘇丹後來在二〇一一年成功獨立。在今日，南蘇丹是非洲最新也最年輕的國家，位於非洲東北，四面不靠海，與衣索比亞、肯亞、烏干達、民主剛果、中非共和國比鄰，當然也和蘇丹相接壤。這些鄰國太常出現在新聞故事和關於非洲夢魘的紀錄片中，像是殘暴行徑、饑饉、孩子兵以及絕望的難民。這個地區充斥著一切你想得到的挑戰。蘇丹總統奧馬爾．哈桑．艾爾─巴希爾（**Omar Hassan al-Bashir**）涉嫌在達佛地區犯下大屠殺和戰爭罪，是國際刑事法院的通緝犯。[17]

直到一九五〇年代中期，蘇丹還被稱為英埃蘇丹（**Anglo-Egyptian Sudan**），不過一九五六年終於脫離英國和埃及的共同統治，宣布獨立。[18] 隨之而來是兩場漫長的內戰，造成超過兩百萬的人命損失，蘇丹南部分裂出來成為一個自治區。我走訪此地時，地處國土中部喀土木（**Khartoum**）的蘇丹政府還在對南蘇丹和西邊達佛地區出兵。

我在這趟旅程中聽到一個出乎意料的理論，有個觀點認為美國總統小布希入侵伊拉克的決定替南蘇丹的獨立鋪了路。我聽一些晚餐會的朋友說，伊拉克總統海珊不僅送軍武給蘇丹，還派戰鬥機駕駛員幫忙訓練當地的空軍——他們有機會擊退和喀土木當局對抗的南部軍隊。但自從伊拉克開始專心對付美國侵略，這些援助都消失了，最終喀土木當局得選擇其中一邊出兵征討，而他們選擇了達佛。我過去從沒聽人這樣解釋南蘇丹的獨立。

很長一段時間，南蘇丹始終不太平靜。今天南蘇丹共有八百萬人口，以農村經濟為主，仰賴自給自足的農耕和養牛，但國內四處可見衝突後的影響：糟糕的道路、基礎建設欠缺，以及許多被迫離開自己土地的農夫，這些地目前處於休耕狀態。*

在那場二〇〇七年的晚餐會上，坐在我旁邊的先生曾是蘇丹人民解放軍（Sudan People's Liberation Army）的將軍。蘇丹人民解放軍當初曾經參與蘇丹第二次內戰，後來成為南蘇丹的軍隊。他是高貴莊嚴的男人，在內戰中失去了一條腿。餐會開始時，他表現得謹慎、內斂、彬彬有禮。他話不多。我們邊吃晚餐邊就著一些普通話題泛泛而談。不過他從入座後就一直喝啤酒，我喝的則是可樂。

根據實際經驗，最有趣的發言似乎發生在與我共進晚餐的同伴們喝完第六瓶啤酒之後。當前將軍喝超過第六瓶啤酒，他將身子靠向我，說他一般而言根本不會把接下來要告訴我的事告訴任何人。

他那句「根本不會」讓我好奇心大發。

---

17 http://www.haguejusticeportal.net/index.php?id=9502.

18 蘇丹與南蘇丹的基本介紹請見http://www.cia.gov/library/publications/the-world-factbook/geos/su.html.

* 蘇丹生活艱困的程度已非言語可形容。上千名年輕人在專為流離失所者設計的難民營度過整個童年，像是我曾經訪問兩次的肯亞卡庫馬難民營（Kakuma camp）。參觀難民營時，我們打開一扇通往醫療儲備物資房間的門，只見蝙蝠成群向外飛。在我寫作的同時，另一場起義已創造另一整個世代的「失落」兒童，他們逃到蘇丹的努巴山脈（Nuba Mountains）躲避暴力。

在這之前，我已經請教過他，在貪腐猖獗的國家發送糧食援助是不是讓情況更加惡化。他說他想回頭談談這個問題。他瞇起眼睛——似乎有點惱怒，這只是我粗糙的個人判斷。

我沒有做筆記，不過他那番話的大意是：幾個南蘇丹的武裝團體已經懂得如何將髒手伸進外國援助物資。他們包圍村莊，阻擋村民進出，不准糧食援助進入村莊。對許多村莊而言，汲取一瓶乾淨的水往往要走上一英里路，因此這樣的封鎖會導致村民性命垂危，特別是那些已經受飢餓所苦的村莊。接下來，這些叛民會向當地NGO傳話：送糧食援助來，否則村民都會死。如果要採取強硬路線，那麼後續情節發展就是經典的「絕不與恐怖主義者談判」。非洲鄉間有一堆小村莊，一旦配合叛民的要求送去糧食，這種勒索行為可能停止嗎？

這些匪徒雖然冷血殘酷，但他們絕非頭腦簡單，將軍向我解釋道。他們只會從糧食援助中拿走百分之三十，因為他們知道如果全拿，NGO就再也不會送東西來了。他們拿足夠自己吃和賣的分量，但也讓村民獲得勉強能夠填肚子不至餓死的分量。

「你會怎麼做？」他嚴酷地問。「抱歉沒有糧食援助了，我們正在給（叛民）一個教訓」，很難說出口嗎？這個假設情境是衝突—腐敗—飢餓生態體系中難以想像的元素之一。

回應勒索者無疑會幫助這個行為的延續。但NGO既不是政府，也沒有軍隊的武力。他們到這些地方是為了幫助最貧窮脆弱、沒有其他求助管道的人。如果選擇派送援助，一整個村莊的男女老幼能都倖免於死，匪徒們也會離開，雖然回應勒索也會在某種程度上危害對無辜之人的部分保護。如果一個組織是為了人道或宗教理由而來到非洲，這就是他們的任務。將軍表示，當這些NGO有能力時，他們都會配合叛民的要求。他們不喜歡談論這些事，也不會對此事做任何宣傳。我已經將這故事告訴其他人，他們聽完都傻了。

每次聽那些未曾去過非洲、不曾親眼見證飢餓的人談論對糧食援助下全面禁令，我都會想起這段因酒過三巡而發的高見。當長期貧窮和低收成農業成為生活現狀，持續以因危機而生的干預式援助作為回應並不能改變什麼。如果有能夠改變根本需求的辦法，這些財務資源會發揮更好的效果，最終拯救更多生命。但是當我們面對的問題是衝突或自

根據計算，在南蘇丹取得一把AK-47步槍大約要十美元。在這個農牧國家的鄉村地區，AK-47步槍似乎就像牛隻一樣普遍。 Howard G. Buffett

然災害，直到秩序重新恢復，談論這些「根本需求」於事無補。此處談論的往往是世界上最無助的一群人，我越來越相信，不能總是以「永續」作為行事準則。這裡沒有安全網，這個政府無法照顧大部分人民，包圍這些人的是爭權奪利、毫無慈悲心的各股勢力。

在這種情況下，扣留援助物資並不會讓任何人學到教訓，也不會讓任何人改過向善。某種程度上這只是暫時的情況。這是發生現實世界中經過深思熟慮的交換。我們是否能保住這些被圍城的無辜村民的性命，在有限生命中向他們傳授自力更生的技術，幫助他們變得更強壯？當我們在衝突、衝突後以及人道救援情況下提供援助，我們的目的是讓人們變得強壯。

在這趟南蘇丹之旅，我還遇到一個男孩，他的父母幫他取名為「世界糧食計畫署」，因為WFP的援助讓他們一家人度過最絕望的深淵。每當我感到挫折，想要放棄改變世界的初衷，就會想想這個男孩，告訴自己我要改善他的國家的處境。我會想像男孩長大後變成和他名字一樣有力量、有分量，而且致力於追求和平的男人。

當我停下腳步拍攝這個男孩，我被告知他的名字叫做「世界糧食計畫署」。他抓住我的目光，因為他身穿迷彩軍服，肩上和翻領都掛著勳章。他的父親曾是蘇丹人民解放軍的將軍。Howard G. Buffett

故事二十六
不如預期

天黑之後在非洲的鄉間小路開車是很危險的事。路上可能有很深的坑洞和動物出沒。隨時可能有人走在路旁。二〇〇七年，我到西非小國多哥旅行，該國五分之四的人口靠農耕過活。在農地待了一整天後，我們驅車回下榻的旅店，我記得那天鄉下閃閃發光的星空，也就是說路上漆黑一片，幾乎沒有光害。

我們休旅車的頭燈照到一個年輕女孩獨自走在路旁，頭上頂著一罐水壺。她和我們的車只有幾英寸的距離。第一部休旅車揚起的灰塵，我們的車燈光束向前飛奔，在看清楚她之前已經將她拋在腦後。幸好我們沒有撞上她，真是好險。

隔天國際關懷協會的工作人員帶我到達龐（Dapaong），我們去參觀一個新的取水站，當地居民可以在此購買乾淨的水。取水站長得像水泥收費站，漆成藍色和卡其色，位在泥土路旁。我注意到其中一個水龍頭離地面至少七英尺，讓婦人和女孩們能頂著取水容器站在下方，如此一來她們就不用費力扛起裝滿水的桶子或罐子。

我借了一個水桶走到取水站，站在一個較低的水龍頭旁邊將水桶裝滿。幾乎裝滿時，水桶變得又重又不好提。有個年紀大概不超過六歲的女孩在一旁看著我，她帶著自己的水桶和一塊平坦的石頭。我把我的水倒進她的桶子裡。她把那塊扁平石頭放在頭巾上當作置物平面，接著將水桶舉到頭頂，往家裡走回去。

在世界上的貧窮國家裡，水資源取得不易和糧食不安全往往是彼此相長的。婦人和女孩為此犧牲極大。某些

大部分女孩自五歲開始負責扛水。取水的責任往往導致她們無法上學。
Howard G. Buffett

非洲鄉村的水資源極為稀少，婦人和女孩要走上好幾英里的路才能取得足夠一家人使用的水，而且她們取回家中的水可能帶有病菌或其他汙染。面對同樣問題的印度由政府雇員負責親手開關水閥，導致分配不均。拿著容器等在水龍頭旁邊、祈禱水從龍頭流出，這樣的取水任務每天可能要耗去幾個小時，導致女孩們無法上學。在這個國家開車，有時候能看到一群婦人與女孩聚集在一根漏水的破水管旁。

最基本的需求

因為我的雙親要求我和姊姊與弟弟以重要而非容易的問題為努力目標，我經常自問我們的基金會要怎麼做才能創造最大的成效。拓展並保護人們取得水源的管道無疑是今日世界最嚴苛的挑戰之一。地球上所有水資源

印度一名女孩每天花好幾個小時站在一根漏水水管旁，等待容器盛滿水，她負責全家人的用水。Howard G. Buffett

中只有百分之二．五屬於易取得的淡水。每人每天平均需要攝取的水分約少於一加侖，不過根據聯合國農糧組織的統計，生產每人每日食糧所需的總水量約有八百加侖。[19]水對人們生活的重要性使一個家庭願意讓小孩扛著連成年人都難以承受的重物，每天行走在危險重重的路上。

訪問多哥不久後，我想到我父母以夢幻的方式提供我成立基金會的資金——這裡有十億美元，拿去改變世界吧——如果我聚集各個投身水資源議題的識途老馬，鼓勵他們就水資源議題「做大事」（think big），情況又會如何呢？如果我們不再反覆募款成立一個個專案，而是化身為另一種新形式的贊助者，這些人做的夢會是什麼樣子？

我們在奧馬哈和幾個優秀的NGO開會。我認為把這些團體的經驗個別加總，應該有約兩百五十年智慧。為了加快討論的進展，我問道：「我們對水井贊助計畫施打類固醇如何？譬如說，贊助一萬個井眼（borehole）？」我們曾經對一項鑿井計畫提供捐款，後來當我們看到受資助群落有水可用時都覺得很滿足。如果我們幫那些權利被剝奪、脆弱無助的人開鑿上千座水井，有多少孩子能夠因而獲得上學的機會？是否能減少水媒傳染的疾病？是否能提升生活品質、節省民眾反覆往返兩地取水的精力？這是不是我們應該資助的「大思維」（Big Idea）？

與會NGO的回應保守且經過深思熟慮。他們解釋道，鑿井工作之所以變得熱門是因為這個計畫比較容易募得捐款。許多捐款者在幫助為生存奮鬥的群落時，容易被簡單而貌似效果強烈的辦法吸引，因此有些NGO除了開鑿水井什麼都不做。但水井不是解決每個群落水資源難題的萬靈丹。難題可能來自技術原因，像是地下水位太深，或者其他眾多更複雜的因素。

水的取得不僅僅關乎水源存在與否。一個群落可能為了使用的優先順序爭辯不休。飲用水該不該排在第一順位？田地靠近水源地的農夫是否應該被限制，好讓下游其他農夫有更多水可用？怎麼測量大家用了多少水？如果只要懂得將家禽與附近的池塘或溪流隔離，就能使用現成的乾淨水源，那麼替這個地方鑿井是否合理呢？換句話說，這些NGO認為改善水資源取得難題的第一步是研究難題。我們必須了解哪些團體是重要參與者，他們目前的水源來自哪裡，以及任一個上游或下游的群落和其他群落之間的關聯。決定水井開鑿地點經常受到地方權力結構、派系鬥爭、習俗與地理偏好等因素的影響，因此也容易造成積怨與衝突。

我提出開鑿一萬個井眼的想法顯然不是「大思維」。與會組織提出具體事實，說明比起開鑿水井，水資源計畫與管理才是勞民傷財的麻煩事。

好，不要鑿井。那要做什麼？

這些NGO都同意短期預算制度和捐款人提出的時限，對任何「大思維」的實現都是一種障礙。因為這樣的目標往往無法在兩到三年內完成。因此，他們傾向尋找可行的小規模計畫，創造迅速但不必然永續的成效。他們說如果可以獲得更長期的贊助，便能為面臨生存危機的社群量

---

19 http://www.fao.org/nr/water/docs/WRM_FP5_waterfood.pdf.

身打造並著手實施更全面且長效的解決方案。

我覺得這很合理。

再者，他們感到有志難伸，因為捐款者通常不會願意投資組織的管理或長期規畫。許多慈善家和基金會沒有耐心經營管理長期解決方案所需的人員和流程，也就是我們所謂的「能力建設」（capacity building）。我了解他們的猶豫。每個組織都能告訴我有多少人受惠於改善後的水源，但成立地方水資源委員會，讓群落自己決定對他們最好也最符合經濟效益的辦法，其具體成效卻不容易展示。然而，倘若我們不創造一個當地的管理架構，那個群落就沒有能力脫離NGO的協助。當地民眾永遠無法變得自立。當水井被破壞或某個零件出問題該怎麼辦？當地民眾能夠運用什麼資源修復水井？在我們嘗試提供幫助的那些地區可沒有ACE五金（Ace Hardware）或農村王（Rural King）門市，就連購買零件的錢都不知上哪找。*

我同意我們的基金會應該贊助這些「軟體」活動，然後讓我們的NGO夥伴搭配運用其他捐款者提供的設備和技術資源。換句話說，我們的贊助能夠增進NGO口中較容易取得的贊助的運用成果。

況且地理和政治問題是躲不掉的。無論在加州或喀麥隆，水資源問題總是使上游和下游的居民彼此對立，但河川湖泊跨越邊境或接壤多國的情況非常普遍。我始終忘不了到安哥拉北部探察一個多泉水地區的經驗，有個NGO為了灌溉更多安哥拉作物，試圖透過募款在當地建設分流系統。我以為那裡水資源豐富，能夠長足地減緩安哥拉部分地方的糧食不安全。但在非洲從事保育工作的資深老手安內塔・蘭舟（Annette Lanjouw）將我拉到一旁。當時我們是那趟旅程中的工作夥伴。

「你知道我們位在何處嗎？」她小聲問道。「這些水流向下游就成為歐卡萬哥三角洲（Okavango Delta）。它們流過波札那共和國。在此地將水分流可能對下游的世界級重要生態體系與居民造成極大改變。」於是我要求對方提出一份詳細的環境衝擊報告，沒有報告就不提供贊助。這份研究報告始終難產，因此我們始終沒有贊助這項計畫。

NGO的代表們讓我相信改變世界要從「當地」做起，譬如以某國家某區域或單一國家為單位，也可以是多國之間。公開發聲是藉由對當地投注的心血創造更大規模影響的方式。在世界上許多國家，最要緊的是如何讓政府負起照顧人民的責任。我們把宣導與跨界合作納入規畫中。

比起我最初的想像，前述情況涵蓋規模更廣。我原本替水井施打類固醇的建議演變成衛生教育、社區協調、技術評估、水壩研究等討論。當時的我沒意識到，不過基本上我們正以一個過去沒有人願意贊助的水資源相關計畫為骨幹，打造「大思維」。

＊整個非洲有數千座壞掉的水井，非洲人的挫折感也益發強烈。因為有太多組織把開發新的水源當作「供水改善」的觀察指標，但他們並沒有觀察五年後水井是否還可供水。

我有些疑慮，不過我知道為了創造顯著成效，我們必須豪賭一場。我同意基金會向組織徵集為期十年的計畫案，並表示歡迎各式各樣不同的活動。我對這樣的規模感到不安，不過也樂見我們的贊助是針對迫切而未能被滿足的需求。

我要求與我們合作的NGO發揮一些革新與創造的力量。我要求他們像團隊一樣思考，不要為了爭取我們的贊助彼此競逐。我要求他們共享資訊，同時虛心向彼此學習。我要求他們提出的計畫以鄉村貧窮人口為目標，也就是環境最艱困且最無力抵抗傷害的人。我們達成共識，把精力集中在四個中美洲國家、五個西非國家，以及四個東非國家。我們在每個區域成立區域協調委員會監督實際運作。區域委員會可將問題反映給一個全球性的籌畫指導委員會，該委員會由不同基金會派代表組成。為了避免群龍無首的情況，我們在每個地區指派一個國際NGO擔任計畫領袖。

我無意插手細節，我們基金會也沒有多餘的人手去管理。這些合作夥伴提出第一輪的計畫書，而我們幾乎照單全收，只做一些微小的修改和反饋。我知道我們也可以請基金會雇用職員與顧問，系統性地分析和組織不同可能性，並且延攬有技術專才的工作人員監督、評估我們所謂的全球水資源方案（Global Water Initiative，簡稱GWI）。但這麼做需要花很多時間，而且和各種現行取徑大同小異。我不喜歡在我們的基金會中建立龐大行政官僚，因為官僚體系會觸發NGO領域令我感到挫折的狀態：他們從事活動是為了養活組織和員工。我寧可把權力交給那些在尼加拉瓜共和國和莫三比克捲起袖子幹活的人，也無意雇用顧問專家在迪卡特的辦公室裡動腦。我蠢蠢欲動。我寧可讓做事的人動起來看後續發展，盡快學到應得的教訓，就算會跌得比較重也沒關係。

我們開始寫支票——是基金會為同一個訴求所開立最大筆的總額。所以，後續發展怎麼樣呢？簡言之：付出和效果不成比例。

翻轉舊思維

啟動不到一年，我發現全球水資源方案的運作和我們當初的討論與構想有所出入。我沒聽到太多令人感興趣或具突破性的想法。接下來三年之間，我意識到我們需要更多幫助，於是延攬了幾名顧問從基金會的角度提供管理建議和指導。我們甚至委任獨立的外部審查，審查結果比我預期的樂觀，但也顯示目前的方案並不是我當初自以為啟動的方案。經過五年、投入七千萬美元，我倍感挫敗、失望透頂。

所以，究竟哪裡出了錯？稱得上革新的計畫少之又少。就連計畫書都寫得了無新意，我們要求合作夥伴提出的年度贊助申請表，一年比一年更像典型一年期專案計畫書。和我們合作的組織每年都對續約一事頗有微詞，因為他們以為他們拿到的應該是一份十年期的承諾。我的回應是，你們的確獲得十年的承諾，所以也該按部就班兌現十年的遠見，而且我們希望你們根據計畫對每年的進度負責。但各組織內部官僚與會計系統卻抗拒這樣的看法。我們在NGO的許多聯絡窗口說，組織每年都在等待我們批准預算期間做好準備，如果沒過就裁撤負責全球水資源方案的職員。

我們花了點時間才發現一個根本歧異：NGO想要的是十年的保障贊助，而我們還以為已經把基金會的立場表達清楚，我們想要一份十年計畫和證據說明實際發生的改變是永續的。隨著時間過去，我們也看清全球水資源方案的「全球」有名無實。參與的NGO並未創造分享資訊或跨地域實踐的機制。三個地區創立的系統不一致，導致無法監督或評估他們的成果，基金會根本無法就全球的角度溝通或比較全球水資源方案的成果。

有些地區的合作夥伴似乎採用「別把事情搞砸」管理。委員會並沒有從優給予資助，並且讓不同夥伴為彼此負責，而是很客氣地確保每個國家和每個夥伴分得的資源都相同，以免冒犯了誰。組織結構極為複雜，有太多錢浪費在雇用足夠人手，只為了改善跨組織合作的運行。我們的資金每年不斷流向硬體和水資源系統，而其他應該「容易募得」的捐款卻從未進帳。

不是一切都黯淡無光。有些個案很成功，拜GWI之賜，數千居民如今有乾淨可取得的水資源，尤其在東非。在中美洲，我們的GWI夥伴設計了一個流程，幫助社區和地方政府規畫其可用資源，以更永續的方式管理分水嶺，採行像是使用費和測量水表等簡單機制，藉此改善並長期維持水資源的可取得性，這其實是滿鼓舞人心的成果。

譬如尼加拉瓜共和國的特立尼達（La Trinidad）就是GWI的成功案例。在GWI的協助下，特立尼達和另外兩個市政當局共同成立了一個分水嶺委員會，希望拯救當地河川，其水量因降雨不足、毀林活動與河川周邊群落汙染導致水質破壞，正逐年銳減。委員會發起由教育部贊助的環境和衛生教育宣傳，並在情況危急的地區著手復林。他們成立衝突管理辦公室處理水資源糾紛，居民們終於擺脫過去投訴無門的情況。雖然尼加拉瓜共和國已經有國家水資源法案，GWI幫助市政當局制定地方條例，規範水的使用、禁止焚燒樹木，並鼓勵耕作時用水量較節省的滴水灌溉。

場景還是尼加拉瓜，我們在一處叫帕卡雅（La Pacaya）的地方，和由GWI輔助成立的八人水資源委員會交流。委員會成立後的第一波行動包括提供每戶人家一個水表，以每戶每個管線為單位收取小額費用，藉以成立供水系統修復基金。水資源委員會由一般民眾委任，它最令人讚賞的地方在於全盤掌控水資源管理，不僅負責抄水表和記錄用水日誌，也推出天然岩石濾水池這類小型專案，過濾的廢水在二十天後可用於植物灌溉。

這些小型專案令我驚豔。問題是，GWI催生水資源委員會這個成功個案的代價太高，行政流程也太繁雜，我在GWI身上看到我對大型跨國NGO的不認同：就連幾近無上限的支票、長期承諾，和一個願意提供贊助的捐款者，都不能克服拖累這些組織的制度問題。規模和官僚體系扼殺了他們解決大型問題的能力，而他們應該要有這樣的能力。他們全心投入各式專案和活動，卻不夠要求成效，也沒有把重心放在學習合作，只是以一成不變的方式和其他組織爭搶贊助。

若要還NGO一個公道，我必須說這種行為很多都是受到捐款者的驅使。捐款人想看見他們的錢花到哪去了，在報告村莊改善情況的故事中，活動和產量是比較容易說明的成果。但創造永續的成果需要合作夥伴彼此坐下來討論，找出一起工作的新方法，確保以適材適用的原則面對挑戰，構思一個有意終結NGO參與的計畫，而不是讓計畫日久天長或成長茁壯。幸好我們基金會贊助的某些專案展現了前述革新的其中幾項，因此我知道那是可行的，這部分我留到後面兩章再詳述。不過，GWI尚未展現其創新的一面。

我知道這評論有些嚴厲。這些組織工作上面對的困難條件來自世界上最具挑戰性且最不穩定的地區。基金會本身也是GWI沒有達到我們期望的主因之一，如今我們做決定時都銘記這個教訓。我們讓太多專案在太多地點同時展開；我們可以在事後回溯哪裡出了錯，但當這麼多專案同時進行，監督變得不可行。有鑑於GWI涵蓋範圍極廣，我們可能需要多請三個全職人員積極的管理獲贊助者，讓他們不至於偏離最初的展望，並負起責任。執行期間，我們甚至發現其中一個NGO在銀行帳戶積存了一百五十萬美元卻不做使用，但他們依然持續向我們提出新的贊助請求。（該帳戶的存款如今已經用在我們認同的想法上。）

二〇一〇年我做了一個決定，要在年度報告上呈現我們的失敗，把我們從該年度投資中學到的教訓當作報告重點。在中美洲地區，GWI團隊注意到一個有六百戶人家共三萬人口、位於尼加拉瓜共和國薩木拉里（Samulali）的群落，他們的水資源系統在許多方面都失靈了。水源地因為殺蟲劑使用和咖啡生產而受到汙染，而且當地的衛生條件很糟糕。人們喝的水，也是農夫養殖家禽的水。GWI其中一個合作夥伴來到當地，開了幾次會，嘗試組織社群導向的意見，但卻沒有向最可能受惠的人家或社群的主要代表請益。這個GWI的合作夥伴自行委任了一個水資源委員會，負責管理衛生和水表的某些運作事宜。他們並不知道，社群過往的摩擦導致委員會內部分裂。GWI嘗試和兩邊溝通，希望找到能夠共同分擔成本的折衷方案，但事情越演越烈，甚至有GWI職員受到人身威脅。專案終究得撤銷。

在東非，GWI團隊想要將滴水灌溉的技術引進肯亞。GWI贊助成立三個示範菜園的計畫。這些菜園就設在小學旁邊，團隊提出的構想是希望當地農夫能到小學看看示範田地，菜園的收成則提供給學校供膳計畫當作額外補給，而學生也能親自學習技術，並將這些新知運用在自家的農地上。這些都是很棒的想法，但這案例中的主要問題在於他們試圖引介的技術根本無法在此地執行。儲水槽到水管之間的壓力不足，學生們得親自運送灌溉用水。來自河川和開放水源的供水中含有太多淤泥，導致滴灌系統堵塞。如果懂得事先請教熟悉滴水灌溉系統的專家，就能預期這些在肯亞會碰上的技術問題。

在這兩個失敗案例中，最令我感到失望的不是挫敗而是那些挫敗背後的原因：社群協調的欠缺，沒有納入過去經驗或技術背景的提案設計，就算這兩個專案「成功」了，這些想法所帶來的影響力也只會局限於當地。

在橫跨三個地理區域的十三國贊助計畫中，我認為我們只造就了一個源自「大思維」的成功故事：我們的贊助讓西非團隊參與一項大型水壩案的規畫與執行。水壩工程在接下來幾年會慢慢增加，因此在設計階段將受工程影響的數萬名貧窮百姓的福祉納入考量可謂至關重要。

好的水壩專案

一九六五年，迦納的阿科松博大壩（Akosombo Dam）竣工，導致八萬人的土地和住家被淹沒。大壩為迦納創造了世界最大的人造湖，同時保障其電力供應無虞。自此之後，西非國家建造了高過一百五十座大水壩。在GWI的支持下，非營利組織「國際環境與發展協會」（International Institute for Environment and Development）率先對幾個水壩所造成的社會衝擊進行研究，並與世界自然保護聯盟（由上百個致力保育運動的NGO所組成）密切合作，將研究數據用於西非的發聲運動。

隨著許多國家受糧食不安全、氣候變遷和其他創造額外能源的壓力所苦，水壩工程如雨後春筍般再度林立。一般而言，生計受水壩影響甚鉅的人民在建設過程中毫無發聲管道，大部分辯論都在傳達這些大型基礎建設對多數迫遷居民的利大於弊。在區域計畫會議上，國際環境與發展協會和世界自然保護聯盟提供衝擊研究報告，用扎實的證據提醒計畫者，讓他們在兼顧大壩建設的初衷時，不忘記要公平對待受影響的群眾。譬如，馬利一個主要大壩於一九八一年完工，理論上政府應該在迫遷農民重新安置後提供更好的土地資源和灌溉技術。然而，過去種植小麥的他們在未受任何訓練的情況下，如今竟然得學著靠雨水灌溉種植稻米。結果就是，他們不知道怎麼生產稻米，於是沒有收成。有些農夫乾脆任憑自己的田地閒置或拱手讓人。

國際環境與發展協會此次的專案不是「典型的」NGO專案，它無關乎任何鋼筋水泥的建設，也沒有裝架任合設備。他們提供的是軟體資源，其成敗影響了數萬名弱勢民眾的福祉。他們和能夠創造根本改變的決策者共事。國際環境與發展協會和世界自然保護聯盟能以研究成果向政府和水壩計畫者說明，面對這類型的改變，提供迫遷居民相關訓練有其必要。此外，負責管理流經九國（貝南、布吉納法索、喀麥隆、查德、象牙海岸、幾內亞、馬利、尼日和奈及利亞）川系的尼日流域當局（Niger Basin Authority）受到GWI贊助行動的影響，採納了一套標準，用以評估、管理未來計畫所造成的社會與環境衝擊。這樣的骨牌效應是我們念茲在茲的目標。在我們眼中具規模的轉換式改變（transformational change），就是對一定數量的群眾帶來大而正向的永續進展。

問題是，目前分配給水壩相關工作的贊助只占ＧＷＩ總投資的百分之二。距離及格標準還太遠。我們已經再次啟動ＧＷＩ。我們要求所有參與者根據最新資訊提出對接下來五年的想像。

我們要求他們重新提交計畫書，而且要以他們實際工作區域的一、兩個「大思維」為發想核心。我們除去龐大委員會的監督。我們要求在每個區域擔任領袖的ＮＧＯ，挑選他們認為最能夠幫助達成目標的夥伴，同時要求每個組織撥出經費投入全球性學習與倡議的整合工作。由於我們基金會將糧食安全視為首要任務，我們將ＧＷＩ的焦點限縮至農業用水。

我們要求新一批計畫用贊助資金把來自不同部門的好點子和經驗結合在一起，同時也要注意最新的重要研究和訊息落差。我們的合作夥伴現在將重心擺在政策相關的行動上，以期政府會更專注於

在雨水灌溉農業地區，為小規模灌溉系統收集用水是非常辛苦的工作。Howard G. Buffett

雨水灌溉農業體系，增進許多國家為數可觀的小農的糧食安全。我們希望建立專家網絡，他們能夠提供並使用我們所建立的證據基礎，為農業水資源利用管理以及小農用水需求的解決之道發聲。

好消息是當初不選擇傳統的、官僚式的、以顧問意見為主的取徑讓我們很快就學到珍貴的教訓。我樂觀相信，我們可以讓現有成果更上一層樓。不過首先我們要敞開心胸認識並承認那些做法是不可行的。我們正在打包整理第一個五年學到的寶貴教訓，將智慧傳承給每個有心改善水資源取得問題的後繼者。如果接下來我們得到的結論依然是，NGO在沒有更多方向與管理的前提下無力突破自我局限，那麼我們就得做出一些決定。我們是否看見一個出口，讓我們相信創造管理支援與基礎結構是合理的做法？或是我們需要過去不曾嘗試的全新運作模式？

GWI的新結構與焦點是否能催生當初對我們帶來啟發的「大思維」，這問題就交由時間來解答。

第四部

有待解決的挑戰

各位在上一部讀到我們透過反覆摸索、親身經歷或見證心有餘力不足的失敗所獲得的一些教訓。接下來這部的故事充滿挑戰，我們睜大眼睛面對困難，實驗並嘗試一些新的取徑，期望能夠為受苦的人們創造一個更永續的未來。有些故事裡的問題需要進一步研究，其他故事則是關於改變失敗現狀的新思維。

故事二十七
大象與專家

二〇一二年，我為了一個統計數據來到波札那的歐卡萬哥三角洲。我需要親身體會這個數據的意義。

我去過那個地區，也很期待回到歐卡萬哥，它是占地六千五百平方英里的綠洲，由每年定期氾濫的歐卡萬哥河所形成的。它遼闊、原始和生態極為豐富，是每個野生動物攝影師的夢想。更重要的是，它是地球上最重要的生態體系之一，而且這個地區是成千上萬名小農的家，因此也存在嚴重的糧食不安全問題。

時值八月，是這裡的冬日旱季。從馬翁機場（Maun Airport）前去的途中，我們的直升機經過大片缺乏生氣的灰色稀樹草原，以及與動物遷徙路徑交錯的氾濫平原。當我們距離三角洲越來越近，野生動物也越來越多：長頸鹿在曠野上漫步、斑馬在水窪旁吃草、成群的大象帶著小象在為數不多的樹蔭下停駐，還有一群少說有一千頭的非洲水牛。全在一片寬廣遼闊的土地上。

然而，一旦抵達三角洲，濕地滿布著明亮、豔麗的生機。在洪水蔓延處，鬱鬱蔥蔥的綠色藻地和其他植被沿著暈染藍色及棕色的水路生長。河馬在泥濘水塘中玩水、濕地上方鶴群及其他鳥群振翅高飛，有著如銀色圓木般背脊的巨鱷在咖啡色的渠道中順流而上。遍布蓮花的水池中，裝飾著異國風情色彩俱全的豔麗藻華，譬如土黃褐色或是黃金橘色。每年的氾濫和蒸發使鹽分結晶，導致原野到處是一塊塊的白色。灰色的白蟻丘無所不在。

我正前往一個偏僻的營地，我們基金會協助資助的幾位研究員，在那裡與一種複雜不尋常的糧食安全問題奮鬥。當我們抵達研究員駐紮的小島，直升機朝島上的開闊地下降，我看見周圍有奇怪的景象：曬衣繩上有看起來像嬰兒大小的黑色褲子在風中飄逸。我不久後就知道這與曬衣一點關係也沒有，而是和我要來這裡調查的數據和僵局密切相關。

德州農工大學遊憩公園與觀光科學系的人類學家，亞曼達・史莊札（Amanda Stronza）以及來自「健康生態體系及生計關懷」（Healthy Ecosystems and Livelihoods Initiative，簡稱HEAL）的兩位同事上前來接我們，領著我們走到一張小桌子前，桌上擺著水果和飲料。和史莊札博士合作的另外兩位科學家是從倫敦大學帝國學院（Imperial College, University of London）卡爾森實驗室（Coulson Lab）畢業的保育生物學家安娜・桑格斯特（Anna Songhurst）博士，以及她同是生態保育學家的丈夫葛拉漢・米柯洛（Graham McCulloch）博士。桑格斯特博士是「歐卡萬哥大象及人類研究計畫」（Okavango Elephants and People Research Project）的主任。

我們拜訪的主要目的還有那個不可思議的數據其實都和大象有關。波札那是野生大象數量最多的非洲國家，其中密度最高的地區在該國北部。全波札那約有十三萬隻大象，但史莊札博士拿出一份地圖，指出我們的所在地：一個三角形、面積約等於黃石國家公園的區域，稱作歐卡萬哥狹長地帶（Okavango Panhandle）。她說明歐卡萬哥狹長地帶所在區域毗鄰納米比亞，也離安哥拉不遠。由於安哥拉境內經年內戰，大象向南遷移，導致當地的大象數量暴增。同時，當地人口也以每年超過百分之一的速度大量增長。根據史莊札博士表示，在這塊被研究的地區中，現今約有一萬五千頭大象和一萬五千人口。

波札那有全非洲數量最多的野生大象。我們拜訪區域的人象比大約是一比一。Howard G. Buffett

有鑑於該地地域遼闊，這數字或許看起來沒什麼。事實上，它帶來極大的問題。在旱季的每一天，偏僻曠野中的水源就益發短缺，許多動物因此遷徙到三角洲，但途中卻會經過農人的田地及聚落和當地為數不多的幾條道路。導致的後果讓我想到一九七〇年代的科幻電視劇《失落之地》（*Land of the Lost*），劇中有一個家庭試圖與恐龍共同生活。保育專家稱這類問題為「人類與野生生物的衝突」（human-wildlife conflict，簡稱HWC）。「人類與大象試圖互不干犯，但他們卻在爭奪相同的基本資源，」史莊札博士解釋道。

波札那不是唯一發生HWC的地方。在非洲任何地方，當農業毗鄰或侵犯動物棲地時，農人便需要對抗各種危害作物的動物，上至猴子下至豪豬。但就某方面來說，歐卡萬哥的大

我生平見過許多道路號誌，但只在一個地方看過警告大象穿越道路的標誌，那就是波札那。Howard G. Buffett

象問題和我在世界其他地方聽到和調查過的HWC都不一樣。在許多案例中，獵豹或大猩猩的數量因為濫伐棲地或盜獵行為銳減至瀕臨絕種的程度。亞洲象牙市場猖獗導致非洲象被廣泛盜獵的故事在二〇一二年曾被媒體大肆報導；在某些區域，象群數量急遽減少。二〇一二年初，喀麥隆有三百多頭大象在一個月內被盜獵者屠殺。幾個月後，民主剛果加蘭巴國家公園（Garamba National Park）的管理員發現了二十二具大象屍體，他們相信大象遭人從直升機射殺。[1]在今天，整個非洲大陸每年因為盜獵而失去的大象可能達上萬頭。

然而，我們拜訪的科學家們解釋雖然狹長地帶也有一些盜獵的情況，卻不是導致大象相關問題的主要因素。波札那被認為是非洲最具保育思維的國家，有蓬勃的生態旅遊產業。該國政府推廣攝影沙伐旅（photographic safaris）而非戰利品狩獵（trophy hunting）。（我們離開後不久，波札那政府宣布自二〇一四年起全面禁止戰利品狩獵。）

在歐卡萬哥狹長地帶，我們特別想要了解的衝突主要是自給農民的作物受太多大象殘害，正面對峙又使雙方兩敗俱傷。

我們來到此地的原因之一，是想親眼見證這個時節通常每天都會發生的驚心畫面。大象多數

[1] http://www.cnn.com/2012/02/20/world/africa/cameroon-elephants-killed/index.html; http://www.nytimes.com/2012/09/04/world/africa/africas-elephants-are-being-slaughtered-in-poaching-frenzy.html?pagewanted=all&_r=0.

時間都待在距離人類及作物好幾英里遠的曠野中。然而，當旱季來臨，曠野中供給飲水的淺水窪蒸發成泥濘的水坑，最終變成乾燥、堅硬的土地。大象在接近傍晚時分才準備移動。幾十頭、甚至上百頭大象走在被踩踏出的小徑上，開始牠們前往歐卡萬哥河飲水的跋涉。你可以從空中看見牠們遷徙的路徑：牠們經過農田、家園，穿越道路，費力地走過、甚至游過渠道。牠們沿途扯下好吃的可樂豆樹（mopane）與其他當地樹種的枝枒，在植被上留下一條明顯的殘破痕跡。當玉米及其他作物成熟待採，牠們有時會進入田地，吃掉並踩踏自給農民的生計。

「牠們好像知道」

大象專家有時會開玩笑地說，這些動物就像是「六噸重的松鼠」。牠們聰明、觀察敏銳、意志堅定，對於尋找食物或保護象群有時可能過於積極。牠們也能狡黠的觀察環境，對威脅其生存的事物以智取勝。甚至有些研究報導用「惡意」的作物危害，來形容大象有時沒有食用任何作物，卻踐踏破壞一片種植作物的田地。[2]在亞洲及非洲，任何大象棲地靠近農業耕種的地方都有作物危害問題。不過，這裡的人類和大象密度，還有雙方增長的數量，都令人憂心。研究員在我們的會談中說明了發人深省的狀況。

在旅程中，我們安排在黃昏時開車前往鄰近當地村莊、時常有大象經過的道路。我在照片中看過這種大型遷徙，大象們會在車子和建築物間穿梭。有時在回家的路上，學童們會玩一個類似「紅色越野車」*（Red Rover）的遊戲，只不過他們的版本具有致命危險性，因為他們在象群樹幹般粗壯的灰色象腿之間穿梭。「我要宣布一些令人難過的消息，」史莊札博士說。「難過的原因很多，但總之我想我們無法讓你們見到大象穿越馬路了。」

史莊札博士接著說道：「上週一頭母象闖入一位農民的糧倉，牠被射殺。那是週一的事。週四時，有位婦人經過母象被射殺的地方。他們不清楚事情確切發生的過程，但猜測應該是那位婦人驚動到另一頭母象，很可能是被射殺大象的象群成員之一；牠追趕婦人，對她造成致命傷害。傷者被發現時仍有生命跡象，但救護車從有醫院的小鎮趕來花了幾個鐘頭的時間，抵達醫院時，婦人已宣告不治。野生動物部門（Department of Wildlife）於是前來尋找肇事的大象。他們透過象牙上的血跡辨識出那頭母象，而牠又屬於一個更大的繁殖群。他們滅殺了整群大象。總共六頭。

「這位婦人是二〇〇六年以來第六個被大象殺死的人。結果就是，現在大象不再在白天下來這裡。」

「等等，」我詢問道：「所有的大象都『知道』這件事？這裡成千上萬頭的大象，那些在婦人

---

[2] http://www.academicjournals.org/IJBC/PDF/pdf%202010/Sept/Monney%20 et%20al.pdf.

* 譯注：兩隊人馬念誦兒歌，依序派一人攻破另一隊的防守，若不成功就要加入對方，成功就可以帶回二人。

遇害或六頭大象被殺時距離事發地點好幾英里遠的大象們彼此溝通，然後知道現在不能集體前來這裡喝水？」

「牠們好像知道，」史莊札博士點頭應道。「所有村子都知道，大象們也知道。現在是非常時期。」

我們深入探討當地的狀況及其問題，發現問題遠比大象數量過多要複雜許多。就某些方面來說，與我們會面的幾位研究員，本身的背景就反映了這種複雜性。大象專家桑格斯特博士說自己從小就受大象吸引。諷刺的是，她在這裡的工作並沒有包括太多和大象相處的時間，反而必須花較多時間在農民身上，試圖協助他們盡量在不傷害生態及棲地的情況下保護作物。米柯洛博士原本研究的是鳥類以及更宏大的生態和棲地議題。

當大象殺了人，人就會殺大象。人類與大象之間的衝突加深使雙方傷亡增加。Howard G. Buffett

史莊札博士則是位社會學家；她的工作與人相關，過去二十年來在亞馬遜和其他地點研究生態旅遊與野生生態管理，嘗試將當地議題及群落列入考量。她正試著了解常被統稱為「文化衝撞」（culture clashes）的習俗和相關議題，她認為必須了解這些因素，才能使一個群落掌控解決這些複雜問題的主權。有一種野生生態管理的方法稱作「罰款與圍欄」（fines and fences），又稱「黃石公園範例」（Yellowstone model）——使用圍欄隔離受保護的區域——對於保護瀕臨絕種的物種和野生區域，表面上看起來可能是個好主意，但它也可能對當地人民產生負面的影響，甚至對動物也一樣。

史莊札博士在波札那最初的研究方向之一是研究專業、受控管的戰利品狩獵產業是否能夠幫助動物保育。「將娛樂性狩獵作為保育的解決辦法聽起來或許很矛盾，」她承認道，「但事實不是這麼簡單。」她接著說明，有一種論調認為一個管理適當、受限制的戰利品狩獵模式，也適用永續經營的方法，譬如快速、人道的射殺，並且不射殺有幼象的母象。在某些地方，這種經濟體系聘用的員工，家中世代都是追捕者（trackers）和剝皮者（skinners）。「這些人不是罪犯。」史莊札博士強調。准許受管制的戰利品狩獵，將發放有限數量的狩獵證照獲利回饋到群落本身，會促使群落想要保護資源。這甚至能防制盜獵。然而，史莊札博士指出仍有不遵守道德規範的戰利品狩獵者，而他們的不法行為激怒當地人民與保育學者。

在動物棲地受到威脅的地方，觀察人民的生計是一大關鍵。雖然這地區超過半數的居民住在人口少於五百人的村莊裡，但這片土地卻是由一個委員會掌控，他們決定居民可以在哪些地方擴張土地或種植作物。根據史莊札博士提供的一份近期國內農業調查數據，在二〇〇三至二〇〇六年的三年間，傳統農業耕地增加了百分之四十六，此外自給農的數量也有明顯成長。有些氾濫平原農地受惠於歐卡萬哥河每年的定期氾濫，但許多農人其實住在高海拔地區，雖然就在三角洲附近。這些農田靠雨水灌溉，而且也沒有任何能將河水運送至田地的方法。這裡的土地含沙量高、養分少，許多農田過度使用，產量極低。當降雨量低落，產量便更為稀少。農人提出申請，希望能在更肥沃的土地上種植新作物，而土地委員會許諾給農民的不僅是現存的田地，有的土地甚至越來越接近象群歷來的必經路徑。自然而然，當大象發現牠們經過的道路不再是廣大荒地，而是充滿高粱和玉米的田地，大象的入侵就成了問題。

波札那農夫被允許射殺危害牲畜或破壞作物的大象。此外，當作物受危害時，政府會給農民些微的補償。然而，農民獲得的補償明顯比不上牧場主在牛隻受野生動物殺害時所得的補償。不一致的待遇使農民與牧場主之間的紛爭增加，當地農民因此給了大象一個諷刺的稱號：「政府的牛隻」。他們深信政府政策為保護大象寧願剝削貧窮、飢餓的百姓。

在這個地方，不同的人、動物以及環境因素產生了各種矛盾。桑格斯特博士發現社群內部對大象的態度也不盡相同。一個協助科學家的當地人說，許多居民討厭大象，誠如政府曾經提出的方案，他們支持選擇性宰殺這些動物，減少象群數量。不過，起碼有一個當地聚落相信大象是其先祖靈魂的體現。他們不但尊敬大象，而且不曾殺害大象或是食用牠的肉。其他聚落則沒有相同的忌諱，他們會將象肉曬乾，保存成備用食品。其他波札那的人民受聘於當地攝影沙伐旅營地，招待旅客前來觀賞並拍攝野生生態。他們支持能吸引遊客的保育政策。

縱然如此，桑格斯特博士和HEAL努力尋求具體的解決辦法。她引進一些緩和衝突的策略，試圖使大象避開田地和其他地區。有些農夫用鐵絲串起的鐵鋁罐圍繞田地，當大象壓到鐵絲線時便會發出噪音。他們也架設以電池充電的圍欄，在大象碰觸圍欄時釋放驅逐的電流。多數作物危害都在夜間發生，所以白天以太陽能補充電力的閃爍光芒也能避免動物靠近。有些農民晚上攜帶太陽能手電筒睡在守備小屋中，一旦發現大象入侵就跑進田裡大聲擊鼓並以燈光照射，驅使大象離去。

然而，當地最普遍的緩衝辦法是在鐵絲線上每間隔一段就掛起黑色布塊。大象討厭辣椒；辣椒種子中的化學物質辣椒素會刺激大象的鼻腔內膜，使其產生不適感。在非洲，受大象侵地問題困擾的農夫不斷實驗將辣椒素散播至空氣中的方法，以期有效阻止大象接近。有些農民將草食動物的糞便混入辣椒籽，製作成「塊」，接著在田地周邊設置長方形的溝槽，每到作物收成前最脆弱的時期便焚燒辣椒糞塊。它們能持續燃燒好幾個小時，散播辣椒的氣味。

歐卡萬哥這裡飄逸的黑布浸泡過摻有磨碎辣椒籽的油，吊掛在離地約五英尺的高度。據桑格斯特博士表示，營地周遭（研究員們在帳篷後方設計了一座大菜園）的大象足跡顯示這些大型哺乳類緩緩移動至圍籬邊緣，不過一旦遇到浸滿辣椒油的布後就會轉身離去。這個方法簡單、無需使用暴力，而且對人類或大象的生存都不構成威脅。

諸如此類的緩衝辦法就目前看來是必需的。桑格斯特博士也試圖教導當地農人提高產量、學習新技術，讓他們不用取得更多土地也能生產更多食物。我意識到這個地區就像一間很棒的實驗室，它進一步展現我們的信念，亦即無論對伊利諾州一千英畝的黃豆田或是波札那二英畝的高粱田而言，保育式耕種都十分重要。

桑格斯特博士和米柯洛博士相信，若能夠經濟地提高產量，農民需要的農業用地面積自然會減少。農民會保護並加強現有田地的土壤品質，而不是將地力耗盡然後去開墾新的田

為了保護自身與作物安全，波札那鄉村的居民在圍籬上吊掛浸泡過辣椒油的布塊，以便驅離大象。Howard G. Buffett

地。高產量或許意味著面積更小的田地。相對的，田地越小就越容易保護其不受動物危害。我走進當地的農田，離開時心中感到樂觀：雖然土壤呈砂質，可是表層幾英寸存在有機質。種植被護作物，讓植物殘莖繼續留在田裡，然後施點肥料，應該就能對這塊田地的生產力帶來驚人改變。

農人該不該放狗？

可惜的是，桑格斯特博士發現波札那當地農民抗拒採用新方法。他們仍然犁田，使用傳統的「撒播法」，也就是用手拋撒種子。這種播種法效率很低。我請研究人員安排一場與當地領袖和一些農民的會面，以便我們能夠一起討論相關事宜。我們在當地村莊甘諾措格（Gunotsoga）的露天水泥建築碰面，這個村莊主要依靠自給農業自立自足。（在此補充個不相干的趣事：這個村子很偏僻，許多大人小孩甚至沒有鞋子穿，可是不少參與會談的居民時不時就要接手機，溜到外面講電話。這讓我想起在美國的公司開會——只不過這裡是赤腳開會。）

農民感謝桑格斯特博士教他們緩衝的方法，譬如使用辣椒。我提出讓幾位農夫參加我們位於南非烏庫立馬農場的培訓課程，學習更能永續經營的土壤和耕種技術，然後將所學傳授給他們的同儕（這是二〇一三年二月的事）。我們也討論如果取得生長期較短的品種，是不是就能幫助農民在大象遷徙最嚴重的旱季到來之前提早採收。

就在我準備離去時，有個男人走上前，對我提出自己的想法：訓練狗將大象趕出田地。我在非洲見識過許多運用狗的創意，包括嚇走威脅牛隻安危的獵豹。「我覺得你的想法很有發展性。很有意思的想法！」

從根本解決這個情況的想法其實還有不少，但它們需要地域性、甚至跨國界的合作。如果能夠創造一個跨國界走道，大象能自由離開歐卡萬哥狹長地帶，進入安哥拉和納米比亞，牠們在此地過度密集的問題就迎刃而解了。但所謂的動物用警戒欄（veterinary fences）卻阻礙牠們重新進入這一帶邊境。這些圍欄設立於二十世紀晚期，目的是為了區隔當地牛隻與水牛等攜帶傳染病的物種。不幸的是，它也將某些遷徙途徑一分為二。他們對遷徙的動物群如牛羚與斑馬造成重創，旱季時牠們偶爾會被困住——圍欄同時也圍困了數量上千的象群。「社群中有一部分人希望加強鞏固圍欄，其他人則希望拆除圍欄。」史莊札博士補充道。

我在水資源的故事中提過，我曾經有個機會探索安哥拉的灌溉計畫，該計畫希望從歐卡萬哥三角洲源頭滔滔不絕的泉水取得更多水資源。當我發現參與者並沒有就河流截奪對歐卡萬哥下游衝擊投入任何形式的研究或分析時，我放棄了這項計畫。然而，今天的安哥拉迫於壓力要重新執行這些計畫。這決定將對位於安哥拉南方的此地產生關鍵影響。因為發現這些議題密不可分，我聯絡了艾德．普萊斯博士，希望德州農工大學能夠提出評估結果，幫助我們能更全面的理解安哥拉灌溉計畫，以及它對波札那可能造成的影響。

桑格斯特博士的工作內容不只包括緩和衝突與保育農業的發展。她也正在試圖整理生態體系中最基本的要素。大象繁殖的速度有多快？這個問題的準確數據可不容易得到。雖然密度極高，但牠們平常生活並非集結成一支便於追蹤的龐大象群。就算從空中鳥瞰也很少發現數量超過二十或三十頭的象群，象群的數量一般不會到二、三十。若想有所進展，可能需要為某特定象群添購無線追蹤項圈。

另一個挑戰是分辨事實與虛構。人類與動物的衝突可能引發嚴重而原始的情緒。我曾在我們在南非的園區見識過農民誇大野生動物帶來的威脅。我們在烏庫立馬的園區附近有位鄰居是畜牧農，某天他致電到園區，說我們有隻獵豹逃跑到他的農場上，已經被他抓住了。我們覺得可疑，因為園區裡每隻獵豹都有無線追蹤項圈，我們追蹤牠們，知道牠們都在圍欄裡。實際探查後才發現那根本不是獵豹，鄰居抓到的是一隻藪貓，是身上布滿斑點、只有獵豹一半大小的貓科動物。每當有不好的事情發生，譬如我們到訪前不久發生的大象殺死婦人事件，坊間就可能開始流傳象群四處撒野之類的誇大故事。

我們希望研究如此複雜的系統能幫助當前受影響的人們，同時幫助我們發展適用於其他地方棘手情況的解決辦法。我為了見識人與大象一比一的驚人畫面來到歐卡萬哥。離開時，我腦中與相機裡的畫面，全是關於這個珍貴、多元的生態體系的欣欣向榮。現在我們要問的是：究竟要延攬哪些專家才能聯手解決這個複雜問題？

故事二十八

更聰明地發放津貼可以拯救土壤？

如果你是過去二十年有繳交聯邦稅的美國公民，我可以告訴你部分稅金流向何處。我從一九九五年起，總共向美國農業部領取了三十萬六千二百七十四美元的補助津貼。我在二〇〇九年放棄請領補助津貼。[3]

耕作補助在美國是敏感話題，美國補助在全世界也是敏感話題。端看個人立場為何，補助會引發激烈、情緒性的反應，關切此議題的包括農夫、為其他領域如教育或健康爭取聯邦贊助的團體，以及認為補助抑制了國際商品價格的海外農業利益團體。

眾所皆知，補助最初的目的是為了扶持在美國經濟體系中困頓掙扎的一個部門，當時大部分農夫都過得不好。今天，許多領取補助的人卻是不在地主。美國農業部計算過，二〇〇九年收入占前百分之十二．四的美國農夫，領取了百分之六十二．二的政府補助款。[4]儘管國會針對高收入農夫設下補助限制，前述事實依然存在。

父親在二〇一二年登上媒體頭條，因為他說他助理繳交的所得稅率比自己還高。財務上，這當然是對他有利的，但這樣的差異開始令他感到憂心。有些人因為父親的公開談話，視他為英雄。其他人認為，他是為了政治立場而刻意曲解情況，他的動機不可能僅僅是為了指出一個基本的不公平。我向各位保證，我父親不喜歡當冤大頭。他說這番話是出於自身的信仰。

我靠務農養家已經有三十多年，我利用任何可得的科技和合法機會增加產量，做得問心無愧。但我對美國補助政策後果的思考也隨著時間有所進展。誠如我的父親，我意識到想法的改變可能讓我失去一些舊朋友並帶來一些新朋友，抑或者和老友的感情因而更加堅固，然後嚇跑一些潛在的合作夥伴與盟友。

補助津貼的設計需要與時俱進

補助津貼是美國農業體系茁壯的根本要素。它們在國內扮演關鍵角色，未來也會在開發中國

[3] 總數是根據美國農業部收集的數據。

[4] http://www.ers.usda.gov/topics/farm-economy/farm-commodity-policy/government-payments-the-farm-sector.aspx#.UXI5QL9Vf_4.

家扮演同樣角色。政府最基本的責任是保護人民，確保他們衣食無缺。補助津貼、農業推廣和其他形式的農業支持讓政府持續投入糧食體系的生產能力和機動性——為了糧食供給的長期穩定和危機處理，他們必須這麼做。世界糧食銀行在一九八〇年代所做對非洲最糟糕的決定就是禁止農業補助——事實上，等同於打壓農業——然後試圖將這些脆弱的經濟體推進「自由市場」模式，即便他們還沒準備好，也沒有能力和他人競爭。

在美國，我們補助作物保險，這個計畫始於一九三〇年代，幫助保護農民不受自然災害或商品價格劇烈波動的影響。因為耕作不僅攸關生死而且有獨特風險，作物保險的補助對農業部門始終是關鍵。在我提筆的這個當下，美國農業部門依然受到二〇一二年嚴重乾旱的影響，還在恢復當中。在我伊利諾的農場，每英畝玉米收成量是二十三蒲式耳，但過去五年每英畝收成平均是一百七十五蒲式耳。這是我務農以來第一次大豆收成超越玉米。沒有作物保險，一次像這樣的荒年就足以讓許多農夫無以為繼。

儘管這個計畫有諸多優點，我認為華府有必要學習更實際且合理使用補助津貼的方式。我們應該終止過去八十年對作物生產的補助，轉而思考如何補助並誘使農民採行更有效率的耕作法，共同保護有限的自然資源——也就是土壤和水。如果你還沒把本書闔上，且讓我告訴各位我這想法從何而來。

拓展的動力

一八六二年的自耕農場法（Homestead Act）是美國歷史發展的關鍵時刻。當時西部的土地似乎取之不盡，不過美國眾領袖爭論著該如何管理向西部的拓展。南方各州希望大塊大塊的土地能分配給莊園主，他們想用奴工進行耕作。但北方各州獲得勝利，於是聯邦政府邀請小農到西部開發，承諾他們會得到應得的土地權狀。一位（美利堅）合眾國公民能夠靠耕作免費獲得一百六十英畝的公家土地權狀。總計自耕農最終拿走兩億七千萬英畝的土地，包括將近一半的內布拉斯加州。

那個年代的政治很複雜，但結果對美國農業是好的：土地所有權帶來尊嚴，以及一個跨越世代的長期視野。農民有了擔保物權能夠取得貸款，進而落地生根。雖然很多自耕農事業並不成功，但這個計畫創造好的環境，為美國培養了一個新的獨立農夫階級。

就在同一時期，華府也成立美國農業部負責贊助研究、管制市場並提供農人經濟資訊。由於國會認定糧食安全是一個國家的重要資產，聯邦政府在大蕭條（Great Depression）期間開始發放農業補助。由於幾個塵盆州（Dust Bowl states）*像是奧克拉荷馬和堪薩斯商品價格低落且遭逢乾旱，農夫紛紛棄地出走。當時的美國有四分之一人口靠農耕營生，這群人成為美國最貧窮的社

*譯注：指一九三〇年代北美大平原受一系列沙塵暴侵襲的幾個州，除了奧克拉荷馬州、堪薩斯州，還有德州、新墨西哥州和科羅拉多州。

會組成。[5]

其他經濟部門也很重要，但糧食供應至關重要，因此政府在如此艱困時局對農業的支持是很適當的。暫且不論糧食本身不言自明的重要性，農耕是一個獨特的高風險產業：農夫生計受到氣候、利率、匯率、國家政策和商品市場波動的支配。當作物受疾病侵襲導致歉收，提高商品價格對沒有作物可賣的農夫幫助並不大。作物盛產則會導致農夫賣出的價格低落，他們沒辦法迅速調整作物生產，即時回應收成季的價格崩盤。農夫仰賴商品市場，但卻沒有任何談判的籌碼。誠如我父親所說：「當一個農夫把卡車開到ＡＤＭ的穀倉，不會有人問：『那是霍華．巴菲特的玉米嗎？』」

為了穩定農耕經濟，早期國會針對特定作物像是小麥、玉米和棉花制定了目標價格（target price）。到了一九四〇年，聯邦政府花在農業和農村發展的預算占總預算的百分之十六，超過國防，僅次於商業和運輸。[6]

自從經濟大蕭條，當前述作物每蒲式耳的市場價格降到低於價格補貼水準（price-support level，國會對不同作物的價格補貼水準不斷進行調整），農民會獲得聯邦的差額補貼。農民生產越多蒲式耳，拿到的聯邦支票越大張。就算作物價格低落，農夫依然能夠負擔全面生產的運作費用。我們因而有剩餘作物能夠賣向國際市場，同時也提供給糧食久缺的國家。這代表在自然災害或任何形式的糧食危機發生時，美國農民都能夠在預料之外的需求出現時挺身而出。

大抵而言，這個策略是好的，我這麼認為。畢竟補貼的不是外國金融商品或豪華汽車工業，而是糧食。確保我們的糧食供應安全和生產力是政府應該做的事，這些農業規畫功不可沒。

然而，美國的糧食情況已經改觀。雖然我們確實有不可忽視的糧食不安全問題，美國人一般而言能夠輕而易舉地取得價格合理的充足糧食。根據美國農業部，美國家庭花在糧食採購的家庭支出比例低於統計調查中的其他國家。二〇一〇年，美國人僅撥出不到百分之十的個人可支配收入在糧食上，和一九三三年的百分之二十五相比，下降許多。在奈及利亞、肯亞和巴基斯坦這些國家，糧食約占家庭費用的百分之四十。對查德或柬埔寨的最貧窮人口而言，糧食費用可高達家庭費用的百分之八十。

美國農場的財務情況也已面目全非。美國農業部的農耕補助已鮮少進到窮苦農民的口袋裡。如今美國農民占總人口不到百分之二，而且今天農夫從事的是大規模耕作。[7]部分拜節省勞力的科技所賜，美國農場的平均面積已經比一九五〇年成長了兩倍，來到四百二十英畝。這個數字並

---

5 根據美國農業部經濟研究局（Economic Research Service），一九三〇年代全國人口有四分之一以農業為生，當時鄉村地區人口占總人口數不到二分之一。請見Carolyn Dimitri, Anne Effland, and Neilson Conklin, *The 20th Century Transformation of U.S. Agriculture and Farm Policy*, no. 3 (Washington, DC: United States Department of Agriculture Economic Research Service, June 2005), http://www .ers.usda.gov/media/259572/eib3_1_.pdf.

6 *Historical Statistics of the United States: Colonial Times to 1970* (Washington, DC: US Bureau of the Census, 1975), part 2.

7 美國國家環境保護局（US Environmental Protection Agency）表示，如今不到百分之一的美國人口以農耕為業，約百分之二的人口靠農業生活。見http://www.epa.gov/agriculture/ag101 /demographics.html.

沒有呈現出美國糧食生產已被大型精密農場支配的事實。根據美國農業部的統計，那些至少創造一百萬美元年盈餘的農場如今已經控制超過百分之五十的市場銷售，同一個數據在一九八二年只有約百分之二十五。[8]

新挑戰

我擔心華府數十年鼓勵農民生產糧食的方式對我們長期的糧食安全會造成危害。我們的耕作補助計畫還停滯在大蕭條年代，但美國糧食安全受到的威脅已經與往日不同。以輸出為主要依據的補助津貼會鼓勵農民短視近利，就像「合約」耕種促使不擁有

在一九三三年，美國人平均花費可支配收入的百分之二十五在糧食上。今天，這個數據已降到低於百分之十。像照片中我伊利諾鄰居的美國農夫們，如今可以餵飽比一九四〇年多八倍的人口。平均每個美國農夫能夠生產足供一百五十五人過活的糧食。Howard G. Buffett

土地的農夫在單一年度內盡可能將收成最大化。有時候，農夫能藉由竭盡地力而獲得補助，這自然讓他們不會想要投資那些已經存在也廣為人知的土壤和水資源保育科技。我相信今天最關鍵的問題不是美國農夫的生產力能不能夠滿足我們目前的需求，而是目前我們生產糧食的方式等於是向明日的糧食生產力預支額度。

雖然美國農夫在一九八二至二〇〇七年之間已經減少百分之四十三的土壤侵蝕，但這依然不足以保護美國長期的農業生產力，因為專家學者認為大自然每形成一英寸表土需要五百年以上的時間。我們對衝擊的測量很可能根本不夠精確。近幾年，保土、免耕的耕作技術採行率漸漸趨緩，即便有越來越多研究顯示這樣的耕作方式有很多好處。由於水和風的侵蝕，二〇〇七年美國耕地喪失了十七億三千萬噸的土壤。[9]

失去肥沃土壤的衝擊對農夫而言已經是個噩耗，結果耕作腰帶被沖刷進中西部河川的土壤還帶著肥料和除蟲劑。這是造成墨西哥灣靠近密西西比河出海口缺氧區的一大因素。過量的氮和磷導致海藻爆炸性增生，面積幾乎有羅德島州或德拉瓦州那麼大，它們獨占了孕育生命所需的氧氣

---

[8] Robert Hoppe and David E. Banker,“Structure and Finances of U.S. Farms:Family Farm Report, 2010 Edition,” USDA Economic Research Service, Economic Information Bulletin (EIB-66), July 2010, http://www.ers.usda.gov/publications/eib-economic-information-bulletin/eib66.aspx#.UXsox4IrcXw.

[9] http://www.nrcs.usda.gov/wps/portal/nrcs/detail/national/technical/nra/nri /?cid=stelprdb1041887.

導致海洋生物無法生存。二〇一一年，橫掃中西部農耕腰帶的大規模水患將大量養分帶向密西西比河，死區（dead zone）*面積成長至紐澤西州的大小，或者約六千七百七十平方英里，這個數據來自美國國家海洋暨大氣總署（National Oceanic and Atmospheric Administration）。

從農場流向密西西比河的大量氮、磷和沉積物吸引了環保團體的關注，美國國家環境保護局（Environmental Protection Agency）不久後肯定會提出每日最大負荷量，就像他們已經針對切薩皮克灣（Chesapeake Bay）分水嶺的六個州做出類似規定。如果密西西比河也受到控管，那麼在愛荷華州和伊利諾州的農夫們就必須大量縮減肥料使用量，甚至會影響他們的收成。然而，倘若我們能以被護作物降低土壤流失，同時採用免耕和帶狀耕作，汙染就會受到控制。改採更能夠保存土壤的農耕技術是眼前的明智之舉。我們需要在情況加倍惡化轉而危害農夫的生存前，鼓勵他們接受這個轉變。

整個美國目前使用的現代耕作方法，耗水的速度比恢復來得快。農業灌溉用水取自奧加拉拉蓄水層（Ogallala Aquifer）的速度快過地下水層再生的速度（事實上，奧加拉拉蓄水層是化石含水層，它所蓄積的是數千數百萬年前的化石水，這種水不會被雨水或融雪補充）。當我在內布拉斯加州開著車，仍然看到田地使用非常浪費水資源的淹水灌溉，而且還有效率不輸今日科技、二十五年以上的老舊中樞灌溉系統。

放棄淹水灌溉改採更有效率的現代中樞灌溉設備或滴水灌溉，農夫可以減少一半的用水量。

假使我們將補助款和以保育為努力方向的作為綁在一塊，像是誘使改善灌溉方法，就能觸發農耕現代化和可觀的節水量。政府藉由擴大「環境品質補助計畫」（Environmental Quality Incentives Program）鼓勵更好更聰明的用水方式，對於自願改善土地環境的農夫，美國農業部會和他們共同分攤費用。

加州農民在富裕的中央谷地（Central Valley）對超過一千英畝的農場施行滴水灌溉，他們的大動作令我佩服。他們非得這麼做：加州已和乾旱搏鬥數十年，而且城市開發占用了越來越多的水資源。加州的水資源戰役未來也將發生在美國其他地方。州和聯邦法律基本上都保護農民使用自然資源的權利。但是我打賭在未來二十到三十年，隨著美國變得越來越城市化而水資源又越來越稀少，自然資源使用權屬於農業的假定將受到挑戰。

綠色耕作才是長遠之計

政府補助津貼應該是對社會的長期投資，而不是引誘生產者最大化短期獲利。農業生產使用

* 譯注：指一些造成生物死亡的水域範圍，當水中溶氧因為微生物耗氧分解而下降至低於每公升兩毫克的低溶氧（hypoxia）狀態，對於水中生物而言就成為死區。參考：http://www.appledaily.com.tw/realtimenews/article/new/20150320/578027/

的全都是有限資源。土壤有限。水有限。磷酸鹽有限。如果不採用經過深思熟慮的耕作方法，美國總有一天會變成現在的非洲：無法養活自己的人民，遑論將食物出口至人口不斷成長的世界。

美國農業部確實有自願保育計畫，但他們的資金不足，而且總是在預算出現危機時第一個被砍。二〇一一年，美國農業部就休耕補助（最多可達十年）和與農夫分攤保育相關改善費用等計畫上花了約五十九億美元。相較於農業部在二〇一一年花一百五十億美元補助津貼在農耕收入、生產和作物保險，希望鼓勵作物生產，五十九億根本是小巫見大巫。

華府必須把錢從生產導向的作物補助津貼抽出，轉而用作「綠色補助」，我認為這件事做起來並不花時間。我們不需要建立一個全新的綠色補助系統。美國農業部本來就有獎勵農夫從事保育行為的計畫。二〇〇八年美國農業法（2008 Farm Bill）也稱作糧食、保育與能源法案（Food, Conservation, and Energy Act）中的「保育守護計畫」（Conservation Stewardship Program）有許多能用來建立激勵機制的元素，進而延長美國農耕腰帶的壽命。不幸的是，該計畫資金不足，因欠缺資源而必須拒絕有心參與的農夫。

HWB在二〇一一年將我們內布拉斯加州的農場登記到保育守護計畫的名單上。計畫每年最多給付農民四萬美金持續現有並引進新的保育措施。他解釋說：「保育守護計畫是契約式計畫，因此聯邦政府等於是聘雇我利用我的保育措施改善公共環境。這份聘雇契約讓本來沒有能力負擔新的保育措施的農夫能夠將新措施付諸實行。」計畫內容在每個州有些許差異，但農夫能夠選擇的措施起碼有十數種，像是為灑水設備加裝減漏噴嘴，或是種植被護作物吸收田地裡過剩的肥料，以免肥料最終流入河川。

採行保育措施之所以令人卻步，主要是因為財務成果很慢才會出現。相較之下，侵略式的土地耕作成果立刻就能兌現。如果一次暴風雨從過度開墾田地上帶走的表土能夠換算成美金，保育措施肯定容易推廣多了。這個計畫令人期待之處在於，美國農業部對特定土壤保存與水資源保存的措施宣揚其貨幣價值，讓農夫首次意識到這些措施的經濟價值。

HWB和保育守護計畫簽了五年的約，政府要求他必須種植四百英畝地被護作物，像是蘿蔔，並且升級監管設備以提高他的中樞灌溉效率。被護作物有助於補充土壤的養分，而中樞灌溉的更新讓他對作物需要的水分拿捏更精確，避免水資源浪費，於是達到保育自然資源的目標。

由於美國在世界農業扮演關鍵角色，我們如何說服更多農夫加入保育資源的行列是非常重要的。在過程當中，我們甚至能夠立下範例，幫助非洲政府跳過不必要的繞路，直接設立明智的補助津貼，就好像他們直接跳過室內電話走向行動電話的世界。如果非洲政府開始設立能夠連結長期糧食安全的補助計畫，他們便無須想方設法改變短視近利的耕作行為。在今天，每個社會都專注於如何種出最多的糧食。如今我們應該思考，世界未來該如何生產足夠的糧食。

故事二十九

釋放潛力的價值鏈

霍華・W・巴菲特

我可以保證「壯得像頭牛」絕非只是一種形容用語。此外，牛也可以頑固得像頭騾，尤其是拉犁的時候。

二〇一〇年我在阿富汗巴米揚山谷（Bamiyan Valley）呼吸超過八千英尺高的稀薄空氣。當時氣溫攝氏四到九度，但我身上卻滴著汗水。我拉著兩頭牛牽引的犁，在短短幾分鐘內被牠們拉到兩次雙膝跪地，膝蓋沾了棕色的硬土塊。雖然手工牛犁有自己的導引系統和加速器（其實就是用鄰近樹木折下的樹枝，偶爾揮打牛身），我在硬質土壤上拖出的犁溝卻好像蹣跚醉漢留下的跡徑。

讓我嘗試使用牛犁的當地農夫笑得樂不可支，在一旁看笑話的還有被我帶來此地參觀的父親與其他美國農業派遣隊成員。不過他們其中幾個人親身嘗試後就笑不出來了。

我經常回想起那一天。故事發生地點的環境絕美。巴米揚山谷有輝煌的過去，位於古代絲路貿易的路線上。我們從喀布爾搭黑鷹直升機來到這裡，白雪覆蓋的連綿山脈在空中看起來十分壯麗。不過，山谷地上沒有雪，空氣很乾淨，左右兩側可以清楚看見妝點著洞穴的棕色石灰岩山嶺。

在馬鈴薯農夫田後方幾英里的山壁上，我們看見著名的巴米揚大佛正在接受修復工程。巴米揚大佛是西元六世紀住在山谷地的亞洲佛教徒所打造的一系列巨型雕刻。這些雕像有的高將近兩百英尺，歷史上曾多次遭人破壞。最為世人所知的一次發生在二〇〇一年，塔利班領袖以「非伊

這裡的地景非凡，不過和辛勤耕耘的巴米揚農夫會面最令人振奮之處在於看見他們希望改善家庭生計的渴望。Howard G. Buffett

斯蘭」為由炸毀大佛，令阿富汗人和世界各地的歷史與考古學家痛心不已。[10]我們剛從一處又黑又冷的馬鈴薯儲藏間離開，然後碰巧遇到一位農夫在犁他的馬鈴薯田。阿富汗的馬鈴薯農就像世界上為數眾多的標準自給農。他日復一日地費力耕耘，從貧瘠的土壤中呵護些許收成以養家餬口。走運時，他的收穫不僅能餵飽家庭，還有一些多餘的作物能拿去賣，或是在當地和其他居民以物易物。然而，阿富汗有別於我們基金會投入發展工作的其他地方，她過去在全球農業市場上是很重要的一員。過去阿富汗種植並出口非常多種作物，從開心果到葡萄乾都包含在內。但數十年的戰火和失序的政治控制讓阿富汗付出慘痛代價。許多農民從家園出走，他們的市場萎縮、運輸管道相當有限。此外，當戰爭導致整個國家陷入貧窮，許多農民便從糧食作物轉而種植罌粟，也就是海洛英的原料。塔利班政府禁止生產罌粟，但也會選擇性地利用罌粟換取資金。自從一九九〇年代早期開始，罌粟花已經成為阿富汗的最主要作物。二〇一〇年，世界上有百分之九十的海洛英來自阿富汗。[11]戰亂以來，種植糧食作物所需的農業基礎建設如灌溉系統紛紛毀壞，合法作物的生產因而受到危害。

我是以國防部長成立的特殊任務小組成員的身分在阿富汗工作。我們正嘗試修復阿富汗的農業基礎建設，並思考如何以創新的方式加速其現代化。我們到阿富汗是為了幫助居民重建，減少普遍存在的糧食不安全，然後再次茁壯。對我而言，確保我們不會在此地重蹈覆轍，上演南亞海嘯後泰國重建的荒唐劇，是諸多優先考量中很重要的一項。因此我們走入田裡和當地農民交流，期望能夠了解他們所面對的處境，認識他們心目中覺得重要的事。

這位巴米揚農夫的皮膚受盡風霜、牙齒沒剩幾顆，很難看出他的真實年紀。要不是他正幹著粗活，我想他現在一定會凍得發寒，因為我看他的V領毛衣內只套了一層衣物。當他趕著套上粗糙木質牛軛的牛在田裡前前後後犁地時，他的兄弟正拿著十字鎬將硬實的土塊敲碎。這樣的犁地方式很累人，而且對於保護此地珍貴的稀少表土不是好事。他的勇氣和刻苦的堅毅精神，我在其他阿富汗人身上都能看到。他們欠缺的是基礎設施，以及從播種前一直延續到收成後的所謂「價值鏈」（value chain）*的支持。

開發價值鏈聽起來或許有點抽象，但當你嘗試幫助貧農加入有活力的經濟活動時，它可能是成敗的關鍵。當我父親說他看清一次性項目計畫的局限時，他所說的問題癥結其實就是缺乏價值鏈。如果你提供一袋袋的種子或肥料，你只能短暫提高產量、餵養更多人，一旦計畫結束，當地就會再次回到計畫開始前的原狀。價值鏈是關於創造一個農業的生態體系，它是永續的，而且在

---

10 Andrew Lawler, "Remains of Bamiyan Buddhas Yield Additional Details About Statues' Origins," *Washington Post*, March 5, 2001, http://www.washingtonpost.com/wp-dyn/content/article/2011/03/05/AR2011030504131.html.

11 http://www.unodc.org/documents/data-and-analysis/tocta/TOCTA_Report_2010_low_res.pdf.

* 譯注：麥可・波特（Michael Porter）在一九八五年提出此概念。在《競爭優勢》（*Competitive Advantage*）中，波特指出若一企業要發展其獨特競爭優勢或為股東創造更高附加價值，策略是將企業的經營模式（流程）解構成一系列的價值創造過程，而此價值流程的連結即價值鏈。http://cdnet.stpi.org.tw/techroom/analysis/pat_A030.htm

這樣的體系內個人和公司行號都有攜手合作的動機，以期能夠形塑一個強健的經濟部門。

毒梟軍閥懂得價值鏈的用處

罌粟貿易的諷刺之處在於，毒梟軍閥和毒品販子深知價值鏈的意義。他們發現若要成功，他們必須讓鴉片（或可可、大麻，端視所在地區為何）實際生產過程的必要資源不虞匱乏：從肥料到充足水資源，再到下游的加工設備和產品運送所需的交通運輸資產。他們也不忘以賄賂的方式打通警察或政府官員渠道，並且以暴力確保其生產鏈的完整性不受威脅。在阿富汗，農夫有強烈的動機幫忙鞏固毒品鏈。他們在收成之前已經先拿到報酬，財務上有安全感，而且能提供孩子們類似受教育等等的更多機會。罌粟種子和肥料直接配送到農夫手上，採收後還有專人負責蒐集收成。也就是說，種罌粟的農夫不用投入資本、不承受作物風險，而且無需貸款。這些保障和動機使得農民幾乎不可能找到更有利的替代作物。

建立合法的農業價值鏈需要一個截然不同的取徑。理想的價值鏈是一個自動自發、相互合作的結構，在其中的人們會因攜手合作而獲益。它反映在地文化和人民的真實渴求，往往需要社群領袖的參與，而且總是能夠以對每個人都有利的服務或資源啟發填補價值鏈中每個縫隙的企業家。

我到巴米揚的故事可以從二〇一〇年講起，那年我加入國防部的一個特別小組，專職伊拉克和阿富汗的經濟發展。我曾在農業部工作，然後去了白宮，但我熱切盼望能對這些富挑戰性的狀況貢獻己力。我們的目標是將私人企業、國外投資和慈善事業引進阿富汗，希望能夠重啟該國農業，穩定社會，並且支持一個更安全的農企業發展環境。國防部稱這個特別小組為「傑出的商業專才小組」，我們獲得一項特殊權力，在鄉間移動時可以直接要求軍隊提供協助。這項權力幫我們避開多餘的官僚步驟，而且不像其他美國單位的人員每天都要經歷嚴格的安全程序檢查。這個形式的經濟發展被視為關鍵，軍方領導階層要求我們不要害怕冒險，全心達成目標。

我大部分時候在靠近華府的五角大廈工作，但有幾次延長任務被派到阿富汗。在幾次拜訪中，我幾乎每天都對阿富汗人民的精神和不屈不撓敬佩不已。我的工作主要是在尋找一個其實不簡單的簡單問題的答案：我們如何能夠永久地改善那些奮力求生的農人的生活？顯而易見的，提高農民作物的收成是當務之急，如此他們才能在溫飽之餘用糧食換取額外金錢。但我們面對更艱困的挑戰是著力糧食供應之餘，還要想辦法讓糧食能夠以經濟有效的方式進入地區和國際市場。

我組織派遣隊一起到巴米揚，是為了和該省分的地方首長哈畢巴・薩羅比博士（Dr. Habiba Sarobi）會面。她——沒錯，就是她——是阿富汗首位女性省長，因提倡女權和性別平等為人所知。

碰面時，我們表達了對她在該省作為的支持，也尋求她對我們幾個大方向目標的支持。我們也參觀一個為當地馬鈴薯農設置的新冷藏儲存設備，作為降低收成後損失的成功模型，我們希望能在該省其他地方複製同樣的設備。這個模型是價值鏈重要組成的絕佳範本：馬鈴薯耐寒，但它們必須保存在低溫狀態，更重要的是，在它們被運送前或加工處理前必須存放在乾燥的空間。否則馬鈴薯會開始發芽。

一個農業價值鏈的起點是高品質的種子、肥料、工具和技術，無論農夫用的是簡陋的鋤頭或高科技拖拉機。不過當作物收成完畢，價值鏈中的關鍵「下游」環節還包括儲藏的後勤運輸、包裝、加工和安全運送作物。價值鏈也需要商業基礎建設元素的支持，像是市場渠道和爭取買家、合約與合理的價格。

在阿富汗，將特定種類作物加工成具附加價值的副產品是我們非常看重的一環。加工葡萄乾需要乾燥和除籽，將較脆弱的葡萄變成能在貨架上生存更久而且便於運送的商品。加工番茄醬也是一門大生意，它能夠延長新鮮番茄在貨架上的商品壽命。加工番茄在整個中東地區都具有高度經濟價值。在某些阿富汗群落，番茄醬主要是由一小群婦人在自家廚房翻攪成鍋的番茄，然後將燉煮後的番茄以手工的方式一勺一勺地舀進玻璃罐中。有時候，加工製造的環境良好，有時候則不太乾淨。

一條鐵鍊的強度取決於最弱的那個環節，處理價值鏈時要懂得從整體的角度照顧每個環節。

我在另一趟行程中拜訪了一間大規模番茄加工廠。工廠的運作乍看似乎現代而衛生，直到我抬頭發現屋頂的通風孔有幾處破洞，成了大批鳥群築巢的好地方。這些鳥兒有時會飛越生產線上的桶子和儲藏槽，對番茄加工生產貢獻一己之力。廠房外有數百個空的藍色和黃色容器。容器沒有遮蔽，暴露在空氣中，陳年的番茄醬在裡頭結成硬塊。這些容器是番茄醬裝罐前的暫存處，每次容器從室外被拖進廠房之前，員工只是以水管稍加沖洗。我參觀的時候，加工廠的錫罐消毒機器故障，於是他們直接從暫存容器將番茄醬取出填裝到錫罐裡，然後立刻出貨到幾個當地市場。

抱歉和各位分享這些倒胃口的一手觀察，但這對食用該產品的當地人而言，顯然有危害健康之虞，而且缺少殺菌加工會阻礙這些產品出口到更大的市場。無論產品是番茄醬、番紅花或麵粉，欲將商品售往受管制的國際市場，農夫與加工製造商需要一個先進的商品測試實驗室，對生鮮和加工食品進行品質認證。品管實驗室和必要訓練的缺乏是價值鏈中的嚴重斷裂。實施基本管制能夠驅使加工製造商將廠房清理乾淨，在通風孔洞上加裝安全措施，像是縫隙細密的網絲。如果加工製造商知道他的產品在沒有達到特定標準前不能進入市場，他一定會為了不要關門大吉而採取行動。但在實驗室不存在的前提下，我們根本無法測試並確認他的產品是否符合要求。當標準無法建立，執法更是無稽之談。

在團隊裡歷練一段時間後，我對於在危機四伏、毫無基礎建設可言的困苦環境下推廣事務所面對的挑戰體會更深。我在上文提過我們的任務小組受到特別禮遇。舉例來說，當我帶領農業專家組成的派遣隊到巴米揚時，我們擁有的交通彈性和維安能讓我們在很短的時間跨越大片土地。

數百位其他單位的美國發展和外國事務官員駐紮在美國大使館，他們光是要踏出「鐵絲網外」或在非戒備領土移動，就得等上數個星期。我心想，無怪乎有些美國本土的評論家會批評美國在阿富汗的資源浪費，畢竟待在鐵絲網內不可能了解農民真正的需求，遑論重建該地的經濟。若想有所進展，就得和農夫交談，而且親自拜訪需要幫助的地方。*

我們的任務小組有專屬的行動資金，我們雇人迅速、不受合約牽制，而且有國會認可的投資資本。我們的團隊因為不受一般政府行程約束，因此能夠到許多地方拓展各種開發所需的人脈。我們派一個小組專門研究交通運輸，以及如何在巴米揚建設道路和一座商業機場：關鍵的價值鏈構成要素。其他小組則和礦業夥伴攜手幫助開發阿富汗的礦物資源，同時避免那些已發生在某些鑽石和金礦產區的情況，像是在可怕環境下賣命的童工，以及財富由少數人壟斷而未回饋到整體礦工社群身上。我們的思維是，如果有組織、合法、市場導向的經濟活動能夠蓬勃發展，年輕人就不會輕易被極端主義者或毒品生產和貿易商吸收。

有一次派遣隊出任務到赫拉特（Herat），我們和原先種植罌粟花後來轉種番紅花的阿富汗農民們聊天。番紅花是世界上最昂貴的香料，阿富汗某些乾燥地區非常適合番紅花生長。當時國際市場的番紅花價格正值高點。「我們是農夫，我們很窮。只要能賺更多錢，我們什麼都願意種。」一位農民解釋道。天主教救助服務會（Catholic Relief Services）啟動一項計畫，配發所謂的球莖，也就是番紅花在土壤表層下用來繁殖的鼓脹莖部。根據至少一位農夫的說法，在這個價值鏈中球莖是關鍵中的關鍵，能夠觸發正面的後續社會發展。「拿到一次免費球莖就夠了，我們就能在土地上持續採收球莖。不再生產罌粟花最重要的影響是確保年輕孩子不會吸毒。」他說。

絕望的環境會逼使人走上不想走的道路。阿富汗近幾十年來的動亂紛擾創造了這樣的事實，因此我們專注於執行某些計畫，最終目標是修復並支持合法的農業。

正因計畫遭遇的重重挑戰，阿富汗西部郊區的成果尤其令我們感到欣慰。赫拉特省有將近一百萬的失業人口，當地居民主要從事小規模農業。赫拉特是阿富汗的穀倉，但那裡的農夫沒有能

農民向我們展示他們田裡種的番紅花。這片田地過去曾經是罌粟花田。Howard G. Buffett

* 這些限制不是形式上的官僚作風：阿富汗依然是活躍的交戰區，而我們任務小組的許多計畫都仰賴維安支援。至少就我印象中有個例子是，政府為保護一組工程隊所花的費用比勞力和建材多了四倍。

夠替群落創造可觀收入的生產與加工資源。儘管存在這些挑戰，我們依然認為投資赫拉特的價值鏈能夠創造令人刮目相看的成就。

第一步是建立農民所有的合作理事會，透過這個組織將分布在該省的一千四百名農夫和各個生產商協會搭上線。這些協會增進地方群落的糧食安全，幫助他們穩定發展且受益於有規模的商品經濟。就好像美國的合作社，農夫在生意上彼此結盟、大量購買種子或肥料有助於節省開銷。這個理事會也提供農民訓練，幫助他們改善生產乃至認識並執行合約。

聆聽付諸實現的人

接著我們開始和幾個「舒拉」（*shuras*，按：阿拉伯文的議會）合作，也就是村莊議會，組織農夫加入一個以小麥和苜蓿為主要作物的中樞灌溉計畫。那是重要的科技投資。有賴省長長期的投入，計畫不僅提供改善單一作物的可能性，而且農民可以在一年內連續種植兩種作物，因為有了中樞灌溉系統，即便在乾季也能灌溉——等於同時提高收入和糧食安全。而且我們不是帶著科技設備到當地，裝設後便離開，留下農民自己摸索。

和古薩拉地區（Guzara district）一個小村莊的「舒拉」初次會談中，我們約有十五個人擠在一名農夫的泥磚屋小房間裡。我們脫了鞋，在一張漂亮的深紅色地毯上席地而坐，討論各種不同的灌溉選項。有人對裝設中樞灌溉系統後的管理抱持疑慮：美國農民一般而言使用能夠灌溉一百六十英畝的中樞系統。我們希望在阿富汗引進灌溉面積六十八英畝的系統，但是就連較小的六十八英畝都可能涵蓋三十塊以上分屬不同農民的田地。然而，房內及時而熱絡的氣氛讓我們相信一切問題都能在眾人的討論中得到解答。農民對刺激生產力的渴望振奮人心，我們得加緊腳步。

在這次和接下來的會議中，過程都是由農民主導。我們討論將來要如何共事，對計畫需要的中樞灌溉系統和基礎設備進行前期評估。起初我們決定以石油馬達啟動中樞灌溉系統，因為我們認為當地的電力基礎建設無法提供足夠電力。地方行政人員乃至省長都了解灌溉系統對當地群落的意義：產量更

我們和古薩拉地區某村子當地的「舒拉」成員坐下來討論取代罌粟花的作物選擇。討論延伸至中樞灌溉系統的架設，灌溉系統不僅解決替代作物的問題，而且還能在同一年中創造第二個生長季。Howard G. Buffett

高的各種作物，甚至如果在乾季的月分實施灌溉，可能有機會在一年內收成兩次作物。他們決定建設自己的電力設備，避免馬達受石油取得的不確定性所約制。在第一期領航計畫的成果中就有三十二位農民的產量與家庭收入增加，因此我們計畫開啟擴及全省的大規模拓展。

我們也贊助附近幾個村子設計並打造郊鄉食品加工中心，根據他們的喜好和需求決定計畫內容。我們找到一群打算經營加工中心的當地婦人，幫她們和一位當地建築師接洽碰面。婦人們覺得建築師的提案規模太大，她們沒有把握能夠同時管理這麼多人，於是我們按照她們提出的建議修正提案。最終落成的幾間加工中心總共提供了一百二十個全職的職缺，而且能夠加工十八種不同的商品種類，包括醬料、乾果、果醬和果凍。這些中心在提升附加價值加工能力上具有立即而明顯的成效，其所有者和營運者是當地的一些婦女協會。如今他們可以穩定地提供營養的食物和整年的收入。這些中心也幫村莊級的市場行銷蔬菜和水果，甚至提供許多鄉村婦女生平的第一份工作。在中心落成後拜訪這些婦人成為我在任務小組的經歷中最難忘的回憶，我忘不了她們大大的笑容和緊緊的擁抱。

最後，我們專注於累積赫拉特的長遠能力。我們開發強化農業教育、發展和技術能力的各種計畫。這些計畫確保當地農民能接受適當的訓練，同時也為重要研究和商品測試實驗室的實現鋪路。誠如我之前提到的，測試實驗室的重要性在於幫助當地農民和加工製造商，證明他們產品的安全性和品質符合銷售到全球市場的標準。這些計畫不僅符合當地需求，而且旨在支持一個禁得起時間考驗、穩定的農耕經濟。

這塊土地上充斥著一次性的發展專案和外國合約。但我在赫拉特所做的事讓我相信，一個群落掌握的成果越多，策略越全面，他們改善生計的機會就越高。我父親和我將這個概念植入我們的基金會，並且在過去十年中確保我們的方法能夠與時俱進。現在我們把心力都放在全面性的策略發展，幫助每個地區在多方面的活力再生，並且為當地居民創造永久性的改變。

世界上有太多因為只專注一個價值鏈部分環節而造成的悲劇後果。在二十一世紀早期，衣索比亞的農夫曾經有過兩年創紀錄的收成量，但是到了二〇〇三年，飢荒又再度回到這片土地。由政府領導的地區發展一味鼓勵農夫使用肥料增加產量。高於平均值的降雨量也帶來大豐收，於是農民紛紛增加播種量。問題是，價值鏈中的其他環節沒有同步發展，因此儘管作物盛產，剩餘作物卻無處可去。道路失修、貨運選擇有限，從國內某地區將剩餘作物移動到有糧食需求的另一地區不僅困難重重，而且代價昂貴。大豐收使作物價格低落，農民沒有儲藏作物的方法，也沒有資源將作物送到更具規模的市場換取較高的收購價格。大量的穀物因此敗壞。當下一個收成季到來，有些農夫乾脆任憑作物在田裡變壞，因為收割的心血和回報不成比例。衣索比亞沒有任何財務基礎建設的投資，譬如在作物價格跌落的時候發放補助津貼，或以作物保險對抗氣候造成的災難，而且也沒有設立財政專案幫助農民提高生產力——更不用說投資儲存和運送作物所需的硬體基礎建設。

設計並呵護一個價值鏈等於創造誘因和贊助不同構成要素，執行上必須非常小心仔細。喬．迪佛里斯指出如果政府或救援組織不斷購買、分配貧農無法再次利用的種子，被介入的國家就永遠不可能發展出自己的種子產業。政府可能得在農民和種子公司嘗試自立的起步階段補貼種子採購，但到了一定的階段，政府必須預期私人企業將維持價值鏈的每個環節。公司必須販賣高品質種子，農夫必須學習如何用這些種子增加產量，如此才能繼續購買更多種子。

試著走向「關門大吉」

許多組織還在用幾十年前的行動範本：收集救援、遞送救援，然後在幾年後離開。事實是，我們需要集合一些關鍵領域的專家，彼此合作，填補價值鏈當中的縫隙。同類型NGO相互競爭資源的狀況太過頻繁，他們幫助的是同一群人，做的事也大同小異。捐款人需要仔細評估他們合作夥伴的核心競爭力，並且從更宏觀的價值鏈切入給予贊助。理想上，援助計畫應該被視為「投資」而不是「善舉」，我們應該更關心的是NGO介入後的情況。根據我祖父的價值投資哲學，一個投資者應該尋找當前被低估的機會，但是透過適當的贊助與發展，其價值會隨著時間逐漸提高。表面上這似乎是不切實際的慈善模型，但我看著父親將這個方法用在我們的基金會身上，而我認為誠如一個沒有經驗的投資者可能會買到價格過高的股票，或拋售股票賺取邊際利潤，捐款人和NGO應該避免從事效果立即的計畫，藉此抗拒短期的衝動。他們必須思考如何幫助受益人站穩腳步，然後讓自己「關門大吉」。真正的成功看的是長遠發展，無論是在市場上賺錢或改善他人的生活。在商場上，我們稱這個取徑作價值投資，也就是從長遠的角度替經濟成果創造新的價值。在慈善事業上，這就是社會的價值投資，從長遠的角度替社會創造新的價值。

藉由釋放當地群落的潛力，幫助他們創造穩定繁榮社會，抑制恐怖主義、毒品販賣和極端主義，國防部希望他們在阿富汗的投資能夠換得最大的社會價值回饋。在這裡，可觀的需求勝過了風險的威脅。從農民理事會到中樞灌溉系統到加工中心，我們價值鏈策略中的每個連結都由獲益的當地群落親手打造、管理並擁有。最重要的是，我們發現這個取徑將受益人變成了股東。我在阿富汗遇見的人個個都有無與倫比的工作倫理和決心。能夠開發並創造對整個國家農民有益的環境是令人振奮的事。每當遇到挑戰，我總會想起在巴米揚的朋友，希望有一天他會成為某個欣欣向榮的價值鏈的一環，幫助整個群落提升生活品質。

故事三十
女人或許是關鍵，但別忽略男人

我父親從沒明白告訴我，有一天我會發現身邊許多（應該說大部分）最聰明有洞見的朋友、同事和顧問都會是女性。他不用說，我也親眼看到他對母親和許多事業有成的傑出女性都充滿深深的敬意。

我知道許多婦女一輩子沒得到應有的尊重，因為母親為此替我上了一課，而她的方式總是很委婉。她沒有對著我長篇大論。她問我想不想跟她一起去墨西哥旅行。

當時我還是高中生。布拉格之旅是我在美國境外冒險的初體驗，這趟墨西哥之旅將是第二場冒險。我不記得對這趟旅行的期待是什麼，我只知道最初的期待和最終的體驗大有出入。

母親積極參與幾項旨在幫助開發中國家貧窮婦女的計畫，她想要拜訪其中一個自己贊助支持的地區。我們搭機飛到聖地牙哥（San Diego），開車往南跨越邊境到提華納（Tijuana）。那裡沒有任何觀光活動，不過我還記得自己有置身異國的驚愕感。當地人的穿著和我們不同，說的語言不同，就在街上的樣子似乎也不同：聚在一起聊天，三五成群的坐在戶外。這和搭幾個小時的飛機來到異國感覺很不一樣；從聖地牙哥這樣的地方開著車，沒多久眼前的文化就變得截然不同，那奇妙的感覺我還記得。

提華納的貧窮一目了然，我們開車到沒有店面和小酒館的地方。街上都是人，我們走進一長排人家的其中一間房。母親說我們要和幾位婦人聊聊她們個別的處境，但我們行事要低調。

援助組織派了一位翻譯到現場，但我沒坐在她旁邊，不記得這些婦人的臉或她們說了什麼。母親話不多。她專心聆聽，提了幾個問題。她在婦人們離開前擁抱她們。但我最鮮明的回憶是她們看起來充滿恐懼。她們各自前來，也單獨離去，她們沒有在一起站在戶外或在談話結束後去找朋友。有些人和我母親談話時顯得很難過。這樣的表現讓我摸不著頭緒。如果我們是來幫助她們的，為什麼這些婦人這麼怕被別人看見她們和我們聊天？

母親解釋這些婦女的先生們如果發現她們和我們見面，很可能會對她們拳腳相向。她們當中很多都有五、六個小孩，養起來很勉強，但在墨西哥文化裡，生很多的小孩是有男子氣概的象徵。這些婦人向援助組織尋求家庭計畫的建議，試著節育，但在公共場合談論這個話題是一大禁忌。

這是我印象中生平第二次在成人的臉上看到不折不扣的恐懼。我在布拉格看過抗議者被警察痛毆，也觀察到路人被士兵攔阻時的焦慮神情。但在墨西哥，我看到另一種不同的恐懼。這些墨西哥婦人承受的暴力不是來自國家遭人入侵，那是她們生活的一部分，深植在這個文化裡——其他文化或多或少也有類似情況，包括美國在內，只不過當時我還不知道。婦人們長期受到家暴的威脅，家暴成為她們每天都要試圖避開的危險。

我從不曾目睹或親身經歷家暴，無論是在我自己的家庭或朋友的家庭。不過，根據與母親同行的這趟旅行以及往後我到世界各地遊走的經驗，我知道在糧食安全出問題的情況下，很容易發生家庭暴力。當資源稀缺，糧食就是權力。對一個群落（哪怕只是一個家庭）內任何形式的權力平衡或權力交換，會引發衝突和暴力。

以婦女培力為目標還不夠

有關開發中國家婦女培力（empowerment）的故事近幾年已經變得越來越普遍。我的基金會和弟弟的諾沃基金會（NoVo Foundation）都關注這塊領域，尤其是戰後地區。我們都認為唯有婦人和女孩發展一生受用的技能與取得資產，才能創造永久的正面改變。社群的需求必須被滿足，唯有如此，她們的努力才會獲得社群的支持。我們致力於防止婦人女孩遭受暴力對待，而我們的合作夥伴，像是國際關懷協會，一直以來在全球提倡讓婦女參與開發。有許多微型貸款計畫能幫助改善家庭生活品質的例子，譬如借錢給婦女做小生意，或購買新種子希望剩餘作物換得的收入能送小孩去上學。全球婦女成長組織（Women Thrive Worldwide）的共同創辦人兼會長麗杜・夏爾馬（Ritu Sharma）為古諺「授人以魚，不如授人以漁」多加了一句補充，「不如授女人以漁」。

我懂。我贊同。就像前國務卿希拉蕊・柯林頓（Hillary Clinton）經常說的：「女人總是最後才吃，而且吃得最少。」婦女在許多發展計畫中都是很有力量的目標對象，因為她們總是把整個社群的需求——包括糧食、健康和教育——放在自己的需求之上。我反覆看到婦女展現這樣的慣性。我看過難民營裡的母親為了養活孩子自己餓肚子。當我們的基金會開始贊助改善農業的訓練時，我知道如果過程中有婦女參與成效會更顯著。每當我和農民見面，提議資助特別訓練時，我總是立刻表達希望社區派出至少一男一女。我們發現，若想確保訓練

村莊儲蓄計畫在我拜訪過的許多地區都運作良好。婦女掌握儲蓄、借貸，而且能夠應付危機。 Howard G. Buffett

能有效觸及村莊或社區的每位農夫，邀請婦女參與是最好的方法。

多年來，農業援助資源都以男人為目標，儘管開發中國家的農民至少有一半是婦女。我很高興現在的世界在各方面都越來越公平。如果你認為我接下來是要說「然而……」，那你就猜對了。這些組織往往不會承認事實是說的比做的簡單，並非只要以婦女為目標對象，計畫就會成功。現實和認知之間存在許多落差。有太多培訓課程、微型貸款、儲蓄組織、手機信貸計畫和其他僅僅以婦女為目標對象的失敗例子，有時甚至演變成一場大災難。

談論這些挫敗不是政治正確的行為，但雖然承認婦女的潛力是一件好事，卻不能和婦女處境的改善混為一談。世界上還有許多地方的婦女仍然面對性別不平等的問題，而且缺乏或不受法律的保障。我相信家暴代表的是蟄伏在許多糧食不安全地區、長期被忽視而且會毒害社會的潛流。世界上有三分之一的婦女受到家暴，許多專家相信非洲的數據應該高於平均值。我曾有過一次很不舒服的經驗，當時我和幾位來自東非村莊的女農夫交談，我想知道為什麼她們當中好幾個都沒有門牙，於是請一名男子翻譯我的問題。他握起拳頭，對空氣出拳，然後大笑，彷彿是在說：「真是個蠢問題，這還需要問嗎！」

從事發展工作的人必須把這個態度謹記在心。當你授女人以漁，她可能會帶著魚回家，養活一家大小——然後被痛打一頓，因為她的先生脾氣暴躁，而且覺得她新學會的技能對自己在家中的地位構成威脅。或者他會生氣或嫉妒，因為她有了新的賺錢管道，或者因為她決定拿那筆錢繳學費而不是交給他支配。另外還有一些情況是，為女性量身定做的計畫會造成資源浪費，因為雖然她們心裡很想參加，但因為害怕被先生暴力相向所以根本不敢冒險現身。

每個NGO都了解，婦女處境的改善遠比它在世人面前的樣貌更複雜，但是他們往往不想多談細節。我在援助現場工作人員身上看到的頹喪和羞赧，也出現在總部的主管辦公室。這些組織承認他們不想被外界以為自己是在提倡「女權」，或者干預地方習俗與文化。他們心想，如果他們把重心放在可估算的影響，像是作物收成和微型貸款償還，社群領袖（通常大部分都是男性）會將他們視為受歡迎的經濟救星，而不是愛管閒事的顢頇好人。人們害怕性別議題。NGO深入開發中國家的各個群落，在這裡談論家庭暴力和在美國一樣，都是被視為不禮貌的。

當問題被隱瞞，它就無法被解決。此外，很古怪的，如果我們害男人的地位在社群中降低，是很無禮的行為。有一次，我在阿富汗和幾個男人聊天，過程中他們談到自從太太接受食品加工訓練為家中掙更多錢之後，他們的婚姻和夫妻關係都有所改善。我們的對話不是太流暢，因為需要透過中間人翻譯，但當我探詢時，他們的態度非常直率。其中一名男子說，他漸漸懂得感謝太太對家中的貢獻，而且覺得自己應該對她多一點尊重。

全球婦女成長組織的麗杜．夏爾馬旅行時，她要求自己每天只能靠一美元的等值當地貨幣過活。為此，她可能會面臨究竟要吃頓晚飯還是買止痛藥的抉擇，又或者得在買電話卡和乾淨飲水之間掙扎。我很欣賞麗杜的誠實，她呼籲發展領域應該有更多處理性別議題的組織，不能只照顧婦女。

「我們不能忽略男人。完全以女人為目標對象，不能夠同時幫助男人的婦女培力，可能會反過來傷害到女人。」麗杜解釋道。「NGO必須認同社區的每個成員都需要培力。太多發展專案的失敗就是源於此。他們想不透婦女為何不出現，為何中途退出，或者計畫目標為何沒達成。但談論這些是禁忌。他們表示，『我們不能這麼做。我們不能強迫男人接受女權。』沒有誰要強迫誰。我們認為多數男人都是善良的人，但需要有人幫助他們了解。

「一個很普遍的錯誤是，NGO常常帶著計畫前來，完全沒有先過問當地婦女的需求，或向她們請教如何設計援助計畫。她們能教我們很多。婦女了解自己的社群，知道社群運作的方式。我們有屬於自己的文化思維和投射，太多時候我們根本沒花時間向她們請教當地的習慣。這就是企業口中的市場調查，可是當發展社群沒把這項功課做好，計畫也宣告失敗，他們當然不想告訴別人為什麼。」

別自以為，開口請教

我同意麗杜的說法。有時候錯誤的組合是源自捐款人要求或者用意良善但沒有考慮到地方風俗和生活習慣的計畫。舉例來說，微型貸款計畫提供生意所需的資金，而婦女製作並販售手工藝品為家庭收入帶來可觀進帳似乎是個很棒的主意。它在很多地方確實也都成立。然而，在某些個案和文化當中，計畫參與者的先生竟拿著貸款買了另一個老婆！這種事情發生了一兩次之後，不難想像當地婦女對計畫的熱情可能會突然間冷卻。

發展組織務必在個案研究中說實話，以免我們像旅鼠一樣盲目跟隨同行跌落懸崖*，然後還搞不清楚為什麼在巴基斯坦可行的計畫搬到多哥就變了樣，或者為什麼起初充滿能量與活力的儲蓄協會後來會失去主要組織者，而且成員們紛紛對它失去信心。我們不能用「溝通不良」或「社群領袖不積極參與」等說詞簡單帶過，我們必須更誠實的道出事情原委。如果婦女因為參加儲蓄協會被暴力相向是因為她把錢存在帳戶裡，而不是把現金帶回家，我們要想辦法正面解決問題。確保計畫能夠持續運作，或許我們應該帶領男人認識儲蓄協會，然後讓他們成為計畫的一部分。我們要想方設法地讓男人看見這麼做對整個家的好處。

發展組織之所以不敢提供更誠實的評估，是害怕如果計畫被視為設計不良，對募款會有不好的影響，又或者會危及其他的贊助形式。麗杜了解組織對故事粉飾太平的背後動機。「談論失敗經驗有它的風險，」她表示。「社會上不乏想要消滅援助組織的人。出版失敗專案的來龍去脈，

---

*譯注：這裡說的是旅鼠效應（lemming effect），泛指團體中盲目跟隨的行為。迪士尼在一九五八年的紀錄片《白色曠野》（*White Wilderness*）中假造了一群旅鼠接連跳下懸崖的畫面，誤導民眾相信旅鼠有自殺傾向，進而衍伸出盲目跟隨的意象。

等於是提供那些人攻擊自己的彈藥。有些組織試圖把他們的失敗案例變得更透明化，即便如此，這麼做還是讓他們感覺不安。」

性別不平等在世界各地有許多不同的樣貌。自二十一世紀起，有些國家開始在法律體系中處理家庭暴力和婦權的問題。舉例來說，二〇〇七年之前，家庭虐待在獅子山共和國根本就沒有觸犯法律。女人完全不能掌握自己在家中的命運。直到二〇一〇年，肯亞婦女在新憲法的背書下終於能夠擁有土地，同時也獲得包括終止暴力婚姻在內的其他權利。

我很高興能在二〇〇二年帶著母親到迦納。那趟行程的策畫者是世界展望會，村莊的領袖為了迎接我們來訪，命人製作迦納服飾給我和母親，好讓我們能夠和大家一起跳傳統舞蹈。我印象中最美好的其中一段回憶，是看著母親開心地和村民們聊天跳舞；無論到哪，她總是立刻讓身邊的人覺得自在又備受重視，這是她與生俱來的天賦。可是我們也在旅程中聽了一些故事，知道老婦人和寡婦在某些村子裡受到不好的對待，她為此心情低落。母親一直把這件事放在心上，於是她督促我在思考要投入哪一類計畫時，不能只專注在特定年齡層和性別。

別隱藏真相——或排擠男人

開發中世界的婦女處境在很多方面都有改善，但進步空間還很多。越來越多女性在非洲出任公職是件好事。很多國家也開始立法保護婦女的權利，包括土地權。然而，倘若我們希望對糧食安全的初衷能夠得到相應成效，我們必須讓男人與女人一起幫忙設計並執行這些計畫。

我不相信有哪個女性會視暴力為受人尊敬的文化傳統。暴力是對人權的侵犯。儘管有些婦女相信她們必須忍受暴力，或者教導女兒學著咬牙撐過，那是因為環境逼人就範，絕不是出於個人偏好。由於女性富有改善群落的潛能，性別不平等等於限制了整個群落的發展潛能。一個好的計畫不能缺少教育和解放，而且必須一視同仁。麗杜說明：「你可能推出了一個很好的信貸計畫，但先生可能因為不了解計畫而不讓太太去貸款。沒有人告訴他貸款的運作方式。因此我們不斷強調要同時對男女兩性培力，而且為了和任何人都能有效合作，我們還要理解每個文化中不同的性

帶母親到迦納是我能夠回報她養育之恩的少數機會之一。Howard G. Buffett

別角色。」

我在蒲隆地出席一場有關家暴的活動。蒲隆地是一個內陸國，位於盧安達、民主剛果和坦尚尼亞之間。有個NGO設計了一個角色扮演的活動，嘗試對當地男性灌輸要尊重女性的觀念，而且只要男人能夠停止對太太施暴，無論男人或女人，大家的生活都會更好。我覺得這是個好辦法。活動企劃說，把家暴搬上舞台，讓這些男人們一起看場表演，改變了他們原本的態度。相較於被單獨點名，這個形式創造了共同的學習經驗，讓家暴變成更不被社會允許的事。它披露婦女所受的苦，卻沒有對哪個男人指名道姓，給他貼上懦弱的標籤。他們覺得尊重女人的男人顯得更堅強。這個活動令我刮目相看，於是我走進正在上演的行動劇舞台，幫忙演出。我演一個喝醉的男人，我告訴大家不能因為喝醉就忘記尊重太太，而且打她不會讓我顯得更有男子氣概。

這個處理方式不僅照顧到個別文化特有的元素，而且沒有丟棄普世價值，因為女人不應該把屈服於家庭暴力變成她生活環境的一部分。誠如麗杜所言，「今天圍繞著婦女的敘事很多是在說：『讓我們投資婦女朋友，因為他們的投資回報率比較好——兒童存活率會增加、初次懷孕的年齡會提高，而且經濟生產力也會有所成長。』這些都是事實，但人們偶爾會忘記，婦女的進步本身就是目標。」我們必須提問，然後在社群內部處理家暴和性別角色的議題。忽略這些因素可能會妨礙前景看好的發展構思。

故事三十一

用簡陋工具加強收成

我們的南非烏庫立馬農場有一間露天棚屋，用來停放農耕界的肌肉車（muscle car）*：拖拉機、推土機和其他大傢伙。我們將大部分設備都運到烏庫立馬，試著找出在非洲大陸上提高作物產量最有效的耕作方式，以及讓商業農夫愁顏不展的原因。我們以九千兩百英畝的土地和二十一個中樞灌溉系統，打造複雜精緻的農耕營運平台。我們甚至派了一些農經學家和資深農場助手到農場上負責監督。

不幸的是，我們已經學到一個教訓，機械農耕的維修和操作需求在這個地區並非總是實際可

* 譯注：專指美國製造、裝備高性能引擎的雙門運動型轎車，是根據改裝賽車概念生產的一類汽車，共同特點是將大排量的引擎放置在中小型車體中。參考https://zh.wikipedia.org/wiki/%E8%82%8C%E8%82%89%E8%BB%8A

行的。南非和多數非洲國家相比算是很先進的，但我們在幫設備更換零件時遇到好多麻煩，因此如果有聽說朋友或同行要來南非，我有時候會問他們介不介意在行李箱裡多裝個拖拉機零件。不消說，這絕對不是一個可長期運作的供應鏈！

我們在烏庫立馬實驗出一些重大成果，最值得一提的就是研發能適應不同非洲氣候和土壤的不同改良種子，以及其他以保育為出發點的實踐措施。我們繼續投資當中的部分研究，把農耕設備送回在美國亞利桑納州新成立的研究農場。

不過，烏庫立馬棚屋下還停著一個體積較小、堅固耐用、低科技的器具，如今我們認為若以基本單位來計算，它比體型碩大的拖拉機和播種機更有機會幫助貧困、脆弱的農民養家餬口。它沒有華麗亮眼的外型，而且員工自己動手修改了部分的原設計。你到農耕設備經銷商的展售區找不到這工具。我敢說許多美國玉米或大豆農夫都不一定

在南非，當施肥或採收玉米的機械設備故障時，我們得在拿到更換零件之前，以人力的方式把工作做完。 Howard G. Buffett

知道這工具怎麼用。

我說的是滾壓機（roller crimper），外型看起來像大尺碼的廚房桿麵擀，只不過滾輪表面有凸起的紋路。我衷心希望這項研發會成功，因為這是我們說服國際農業公司的大好機會，我想讓他們知道除了生產昂貴、高效能、適用於大型機械化農場的設備之外，數百萬小農所需的產品也是值得投入的商機。

烏庫立馬的滾壓機是一根沉甸甸的鐵管，直徑兩英尺，長五英尺，整個表面都是隆起的紋路，很像拉長的雪佛龍V型標誌。它的骨架從車軸兩端延伸到連結兩個輪胎的鐵條，然後有個鐵杆向前延伸約六英尺。我們在鐵杆的兩側拴上套著軛的牛隊。牛隊向前走，滾輪也靠著軸承轉動。

就保育耕作而言，我們在烏庫立馬使用的滾壓機是最簡單而且效果最好的工具之一，因為它不需要使用化學製品就能消滅被護作物。 Tim LaSalle

如果你站在牛隊後方看它走過砂質泥土地，你會看到雪鐵龍標誌的紋路壓進地面一到兩英寸。

當牛隊走向一塊長度超過一英尺的牧草或雜草地，植物的莖稈順勢被壓倒。如果仔細檢查每根莖稈會發現它們當中很多每七到八英寸就有一處斷口，那是被滾輪上刀脊切過的痕跡。斷口會阻止莖的輸水能力，繼續倒伏在地上，最終植物就會死去。

用這個方式消滅植物的意義是什麼？

答案是，我們使用滾壓機的對象是被護作物，並非糧食作物。被護作物是土壤保育實踐必不可少的元素。像是長柔毛野豌豆、三葉草或黑麥草等被護作物，很多都能發揮對土壤的固氮作用，增加有機質，無論颳風下雨都不會讓土質流失。但是當播種實際作物的時候來臨，農夫們該怎麼處理這些植物呢？有一定高度的被護作物會遮住新苗的陽光，或者和新苗搶珍貴的水分和肥料。

因此滾壓機的首要好處就在於它能壓平並殺死被護作物。田地經滾壓機處理後會產生自然的護根物（mulch，按：亦作覆蓋物），腐朽的護根物又為土壤增添有機質。另一個好處和雜草有關。雜草從來不是農夫的好朋友。它們和新生植物爭搶養分、日照和水分。犁田可以除掉一些雜草，但也讓新的雜草有機會萌芽，暴露在日照下成長茁壯。滾壓機製造出的護根物使陽光無法接觸雜草的種子，進而防止雜草生長。此外，以免耕農法播種不需要犁田，而是撥開護根物撒下種子。種子四周的空間只能容納萌芽中至生長早期的作物，完全壓縮雜草的生長空間。護根物使土壤在非洲炙人的高溫下仍能保持濕潤涼爽，有助於新播種的作物生長。

有機耕作的挑戰與機會

我是在二〇〇九年第一次看到滾壓機，當時我參觀賓州一間名叫羅戴爾有機研究中心的有機耕作研究農場。我從雜誌得知羅戴爾有機研究中心以全有機的方式創造了每英畝兩百二十蒲式耳的產量，我想要親眼見證。雖然我自認是一個重視保育的農夫，但我不是一個有機農。我曾提過我不認同農夫應該放棄合成化學製品和基因改造種子。我不反對出於理想或政治選擇的有機耕作，但基於務實和技術上的考量，我不認為世界能把餵養數十億人口的責任交給有機耕作。有機耕作比較耗費勞力而且複雜，在大規模生產玉米、小麥和大豆等大宗作物方面效率比較差。我相信如果從規模最大機械農場到自給農的小田地都持續提高大宗作物的產量，就能夠對全球飢餓造成具有意義的正面影響。

我認為，至今尚未被解決的關鍵技術問題是，自然肥料的供氮效果不彰，而且需要肥料的地方有時受地理位置影響有時數量不足。科技進展提升了除草劑和肥料使用的效率，在環境中留下較少殘餘，但目前的有機系統無法生產能滿足求全的收成。我也覺得基因改造種子的優勢和適量的使用除草劑使免耕土壤保育耕作因而收效，其優點足以遮蓋缺點。免耕的土壤保育好處在我心目中勝過一切，所以我全心全意的走這條路。過去沒有人成功將免耕有機耕作運用在商業規模。但我願意傾聽任何能使免耕農業更具生產力的辦法。於是我來到了羅戴爾有機研究中心。我打電話給當時的執行長提姆．拉薩利（Tim LaSalle），我問身為科學家的他是否能夠參觀研究中心，了解如何以有機體系創造出這麼出色的收成。他向我展示了幾個創新發明，但真正吸引我目光的是測試中的十五英尺長滾壓機，他們將滾壓機接上能拉動四行播種機的拖拉機。將被護作物變成護根物是很有創意的做法。壓倒被護作物、創造護根物和播種三件事一次就能完成，不僅省去很多步驟，而且消除了使用合成化學物質和除草劑的需求。這個工具對環境和經濟都有幫助。

我的第一個念頭是：「不知道我們能不能製作更大的滾壓機，適用於更具規模的農場。」提姆幫我和名叫傑克（Jake）的男人居中牽線，羅戴爾的滾壓機就是出自他的巧手。我請他幫我打造兩倍長的滾壓機。幾個月過去，我沒有得到太多回音。我持續打電話，也寄電子郵件，然後傑克不再回應我。待我終於聯絡上他時，他說：「回你的電子郵件沒意義，我們做得出來，但它無法使用。」於是傑克介紹我幾年前請他幫忙打造類似工具的另一位農夫。我致電到對方家裡，他將問題逐條列點的告訴我，我才知道製造如此龐然大物而且還要能以拖拉機驅動會遇到種種困難。於是我改請捷克打造能夠掛在拖拉機後面的版本。我們買了兩台，一台給南非的農場，一台給伊利諾州的農場。

羅戴爾研究中心原始設計的挑戰是，播種機必須和滾壓機同寬才能確保拖在滾壓機後方時種子能和壓倒的護根物並排。然而，隨著GPS操作的普及化，我們意識到滾、壓、種三步驟無需一次到位。藉由設定GPS，我們可以先操作後方掛著滾壓機的拖拉機，然後循著同樣的軌跡操作播種機。我們用三十英尺的滾壓機進行測試，效果完美：黑麥被護作物應聲倒地變成護根物，播種機輕鬆劃開護根物播下種子。於是，我說服強鹿牌調整二十四行工具列的設計以配合（傑克改良過的）六十英尺滾壓機。二〇一三年春季，我們正式使用改良滾壓機。倘若成果如預期，我們的研發就能提供世界各地大規模耕作農民事半功倍且永續的保育式農法。回到烏庫立馬的五英尺滾壓機，因為免耕才是小農的致勝之道。提姆．拉薩利對於運用羅戴爾的

這台較大的滾壓機我們在南非也有用，是由拖拉機從前方牽引。我們正在探索這項科技要怎麼運用在非洲與美國的大規模保育耕作系統。
Tim LaSalle

新知幫助自給農興奮不已。我們討論我對有機一詞的反感，過程中提到就算有機能提高產量，偏鄉地帶的貧農負擔不起為獲得「有機」認可必須取得的大小證照。在美國本土，許多主流農民對有機一詞相當感冒，要不是有這層隔閡，他們其實會願意採用一些能夠促進土壤保育的技術。

不過提姆說的沒錯，「考量大部分非洲地區的財務能力和資源可得性，小農從事有機耕作是必然的選擇。」很多地區的農民生活困窘，資源貧乏，他們不得不採用我心目中的生物方法。糞肥、堆肥、用鋤頭除草，親手收割是僅有的工具。我雇用提姆到南非，想辦法將羅戴爾的研究成果和農夫分享。他說：「我們全心發展土壤的再生永續系統，而且絕對是使用免耕法。」

提姆和我想要研發比較小的、牛拉得動的滾壓機。抑制雜草生長尤其重要，提姆說明：「根據我這幾年的親身經驗與見聞，有機耕作系統最艱鉅的挑戰就是雜草。我是加州中央谷地的農民子弟，我很小就對雜草有所認識，我們最常使用的辦法是人力鋤耕，或者及早處理棉花、桃子或核桃樹，保持田地和果園不致雜草蔓生。很可惜，當時我們並不了解免耕的好處。」

小滾壓機的優點是堅固耐用無需使用昂貴燃料。它沒有容易故障的機電和複雜零件，驅動力來自牛隊，而且幾個農夫們可共用一台。它也能創造抑制雜草生長的護根物，然後農夫再親手把種子塞進護蓋層之下。烏庫立馬團隊也測試一台來自巴西的小型兩行播種機，經我們改良後，可以牛隊拖拉或小型拖拉機牽引。

贏得新興農民芳心的好機會？

被我們說動的強鹿牌正在研發進一步測試用的機具原型，我們也在迦納啟動另一個使用滾壓機的研究計畫，希望是由牛隊或小拖拉機牽引。小拖拉機是目前的新潮流：美國農業大廠近來很擔心中國人和其他跨國公司深入非洲拓展的影響。來自中國和印度的公司開始設計生產小型、價格可親的拖拉機和其他農機具，於是少數較先進開發中國家的農民有越來越多能夠負擔得起。就人口占多數的自給農而言，開發中世界農民走向現代機械耕作還有很長一段路。在此之前，販賣簡單易操作無需過多農業投入品（包括燃料和肥料）的設備不僅能夠幫助農民改善收成，而且是一門好生意。當農民的生活越來越富足，自然會將設備升級。這就是價值鏈開發，而目前還在初期階段。不過，我一直告訴美國企業主，做小事也能幫他們賺大錢。

我樂見慈善機構甚至政府單位在提供農民牛隻牽引的滾壓機或其他類似工具時，相信成果在外援離開後仍將屹立不搖。一個村子只需要一台滾壓機輪著用，而且村民可共同分攤餵養和管理牛隊的責任。

最後一項好處：牛力牽引系統可自行生產肥料。

故事三十二

援助是否種下暴力之源

霍華・W・巴菲特

一般人不會把「教職員會議」和「交戰區」聯想在一起，不過在我探索靠近阿富汗與巴基斯坦邊界賈拉拉巴德（Jalalabad）東部的時候，戰爭就等同打擾與隨機應變。接下來要探討的問題是：有一群擅長即興發揮的教育者富責任心、精力充沛，一心想為在險境中營生的年輕農夫帶來希望，我們的基金會是否能和他們攜手迎戰？

我和父親在二〇一〇年出席了阿富汗農民與楠格哈爾大學（Nangarhar University）農學院主辦的一場開幕儀式。[12]當天行程豐富，但老實說壓力不小。我們的陸路交通仰賴大型裝甲車，它的底盤設計成V字型，可以抵禦來自地面的爆炸衝擊。土製炸彈在這個地區很常見。護送我們的軍隊在靠近邊界時提高戒備。旅途中我們會穿越一處山區，那裡是美軍正全力剷除的塔利班黨人的藏身地。

儀式本身給人的感受和旅途大相逕庭。農學院教職員、農夫和其他社區成員熱情接待我們，並邀請我們到樹蔭下的野餐桌享用水果麵包。我們肩負任務前來認識當地農業，離開時更能體會農民們每日為生存所做的奮鬥。

農民和指導員都說他們需要的是一棟建築物，以便年輕棟梁能在屋內重新學習耕作的理論與實務。連年戰火導致民生活動被打斷，糧食生產主要地區沒有足夠場地能籌辦課程或推廣活動。老爸對此很感興趣。我們在基金會最常提到的原則之一是，美國農業蓬勃發展部分得歸功於政府

就算是在交戰區，面對面對談的重要性無可取代。儘管乘坐這種防地雷反伏擊車的規定及其嚴格，若不是親自拜訪，我們永遠不會真正了解阿富汗農民的需求或困難。Howard G. Buffett

12 我們在這次旅行初識德州農工大學諾曼・布勞格國際農業研究中心的艾德・普萊斯博士。喀布爾濃霧消散後，我們終於得以出發參加賈拉拉巴德的會談。

大力投資國家推廣部門體系。我們都認為投入此地的能力開發與培訓理當會得到正面的、長期的成效。

不過問題來了：過去幾天我們終於體會到交戰區生活的複雜性，包括廢棄的建築物和被炸彈摧毀的家屋。父親希望做點什麼，我也認為幫他們建設硬體設備是不錯的主意。過去我們不曾贊助在戰爭期間進行的工程項目。塔利班黨人或他們的同情者會不會藏在暗處監看，靜待完工時再洋洋得意地摧毀建築物，嘲笑我們的投資或西方人的參與？我心想，在這樣的環境下，相較於平息暴力，開發援助（development aid）是不是有更高的機率燃起暴力火花。

我們答應會仔細考慮，在接下來幾個星期就此困境交換意見，譬如其中的風險和可能的報酬。回應農民們的需求會不會等於浪費數百萬美元？我們

在衝突地區工作，必須無視當前的破敗放眼未來。Howard G. Buffett

的援助能不能緩解地方衝突，還是會挑起更深的仇恨？沒人知道答案。我們沒辦法及時獲得有助決策的任何答案，於是雙管齊下：贊助阿富汗的工程項目，同時在美國本土出錢尋求前述疑問的解答，以便我們或其他單位未來都做出更明智的決定。

促進和平穩定是已開發國家和捐款者提供援助的主要動機，美國就是很好的例子。但我對開發援助的表現實在沒有太多認識。我不光是指特定的日常活動，諸如供應難民糧食、幫助農民改善收成，以及重建毀壞的家園，也是指促進和平穩定的原則性工作。

一九七〇年十二月諾曼．布勞格在挪威奧斯陸獲頒諾貝爾獎，不是因為他在農業科學上的突破。雖然布勞格博士在作物育種方面有革命性貢獻，但他獲獎是因為以打擊飢餓的方式促進了世界和平。諾貝爾獎委員會了解飢餓和衝突之間的糾纏。戰爭不僅容易引發饑荒，創造飢餓人口，飢餓本身也會滋生暴力，因為受飢的民眾生活無以為繼、絕望而憤怒。

幫助亞洲的小農提高糧食生產，布勞格博士解決了當時所謂的「人口爆炸」危機。他在領獎演說中表示：「如果你渴望和平，栽培正義。不過同時也要栽培土地，生產更多麵包；否則和平將蕩然無存。」

我父親和我打電話給德州農工大學的艾德．普萊斯博士，他是楠格哈爾之旅的同行者之一，我們把資助農民教育的決定告訴他。但我們也想協助他的研究員調查衝突和嚴峻環境下的開發。普萊斯博士早就想在德州農工成立中心專門研究衝突和開發援助的相互影響。尋找資金的過程並不順利，主要因為普萊斯博士想研究的是援助引發的衝突，以及援助消弭的衝突。他解釋說「和平與開發」比較容易說動捐款者，這些人可不想惹是生非。

外國援助是否真的煽動暴力？

接到消息後，普萊斯博士組織一支年輕有為的研究團隊，他們負責建立特殊資料庫，呈現衝突——包括國內和國際——在兩百多個接受外援的國家的發展。他們輸入超過六十年的國際衝突數據，外加世界銀行和經濟合作暨發展組織（Organisation for Economic Cooperation and Development）的外國援助數據。另外也納入一系列社會經濟指標數據，像是貧窮率、死亡率、識字率和ＧＤＰ成長率。

初步結果引人入勝。他們認為外國援助在抑制開發中國家的暴力方面，整體而言並不成功。確實，數據顯示暴力在關係中占了上風。因為暴力會吸引外國援助，因此暴力的滋養者會為了取得糧食或其他資產等援助資源，不斷訴諸暴力。

研究人員對數據抽絲剝繭，研究不同類型的外國援助，像是蓋學校、替兒童施打預防針以及反貪汙訓練。他們試著更深入了解類型之間的差別，還有援助的作用，以便釐清援助和衝突之間的關係。

毫無意外，這是很不容易的研究工作。它牽涉太多變數，而且關於不同類型的援助，經濟合作暨發展組織最早的各國數據從二〇〇二年開始，為期過短，無法歸納出具體結論。即便如此，普萊斯團隊目前能夠評估的數據，印證了我們長期以來的懷疑。「在所有外國援助的形式和來源當中，農業開發和糧食援助真的能緩和國際衝突與國家內部的暴力，」普萊斯博士表示。其他種類的外援，像是基礎建設項目、特定醫療服務，還有政府行政改善，提高了進一步衝突的風險。

怎麼會這樣？普萊斯博士懷疑問題出在援助如何配發。無論在哪個貧窮的社會，落入特權人士口袋的外援會加劇所得不平等，而所得不平等又是預知衝突的有效指標。包括給醫院、道路和成立政府機關在內的很多外援，往往朝城市中心匯聚，菁英階成為受惠者。德州農工大學衝突與開發中心的副主任沙瑞爾・基比里亞（Shahriar Kibriya）估計，一個典型的國家贊助外援計畫，其分配資源只有百分之五到十直接觸及貧苦階級。他補充說，研究顯示外援資金最後往往流進西方世界的銀行帳戶，這要不是因為資金經過社會菁英轉手，就是因為開發援助組織和NGO龐大的行政開銷和效率不彰。

無論是傳授更好的農耕技術或創造改良種子的育種中心，農業開發援助對改善所得不公平效果尤佳，因為受益的一定是一大群窮人：也就是，農民。「不公平的管理農業開發援助並不容易，」普萊斯博士表示。以培訓、灌溉建設或改善種子研發等形式存在的輔助，無法引起小偷或貪官汙吏的興趣。

為了獲得較明確的答案，德州農工大學的研究團隊採用一種分析方法。設計這個分析方法的人，其背景就像對這類研究的尖銳嘲諷。UCLA著名資訊工程科學家、二〇一一年電腦界諾貝爾獎的圖靈獎得主朱迪亞．珀爾（Judea Pearl），曾經有個在《華爾街日報》（*Wall Street Journal*）擔任記者的兒子叫丹尼爾．珀爾（Daniel Pearl）。丹尼爾在二〇〇二年一次任務中，遭巴基斯坦武裝團體綁架撕票。

朱迪亞．珀爾的貢獻是在人工智慧領域使用「貝氏網路」（Bayesian networks）闡明因果關係（causal dependencies）。珀爾博士給電腦具有不確定性和限制性的數據，幫助它學習像人類般思考。珀爾博士的成果也提供了科學家一個新的方法，在面對多重變數時釐清因果關係，這對分析衝突與開發領域至關重要。德州農工大學經濟學家權衡關係的因素包括恐怖主義和商品價格，乃至兒童存活率。「珀爾博士的成就幫助我們得以看見過去看不見的關聯，」基比里亞博士說道。

在某項作業中，普萊斯博士的團隊揭露運送糧食援助到蘇丹的重大問題。根據聯合國農糧組織統計，蘇丹營養不足的人口達百分之四十。有些國際組織為蘇丹內戰感到憂心，於是送小麥到當地，卻不知道那些小麥大部分都進到城市地區特權分子的胃裡。根據德州農工大學的分析，外援小麥擴大了國內供應，導致麵包價格下降，其中富人受惠最多。因此，援助並沒有直接幫助窮人，他們生產、食用、販售的主要是高粱和小米。更不尋常的是，分析顯示暴力的增加來自這些差距。這讓我想起貨幣化糧食援助經常製造出的錯誤組合：為滿足最窮困人口而生產運送的糧食，最後卻成為城市旅館早餐桌上的馬芬蛋糕。

根據普萊斯博士表示，在完全發揮珀爾博士分析方法的潛能之前，他的團隊大概還需要幾年時間累積關於不同種類外援的充分數據。我預期當我們拿到結果時，能夠幫助我們提倡從事援助更明智的做法，無論是在衝突後國家投入更多農業開發資金，或者決定如何配發才能讓援助更有效地觸及窮人。美國國際開發署提供中心和我們贊助一樣多的研究經費，促成七間大學在結合研究與領域內開發的共同合作。時任國務卿的希拉蕊表揚此舉為「利用科學和科技拯救並改善世界各地數百萬人的生命」。[13]

布勞格獲諾貝爾獎的四十多年後，戰爭和飢餓的連結越來越緊密。根據世界銀行統計，相較於生活在安定的開發中國家，動亂頻仍國家的人民比前者多了兩倍以上的機會餓肚子。[14]今日的武裝衝突比起冷戰時期更容易造成飢餓危機，部分是因為有更多的人被迫經歷更漫長的流離失所。同樣的道理，我們看到有越來越多糧食不安全產生的動盪案例。自二〇〇八年起，全球有不少國家的政府被糧食價格衝擊引發的街頭抗爭推翻，像是海地、馬達加斯加和突尼西亞。

除非更重視這個事實，否則未來還有更多政府會被推翻。開發中國家每八人當中就有一人慢

---

13 http://www.state.gov/secretary/rm/2012/11/200353.htm.

14 *World Development Report 2011: Conflict, Security, and Development* (Washington, DC: The International Bank for Reconstruction and Development / The World Bank, 2011), http://siteresources.worldbank.org/INTWDRS/Resources/WDR2011_Full_Text.pdf.

性營養不足，而未來幾十年人口成長的主力預期將來自開發中國家。多數評估都認為，糧食價格還是會持續走高，成為城市窮人暴動和土地資源競奪的主要背景因素。

已開發國家對貧窮國家不斷孕育衝突感到憂心忡忡，他們非常相信開發是一帖良藥。他們每年花費在外國援助的總額已從二〇〇一年九月恐怖分子攻擊世貿中心和五角大廈起，成長三分之二，攀升至約一千三百億美元。接受外援的許多國家是以農業社會為主，因為飢餓問題和暴力衝突落得千瘡百孔。

但相較於提供開發中世界政府管理、教育、健康和交通運輸基礎建設等其他制度的外援金額，致力於農業開發的外援仍然算少，而後者是為了幫助貧窮國家的小農生產更多糧食。世界銀行的資料顯示，開發援助投入農業的比例從一九八〇年代的百分之十七降低至二〇〇七年糧食危機爆發的百分五。

資源分配不均是常見的導火線

艾德．普萊斯在阿富汗幫助重建農業部門的推廣服務，數十年戰火和塔利班統治導致這個國家如今得依賴外國糧食援助。這是相當不幸的轉變，畢竟阿富汗過去曾是糧食淨出口國兼世界首屈一指葡萄乾出口國。[15] 三百萬游牧民古支人（Kuchi）的處境尤其艱難，因為戰火擋住了他們採集食物的動線。他們正努力搶救綿羊和山羊群。

「我相信農業科學家有義務化解衝突的種種成因。很多問題的癥結都和資源分配不均有關，」普萊斯博士說。

我們基金會在馬里蘭州成立了經濟穩定性研究中心（Institute for Economic Stability），鑽研在伊拉克和阿富汗成功的開發取徑。IES將發展實務個案研究，摸索教訓，提供軍隊和開發社群更多資訊。

我不知道這研究未來能不能幫助我們面對那些難解的問題，譬如在交戰區蓋房子是不是明智的決定。我們只能接受風險，義無反顧地蓋下去。我們收到一些照片，顯示在我提筆的這一刻，建築物設備俱全已正式啟用。我們收到報告說當地社群都對這棟建物感到驕傲。楠格哈爾大學是阿富汗境內相當重要的農業資源之一，新建物創造了成長空間，學校得以提供農藝學、土壤科學、動物科學、園藝學和農業推廣等新課程。我們相信若要在廣大開發領域中做出更明智的決定，援助衝擊和衝突動態的研究不可或缺。我很高興和我們一起進餐的勇敢農夫和教育者在炮火中獲得更多力量，為他們國家孩童的未來爭取更多機會——希望有朝一日他們能在和平中發展。

---

[15] http://www.grain.org/article/entries/128-the-soils-of-war;http://www.nytimes .com/2010/10/09/business/global/09raisins.html?pagewanted=all.

第五部
希望的曙光

內人戴雯經常說我是她見過最消極的樂觀主義者。我偶爾會氣餒退縮，因為當我遊走世界各地看見那些悲慘度日的人，想幫忙卻無計可施，不只沮喪萬分，有時甚至覺得心都碎了。不過，消沉的心情通常不會持續太久。我心裡住著一個樂觀主義者，經常受到人、組織和想法的鼓舞，他們以不落窠臼的方式改善糧食安全。在最後一部中，我要分享幾個讓我抱持希望的強大理由，像是整個國家農業部門急起直追的系統性進展、振奮人心的新型創業模式和有上網功能的工具，以及幾位探索創新路線的勵志人物故事。我很高興看見這些改革者在投入糧食不安全和貧窮問題時不以金錢換算作為成功與否或評定進展的標準，他們真正在意的是一個國家或社區內的居民是否擁有自主改善境況的自由和資源。

故事三十三

開放曾經「不對外開放」的喜拉多

李嘉多・戈姆斯・德阿羅和（Ricardo Gomes de Araujo）田裡的玉米長得非常茂密，我根本是擠身穿越而不是在成排玉米叢之間行走，我們要去看他用聯合收割機採收八英尺高的玉米。李嘉多的農場名叫「公牛皮」（Bull’s Leather），占地超過兩千英畝，距離巴西巴拉那州隆德里納市（Londrina, state of Parana）中心約十五英里。身為農夫，我對李嘉多的農場非常佩服。

當時是二〇一二年春天。我們置身在山丘起伏的大豆田、小麥田和柑橘園當中。另一座鄰近的田地上種著綠油油的玉米，才數英寸高。我在伊利諾州的農場四季分明，玉米每年只能一穫。李嘉多的玉米可以二穫。

李嘉多講葡萄牙文，但他說話和打扮的樣子就像美國中西部熟諳科技的農夫。他開著小型載貨卡車來見我，一身藍色牛仔褲和針織衫，包包裡裝著存有數年作物數據的筆記型電腦。他的農場經營和我有許多相似之處。我們都使用基因改造種子，而且都使用大馬力機械工具。

我們之間的差別在於我的農場有世上數一數二肥沃的土壤，而他最初耕作的卻是世上數一數二貧瘠的土壤。就食物生長的種類和數量而言，李嘉多的成就可觀，尤其他面對的是嚴苛的技術性挑戰，在氣候不佳、土質酸黏的條件下種糧食穀物。全巴西的土壤條件都一樣。我樂於尋找好的發展模式，基於幾個考量因素，巴西可以是一個國家投入農業開發的借鏡。

過去三十年，巴西的領導人打造出聰明積極的農業研究，開始享受其成果。不僅如此，巴西政府已為大規模、永續的農業開發制定出有關贊助和政策的整個生態體系。在不毛之地與糧食不安全搏鬥的國家，譬如撒哈拉以南非洲國家，其領導階層可在巴西的成功案例中看到曙光。

巴西農民證明他們可以打造一個可觀、多產的農業系統，減少國內飢餓人口，儘管他們耕作的土壤是世界上最不適合耕作的土壤。 Howard G. Buffett

覆蓋巴西國土五分之一的熱帶大草原在葡萄牙語中叫做「喜拉多」（*cerrado*），意思是「不對外開放」。覆蓋著紅色酸性土壤的廣袤大草原，顯然令早期定居者退避三舍。他們不對那塊土地做非分之想。後來歐洲移民在一九五〇和六〇年代來到巴西南部，試圖在此地從事農耕，他們對傳統犁田技術的依賴是一場大災難。不同於歐洲有較緊密厚實的壤土，巴西的土壤很脆弱，有機質不多，含鋁量高（會毒害某些植物），暴雨液化經過開墾、種植的土壤，將土壤送進河流裡。

世界上有百分之六十的玉米與百分之四十五的小麥產自美國所在的北部豐饒腰帶，[1]但巴西在豐饒腰帶以南極遠處。肥沃區可以跨越乾燥沙漠地帶到部分高緯度極地區，但他們通常擁有溫帶或大陸型氣候，四季分明，充足降雨和地下水，一年一度的寒冬以消滅蟲害，以及仍然保有一定厚度、由健康有機質組成、富含礦物質的表土。然而，這些條件一靠近赤道就變了樣。終年相對高溫表示有機質會在土壤表層迅速腐敗，導致此地砂質或黏土含量高的土壤構造無法獲得充足養分。在沒有寒冬的潮濕氣候中，昆蟲和菌類的生長也相對容易。此外，來到巴西的歐洲人發現，猛烈的熱帶降雨會對作物生長的田地造成嚴重破壞。

為了解巴西情況的重要性，我們意識到萬萬不該沿用一個在別處可行的方法。農民不能把專

[1] 環境機構（Institute on the Environment）使用EarthStat數據所做的分析。環境機構是明尼蘇達大學全球環境美化行動（University of Minnesota's Global Landscapes Initiative）與麥基爾大學土地使用與全球環境實驗室（McGill University's Land Use and the Global Environment Lab）的合作機構。

為豐饒腰帶環境設計的農業系統，種在土壤風化的大草原上。我很反對有人以「輸出」美國的高收成農業模式作為解決非洲等地區飢餓問題的辦法，因為那和耕作的運作道理背道而馳。數百年來，美國人針對國內的氣候和地理，持續開發種子、技術、知識、設備和栽種策略。世界上其他地區需要因地制宜的最佳技術和農業投入品，然後透過農業推廣單位傳播給農民，也教導農民。這是一項需要承諾的長期任務。

馴化土壤的決心

政府自一九七〇年代起精心的規畫，使巴西如今能以農業大國的姿態崛起。為了挪出成長空間，巴西政府不僅將發展重心從海岸線內移，而且從長期定居的南部地區移到一望無際的內陸地區。有移民就得想辦法生產糧食，以維繫遷徙人口的生存。巴西在一九七三年成立一政府企業，專門為農業研究提供資金。這間公司名叫「巴西農業研究公司」（Empresa Brasileira de Pesquisa Agropecuária，簡稱EMBRAPA）。EMBRAPA的原始任務是找出耕作喜拉多地區的辦法。不久後，巴西雇用上千名農業學者，撥給農業研發的預算甚至比英國和加拿大等已開發國家還高。如今這筆預算每年約有十億美元。[2]

EMBRAPA的研究員發現使用大量萊姆能抑制土壤中的酸性，使喜拉多更適合作物生長。

EMBRAPA也改良非洲的多年生禾本科臂形草屬（Brachiaria）品種在巴西栽種，主要作為牛隻的飼草，不過它還具有提高貧瘠土壤氮含量的特性。為了保護改善後的表土，EMBRAPA提倡實行免耕農法，目前喜拉多耕地有百分之八十的面積採行此法，土壤侵蝕減少了百分之七十五。譬如李嘉多就選擇在兩次收成季之間種植被護作物，補充有機質，改善土壤構造，避免土壤侵蝕。被護作物也能讓此地的黏土土壤不至於變得過度密實。傳統農夫經常以犁田鬆動固結的土壤。「我嘗試以生物方法對抗土壤夯實（compaction），我用植物，」李嘉多對我說。

不過我們可以說，最重大的突破出自和李嘉多農場在同一條路上的EMBRAPA大豆研發機構。巴西需要在輪作機制中加入大豆，因為大豆能和微生物聯手將空氣中的氮固定到土壤中。如此就不需要使用大量化學肥料。由於大豆本來是溫帶作物，它需要溫帶地區季節變換特有的日光節奏來調節生長階段。生長在熱帶地區的溫帶大豆個頭嬌小，無法用機器收成。EMBRAPA研究員成功培育出高產量的熱帶大豆，名叫「克里斯塔麗娜」（*Cristalina*），席捲整個喜拉多區域。

研發的效果顯著：李嘉多農場每英畝土地的穀物收成量和我在伊利諾州的產量很接近。整體國家產量數字也令人刮目相看。巴西如今是僅次於美國的第二大大豆出口國。

糧食供給的增加、人民收入水準隨經濟擴張而提高、政府推動有先見之明的營養援助計畫，

---

2 對照之下，美國農業部二〇一二年在農業研究、教育與推廣計畫的自由運用資金為二十五億三千萬美元。

三者聯手舒緩巴西的飢餓問題。根據華盛頓特區國際糧食政策研究所（International Food Policy Research Institute）的統計，巴西營養不良人口占總人口的比例在二〇〇五至〇七年區間已降至百分之六，一九九〇至九二年區間的比例是百分之十一。更棒的是，五歲以下兒童體重過輕的比例，從一九八八至九二年的百分之六點一降到二〇〇四至〇九年的百分之二點二。

巴西農民人口中最大的族群依然是自給農，可耕地面積在二十五英畝以內。近年來，巴西政府的注意力越來越集中在他們稱之為「家庭農民」（family farmers）的身上，這類農民獲得的貸款補助比商業農民更優渥。政府還保障小農擔任官方營養計畫的供應者。這是聯邦營養計畫以雙重管道打擊貧窮的極佳示範：從學校（每天服務四千七百萬學生）對抗飢餓，為小農開創市場。巴西政府每年花二十億美元在學校供膳計畫，然後向小農採購至少百分之三十的供膳計畫所需物資。

我認識一個將商品賣給政府的小農。四十四歲的諾依德絲．瑪莉雅．德赫蘇斯（Noildes Maria de Jesus）是單親媽媽，和十個孩子同住一間煤渣磚砌成的屋子。這位婦人個子嬌小，一頭黑髮披在身後，她邀請我到門廊上的木椅上歇腳、喝杯水，然後告訴我當初她來此地時，住在一頂塑膠帳篷裡。她說她選擇在這裡務農，她認為對只有微薄收入的人而言，務農是最好的出路。更何況她有這麼多小孩能幫忙幹活。她的耕作面積有五公頃，其中有半公頃的土地是草莓園，也是她最重要的經濟作物。

諾依德絲說，政府以每公斤四點五美元的價格向她收購草莓，如果賣到當地市場只有二點五美元，這筆收入讓她能夠資助一個在在念大學的女兒。我開玩笑地問她，既然政府提供保障價格，那她是不是可以把品質最差的草莓都賣給學校供膳計畫，留下最好的草莓賣到公開市場上。「當然不行，」她責罵我。「那可是我小孩要吃的食物，所以我給學校最好的草莓。」即便有前述種種成就，我不想把巴西美化成一個不犯錯的國家，也不代表巴西已經成功消滅糧食不安全。超過五分之一的巴西人口活在貧窮當中。這些窮苦人家擠在陡坡上的陋屋，層層疊疊的加蓋，彷彿垂直貧民窟，和里約熱內盧（Rio de Janeiro）的豪華沙灘相距不遠。社會對土地租佃制度的爭議持續了數十年，童工也很普遍。部分受到外資湧入影響，通貨膨脹率很高。

此外，自然環境成了巴西農業崛起的犧牲者。巴西有世界上相對先進的森林保護法。但截至二〇〇〇年代早期之前，伐木業者、放牧業者和農民已挖掉數百萬英畝的巴西亞馬遜雨林。對世界上最多樣化的動植物棲地造成威脅。巴西在一九九〇到二〇〇五年間，失去了超過一百萬英畝的森林地，大約是一個加州的面積。過去三十年，巴西亞馬遜雨林面積減少了五分之一，巴西因而成為溫室氣體排放最多的國家之一。當巴西人燒林整地時，他們也將長久以來存在樹木裡的碳釋放到大氣層。

當保育運動人士盯上巴西，大豆農成為毀林的眾矢之的。歐洲向巴西購買許多大豆，保育宣傳使麥當勞這些大客戶感到憂心，他們不想被視為毀林的幫凶。但情況已經有所改善：嘉吉和其他重要大豆出口商同意自二〇〇六年起，如果旗下收購的大豆來自涉嫌毀林的農民，將對商品進行暫緩付款，同時嘉吉甚至監管雨林，幫助環境主義者追蹤被轉作其他用途的土地。政府成立森林管理服務處，負責管理亞馬遜雨林的永續發展。如果毀林率沒有改善，農民和放牧業者向國家申請的貸款可能被凍結。巴西政府航太單位使用衛星監控熱帶雨林的毀林狀況，並對採用此創舉引以為豪。

有個名叫保護國際（Conservation International）的團體，和孟山都公司（Monsanto Company）攜手確保農業供應鏈符合各項法規限制，特別是防止非法毀林和物種的局部地區滅絕（local extinction）。EMBRAPA官員告訴我，他們的目標是在不犧牲另一棵樹的前提下，加倍巴西的糧食生產。他們鼓勵農民參與「農林間作」（agroforestry）的土壤改善策略，栽種更多樹木。聯邦法律規定規模較大的農民要保留百分之二十在雨林和森林地的土地。

巴西的各項成就吸引包括孟山都在內的跨國農業公司的注意，如今他們視巴西為自家商品重要的成長中市場。孟山都計畫（仍在等待中國的批准，中國是巴西大豆主要進口國）在近期內推出一款名叫Intacta RR2 PRO的基改大豆，這款大豆有許多珍貴特性，非常適合在熱帶栽種。它可以耐嘉磷塞除草劑年年春（Roundup），抗大豆夜蛾和黎豆夜蛾，他們是該生態體系中最難對付的蟲類。如此又能減少殺蟲劑的使用。在美國多數地區，這項科技主要是保護玉米和棉花，但對巴西的大豆也相當有幫助。雖然所有產品最終都必須接受實際栽種環境的考驗，農業研究實驗室的出現有助於加速這個過程的進展。孟山都位於密蘇里州聖路易斯（Saint Louis）的研發中心可以研究世界每個角落的情況。它有超過一百個大小約等於住家車庫的生長室，配備燈光、加濕器和除濕器，以及不同成分組成的混合土壤，模擬農民可能遇到的任何情況。

研究員可以複製經緯度、濕度和特定時間內的降雨模式。孟山度的科學家辨識世界各地作物品種的基因特性試圖找到創造高產量變種的最佳組合，然後再以其他特性強化該品種適應特定的環境。從實驗室板凳到農民的土地，整個過程可能不只十年。在巴西，孟山都的科學家和EMBRAPA在幾個項目計畫上密切合作。根據孟山都表示，巴西和阿根廷如今分別成為（僅次於美國的）第二、第三大改良種子採用國。

非洲可仿效的模式？

對非洲而言，喜拉多以糧食穀倉的姿態崛起可能是很重要的發展模式。整體而言，巴西比起許多非洲地區水資源較豐富。但巴西和大部分非洲國家都處在豐饒腰帶之外，擁有古老不堪用的土壤，而且都位於熱帶地區。兩者的人口都正在急速增加。面對許多自然挑戰，巴西依然成功轉型，從一九七〇年代後期的基本糧食作物淨進口國，搖身一變成為世界上最大的糧食生產和農業出口國之一。巴西人均卡路里供應在一九七五到二〇〇七年之間成長了百分之二十五。

唯有政府能對糧食安全採取某些行動。除了公家單位，有誰能以前述規模幫助貧窮的農夫？

打造耕作腰帶就像管理軍隊或運作教育體系，需要整合並協調各項事務。唯有政府能保護土地權利，為促進人民共和福祉進行大規模研究，管制市場保持其透明性，並且建立執法所需的法律基礎。也唯有政府能以深謀遠慮的政策為農民創造一個有利的經濟環境。一九八〇年代末期，巴西政府開始搶救在幾年內超過百分之一千的惡性通膨。他們在一九九四年拋棄實施數十載的保護主義，採用新貨幣雷亞爾（real），並且讓巴西雷亞爾對美元貶值。他們採納開放貿易政策，使農民能在國外農業投入品比國內供應源更便宜時選擇進口。

掃除障礙使跨國企業投資巴西，為該國的農耕部門引進一股資金潮，將最新的科技介紹給巴西農民，也帶來更多願意提供貸款的新供應商。國外買家開始覺得巴西出口農產品越來越吸引人，因為雷亞爾的浮動匯率使巴西成為一個低成本食物供應者。政府也提供農民便宜的貸款和其他補貼。

巴西經驗和未來發展或許能夠幫非洲農夫一把。EMBRAPA已經有研究員在迦納、莫三比克和塞內加爾從事外展工作（outreach work），而且成立了一個七百萬美元的五年期計畫，將巴西科學家和非洲科學家配對，前者幫助後者研究適用於巴西的技術在非洲是否仍可行。我們的基金會資助多項計畫，幫助耕作環境類似喜拉多地區（非洲人稱為「幾內亞草原」）的生產者，學習貧農也負擔得起的土壤保育技術。

在非洲和巴西工作的農業專家告訴我，他們對非洲草原生產比目前更多的糧食樂觀其成。

和巴西熱帶大草原同緯度的土地不少，從安哥拉東部一路延伸到印度洋，跨越尚比亞、馬拉威和莫三比克，無論地形、土壤、氣候都與喜拉多相仿。另一條腰帶位於西非，面積有數百萬公頃，從象牙海岸內陸開始延伸至迦納、多哥、貝南和奈及利亞。這些地區需要開發，但它們目前現有的廣大森林和叢林也應該受到保護。

雖然巴西當初的目標是幫助大規模耕作的農民，但小型家庭農民也獲得越來越多的支持。部分非洲國家的政府一直以租稅誘因、水資源使用權利，以及便宜出租政府土地的長期合約爭取外國農民大戶的青睞。有些仲介承諾非洲農場每年能為買家帶來百分之十五到二十的報酬率，這數據完全不切實際。美國農地——在這裡你可以在合理的時間內取得拖拉機零件，肥料取之不盡，而且擁有最先進的種子——過去三十年的平均報酬率約百分之六。

非洲大草原的潛力不是幻影。如果不傾全力幫助國內的小農，非洲領導人將搞砸在這個世代內拯救人民脫離水深火熱的最好機會。提供外國投資客更多優惠而不幫助國內的農民，這絕對不是非洲國家複製喜拉多奇蹟的方法。開放國外大規模機械農耕進入無法創造足夠的當地就業機會，將那些作物運向其他國家，獲益的幾乎都是國外農民與簽下合約的政府官員。為了在全球各地以最高效率對抗飢餓，我們必須和世人分享如何為地力耗盡的土壤注入生機的最新知識。永續的農經措施、鐵的意志，以及全心投入的政府機構是不可或缺的要素。巴西在喜拉多實現的願景給我希望。

故事三十四

裹著巧克力糖衣的機會

喬・溫尼（Joe Whinney）是一間有機高級巧克力公司「提歐巧克力」（Theo Chocolate）的執行長，工廠設在華盛頓州的西雅圖（Seattle）。

喬不是畏縮膽小的人。

讓我向各位說明。

幾年前，我和喬初次見面，我們一起去民主剛果。民主剛果是糧食不安全最嚴重、戰火禍害人民最深的非洲國家之一。我們去參觀當地的NGO「綠色之家」（Green House），該組織教導當地農民如何提高可可收成，並取得進入高級巧克力市場的門票，希望能夠改善他們的生活。民主剛果毫無秩序可言，危險當然是無所不在。不斷改變效忠對象的武裝義勇軍與幫派分子是動亂的根源。喬為了尋求可可貨源四處旅行，去過不少奇特複雜的地方，他行事低調，而且無所畏懼。我當下就看出他不是一般常見的食物公司執行長。當我們進一步交談，我更加確信自己的直覺。

喬來自費城（Philadelphia）。高中時，他是大家公認的好學生，但他從高三起對學校課業感到不耐煩，於是還沒畢業就先退學了。喬和一位好哥兒們合資買了一艘帆船，到加勒比海展開一場冒險。三個月後，喬在中美洲的貝里斯上岸，他決定要把時間精力花在更有意義的事情上。他在一個NGO內找了份工作，致力於在開發主義至上的大環境下保存原生物種。喬很快就發現若要實現這個目標，首先得想辦法改善和脆弱生態體系共存的居民的生活水準，讓他們不再把危害雨林與瀕危物種視為不得不的生存之道。

這個組織嘗試的其中一項計畫是為貝里斯人的高品質可可拓展市場。市面上主要的巧克力公司都在貝里斯設廠，包括好時（Hershey's），他們對當地產品的品質很滿意。喬親赴現場學習關於栽種這項作物的知識。他現身可可農莊與當地農場助手一起工作的第一天，他們交給他兩樣東西：一個舊米袋，袋子上縫著作揹帶用的汽車安全帶。然後是一把霰彈槍。他們沒多做解釋。「我心想，『難道是要朝可可樹開槍，震落可可果嗎？』」

喬跟在旁邊看，事情當然不是他想的那樣。他們告訴喬，在工人們把可可果從樹上拉下來後，他要負責收集那些滾落農莊山坡的果實。他放下霰彈槍，開始追著芒果大的果實四處跑。沒多久，在他伸手準備剪一顆果實的時候，發現手邊有一條球棒那麼粗的蛇。他嚇得跳開，但興致勃勃地對身邊一名同事說自己發現了一條蛇。

「去拿槍，兄弟！」同事對他吼道。農莊是粗鱗矛頭蝮的主要棲地，這種蛇類毒性極強，具攻擊性和高度領土性，成雙成對地覓食。同事從喬的手上接過霰彈槍，朝那條蛇開了一槍。「其他人根本不以為意，」他說。喬很快就對偶爾的槍響習以為常。他欣賞當地人勤奮的工作態度，即便薪資微薄，即便摘樹葉或移動到另一棵樹的途中都可能遭遇不測。

喬說世界上很多可可農夫從來沒看過自己辛苦採收果實做出的巧克力成品。一個人看著可可果實，幾乎不可能想像從採收可可到製成松露巧克力中間要經過多少漫長旅程。「可可果的外觀像是美式足球和南瓜的配種，」他解釋道。第一天工作結束的時候，喬看到其他工人打開可可果，吃起果實內奶白色、口感綿密的果肉。「美味極了。我無法想像自己從哥哥萬聖節糖果袋偷來的星河巧克力（Milky Way）是這果實做成的。」

他上癮了。喬對當地人產生同理心，他認為可可是能夠幫他們改善生計的優質作物，但前提是他們有管道進軍全球市場。「一九九〇年代早期，我試著尋找有機巧克力貨源。我收購可可豆，冒風險，供貨給ADM和其他公司。但我知道自己做的事不具專利性，隨時可能有製造商取代我的工作，掌握這個市場。我在一九九四年成立自己的巧克力公司，但我們沒辦法透過發展栽種技術為公司帶來獲利。沒有人在意可可。我的資金在二〇〇一年彈盡援絕。我手邊沒有錢能投入栽種端的開發。我意識到如果不盡快開始獲利，一切就玩完了。這生意如果在財務上一籌莫展，什麼都沒得談。這間公司成立之初的任務性太強，我沒有做好經營公司的基本功。」

他就當時公司的狀況進行評估，找到更好的經營方向。二〇〇四年，喬和一個合夥人在西雅圖共同創立了提歐巧克力。他決心追求「進步的資本主義」，不過終歸還是資本主義。

超越關懷，創造新的選擇

有些人會稱喬是「社會企業家」。這個名詞在發展領域已成為流行用語，可以用來形容非營利和營利的各種企業。我樂見這方面的改革，期待未來它能創造許多好的想法。我們的基金會才剛開始接觸這些企業家和計畫，我不知道怎樣的形式會是最成功的。重點是這些計畫能夠開發市場與提供工作機會。他們的使命超越提供關懷和援助，而是創造永續的解決之道。

有些創投的商業模型很窄，像是販售能夠幫鄉村農民查看穀物價格的智慧型手機應用程式，甚至更小，像是地區性作物保險公司透過手機支付（cell phone credits）收取保費與償付保險理賠。在印度，有間公司使用手機簡訊提醒城市內各地區的居民，自來水即將傳送到他們各自所在地的水龍頭。就連少數非常窮苦的人都覺得花點小錢買這服務是值得的，因為本來得在水龍頭前乾等幾小時的家人有了這項服務，就能將寶貴的時間用在學校或出門找工作。

最近我遇到一位社會企業家，他在某個不尋常的情況下萌生了一個遠大的理想。傑克・哈里曼（Jake Harriman）一九九八年畢業於美國海軍學院，計畫要當一個正職軍人。二〇〇三年戰爭初期，他帶領一排海軍陸戰隊弟兄在伊拉克駐守一條道路。有輛車形跡可疑地衝向他們，因為擔心那是敵軍的自殺行動，傑克和他的組員舉槍向前。驚慌失措的駕駛停車，朝他們狂奔，大吼大叫，接著另一輛車從後方加速駛來，一批伊拉克軍人從車裡跳出來，對著前方的車輛瘋狂掃射。傑克和他們兄弟們殲滅了攻擊者。駕駛回到車上，把受重傷的年輕女兒從車裡抱出來。他的太太和小女兒已經死了。「他是來向我們求救的，」傑克很快意識到。

伊拉克軍隊一直試圖強迫這名身分是農夫的男子從軍作戰。「我在他身上看到赤貧對人造成的傷害——他別無選擇。」傑克說道。他在職業任期內發現許多戰鬥者不是受正規訓練的軍人。他們只是一群生活窮困的農民，家人連飯都吃不飽。軍方會說服他們加入戰鬥（或從事自殺任務）以交換糧食。身為農家子弟的傑克說，他意識到若想打敗恐怖主義，首先他要放下武器解決赤貧的問題。他在目睹事件發生的兩年內離開軍隊，到史丹佛大學進修MBA課程。然後他成立了Nuru國際組織。（Nuru是斯瓦希里語的「光」。）

Nuru的行動——持續在肯亞發展並拓展到衣索比亞——不以援助為基礎。Nuru是非營利組織，致力於社區發展的幾個不同面向，旨在拓展當地民眾可運用的選擇，並培養他們為自己做決定的力量。從農業的角度，我對Nuru發展模型的三個特定元素很感興趣。首先，Nuru借貸種子和肥料給農民，然後教導他們將收成最大化的技巧，如此他們便能償還借貸——整個過程不含捐贈。Nuru在肯亞工作四年，有些農民的作物收成已經成長了百分之三百。

第二，Nuru成立一間營利公司，由他們訓練的一批當地企業家和管理團隊負責營運。這間公司開發出幾個事業單位，像是運輸服務，幫助農民將剩餘作物送到市場上。非洲很多地方的貧農往往遭他人剝削，因為他們只能將作物賣給開著交通工具到村子裡收購的貿易商。要是直接把剩餘作物帶到市場上販售，許多農民都能拿到更好的價格，但他們就是沒辦法。針對這樣的狀況，Nuru協助開發一項地方小本生意，店家先添購一台交通工具運送肥料和種子到村莊，然後酌收合理費用，把當地農民的作物運到市場上。作物賣到比較好的價格，農民自然負擔得起這筆費用，因此這是一個能永續經營的商業模式。Nuru的持續參與確保新成立的公司不斷將獲利再投資到他們所屬的社群。

第三——這點和我們基金會對於發展組織的終極目標應該是讓自己倒閉，立場相同——傑克說無論Nuru在哪啟動一項計畫，都先訂定一個七年的離場策略。這有助於社群專注學習如何在沒有外援的情況下守成。「我認為傳統的NGO創造了一個玻璃天花板*，導致我們無法突破與解決赤貧，」傑克表示。「現有的組織不相信他們做得到，於是我們創造了對援助的嚴重依賴，

*譯注：傑克．哈里曼在此引申玻璃天花板效應（Glass Ceiling Effect），形容一種實際存在但看不到的障礙。不過，此效應最初是專門用來描述女性試圖晉升到企業或組織高層所面臨的障礙。

但這些人不願意承認他們犯下的錯誤。」

「在矽谷，創業家成功是因為他們知道如果犯了錯，他們必須回應市場，做出修正。我希望透明化我們犯下的錯誤，不斷修正。」舉例來說，傑克曾經和我們一樣認為鑿井是創造正面衝擊的辦法，於是著手實施鑿井計畫。但他也像我們一樣，意識到那其實是一個短期的應急措施。「你必須做整條價值鏈的介入。你不能跑到當地自得其樂地建設基礎設施，尤其是在貧窮的鄉村地區。你必須找當地有想法的創業者，幫助他們培養拓展生意與打開通路的能力。」

傑克說，貧窮不是用每個人每天賺多少錢或花多少錢來計算，貧窮是沒有基本人權選擇的人生。「一個人出生地的全球定位系統座標決定了他別無選擇的一生，」他說（這句話就像是海軍陸戰隊版本的娘胎樂透說）。但有了強調當地解決辦法、市場通路和領袖培訓的全面性開發計畫，他說，「我們認為我們可以打破赤貧的玻璃天花板。」

另一個從事社會企業的有趣角度來自非營利組織獨立農業工人中心（Centro Independiente de Trabajadores Agricolas，簡稱CITA），總部設在亞利桑納州的尤馬（Yuma），在墨西哥也設有多處辦公室。創辦人簡妮．杜隆（Janine Duron）為公司設定一個目標，他們要提供美國營利農夫取得合法的勤奮勞工，藉此改善他們的生活。也就是說，該組織必須和營利安置機構競爭。我們在二〇〇七年提供CITA第一筆補助金，他們是一個農民領導的組織，為農場工人服務，同時滿足美國農民對取得合法勞工的需求。我們和天主教救助服務會合作贊助CITA，但他們不是傳統的NGO。CITA扮演某種勞工仲介的角色，是農場和季節性農業工人的媒合者。CITA幫助墨西哥勞工取得簽證，合法提升他們的所得約百分之一千。（在墨西哥，他們每天大約可賺十美元；在美國農場，他們每小時薪資就是十美元。）這些工人並沒有搶走美國人的飯碗。他們填補了極度短缺的季節性工作，若沒有這些人，大規模農場也無從以合法方式解決缺工的問題。根據CITA表示，他們在二〇一二年媒合的一千四百三十四個勞力農工職缺，提供工人超過基本工資三美元的待遇，這些雇主平均只收到少於五個美國人的工作申請。農場因此願意贊助他們取得**H-2A**簽證的審核過程，提供高於基本工資的待遇，並且提供住宿

我多次拜訪位於墨西哥聖路易（St. Luis）的CITA。在這次行程中，女演員伊娃．朗格莉亞（Eva Longoria）和我一起聽簡報，了解移民工人面對的挑戰。Howard W. Buffett

和交通補助。（我們的基金會和亞利桑納州立大學合作研究為什麼該地區的低收入美國人不申請這些工作；一個可能的原因是，領取社會福利津貼可能和美國人在田裡工作的收入相當。）[3]

實踐新想法需要勇氣，我希望這種項目計畫終能取代長遠來看幫助不大的短期援助計畫。我們需要價值鏈與活絡的地方經濟，即便在NGO與慈善家離開後仍能公平永續的發展下去。舉例來說，喬和他的合夥人與管理團隊意志堅決，要為和貧窮交戰的社群引進市場的能量和財務槓桿。提歐致力推廣公平貿易、透明耕作與環保實踐，以及善待農民。「我想創立一間有人性的公司，然後創造一種人人都是大贏家的商業行為。」

幫助民主剛果對我而言是一次別具意義的任務。她的人民嘗盡苦頭，而且她獨特的生態體系已經被圍攻數十年了。過去十年間，約有百分之七十的人口受慢性營養不足之苦，但飢餓只是噩

因為需要有較高的樹木遮蔭，可可樹適合生長在森林裡。為製作木炭破壞森林，危害了民主剛果開發或持續生產可可作物的能力。 Howard G. Buffett

夢的開始。在二〇一一年的聯合國人類發展指數排名上，民主剛果敬陪末座。人類發展指數評估預期壽命、教育和收入。自從一九九八年，已有超過五百萬人因為衝突、疾病和貧窮而死去，多是發生在民主剛果的東部地區，也是我們專注的焦點。根據某些調查統計，最多有四十個不同的類似武裝團體爭奪對不同地區的控制權，而民主剛果包括石油、銅、鈷、鑽石和咖啡在內的豐富天然資源，更是使國內衝突情況變本加厲。

民主剛果就是那些情況極度不穩定且不可預期的國家，許多組織根本不願意冒險進軍此地。有好一段時間，我們是少數願意在民主剛果工作的美國私人基金會之一。可喜的是，情況越來越有起色。我和喬相識的那趟行程是由演員／導演班・艾佛列克（Ben Affleck）成立的「東剛果倡議」（Eastern Congo Initiative）所籌畫，該組織旨在喚醒世界對東剛果的認識，向慈善家與其他潛在投資者招手。

可可買家正在尋找新貨源，但品質是關鍵

剛果具有可觀的農業潛力。和喬一起旅行時我得知，今日的可可市場發生了一些有趣動態，

[3] http://ilpil.asu.edu/research/qualityproductivity-projects/buffett-foundation -project/.

幫助作為可可貨源的民主剛果取得優勢。可可豆來自可可樹，通常生長在較高樹林林蔭下，喜歡高溫潮濕的氣候。當今世界主要的優質可可產地在西非，但那裡的氣候變得越來越熱，也越來越乾燥，同時大規模毀林限縮了可可的生產潛力。許多巧克力公司正紛紛拓展他們的可可供應源。此外，就在高級巧克力市場正迅速成長的當下，傳統貨源卻正面臨減產的危機。

基於許多原因，綠色之家認為可可是有相當潛力提升民主剛果生活水準的作物。首先，初次收成在栽種後的三年之內，而且不需要每年重新栽種。再者，它在全球市場上有很好的價格。最後，可可不太會成為地方上四處流竄民兵的竊取標的物，因為在加工之前人們不會發現它的真實價值。

棘手處就在這裡：收成後處理可可是確保高品質不可或缺的步驟。徒手採收後，工人剝開外殼強韌的可可果，挖出種子，不斷堆疊使可可香甜的果肉發酵。這個過程使內含種子的果肉液化，降低種子的苦味。接著把它們鋪開來曬乾。處理到這個階段的可可豆才能出貨，但發酵或乾燥過程如有差錯，可能導致整批可可豆報廢——最常見的狀況是豆子在出貨前沒有完全乾燥而長霉。學種可可的農夫必須仔細地遵照這些步驟。剛開始喬還抱持疑慮，但他在行程中找了當地農夫談話。「民主剛果令我佩服的是農民的全心投入，」他說。「他們心無旁騖，積極爭取機會，渴求機會。」喬向他們買了兩百五十噸的可可。「在這裡工作很辛苦，」他有感而發，但「這裡可可樹的基因很棒。」

二〇一二年春，第一艘貨櫃船載著民主剛果的可可抵達西雅圖。不到一個星期，喬的研發團隊就確定這批可可的品質符合標準，可以進行加工製成巧克力。到了九月尾聲，提歐發表了首批兩款巧克力條：「霹靂霹靂辣椒」，除了可可還摻入來自剛果的有機香草和辣椒；「香草碎豆」，由可可、濃郁香草和可可碎豆混合製成。提歐的通路包括幾家美國雜貨連鎖店，像是全食超市（Whole Foods）。從第二批供貨開始，喬另外追加了九十噸的量。

提歐總是把賣巧克力賺得的部分收益回饋給綠色之家，持續幫助產地自然資源的開發。根據綠色之家計算的方式，單第一批可可的量就能幫助兩萬名該地區的

參與我們基金會資助計畫的一位可可農夫告訴我們，「他們告訴我之前我每天只賺一美元，現在則是每天賺六美元。這點我不確定。我只知道現在我的家人不再餓肚子，而且我有能力送孩子去上學。」Howard G. Buffett

居民，不僅增加家庭收入，也改善取得必要服務的管道。更重要的是，為了供貨給提歐巧克力公司，訓練和價值鏈連結都要到位，而它們又能創造將許多人從赤貧狀態拯救出來的機會。「除了開路到市場，其他都是無用之舉。」喬表示，接著補充提歐巧克力未來可能持續向民主剛果購買大量可可，只要品質維持在這個水準，而且綠色之家計畫的高透明度能繼續保持。

我很高興像喬這樣聰明、不怕吃苦的創業家與其他創新者，懂得市場與工作是影響長期生計發展的關鍵因素。我希望這些社會企業家向所有優秀創業者看齊：向彼此請益學習，然後透過做好事幫助每個人過得好。下次當我去粗鱗矛頭蝮出沒的可可園，我不只會小心提防這種危險蛇類，多虧喬敏銳的觀察，我同時還會留意牠的覓食搭檔。

故事三十五
迦納新生機

我實在無法贊同火耕。它消耗地力。它使農夫筋疲力竭。它破壞動物棲地，汙染空氣。它把應該留在土壤裡的碳釋放到空氣中。但還有一個問題我尚未提及：失控的大火。

在迦納的阿散蒂地區（Ashanti）有位才華洋溢又謙虛的男人，他對森林大火有深刻的認識。一九九五年出生，科菲．波亞（Kofi Boa）在有四個孩子的家中排行老么。他在阿散蒂地區首府庫馬西（Kumasi）東南邊的阿曼奇亞（Amanchia）小村長大。波亞是迦納最常見的十四個姓氏之一，他和許多迦納人一樣，名字取自出生日在一個星期中的哪天（科菲的意思是「星期五出生的男孩」）。他六歲的時候失去父親，但他的母親還是繼續耕作家中的可可農莊。

十二歲的時候，有一天下午他從學校回家，找不到母親。他四處問人，但鄰居都支吾其詞。他們似乎不太敢跟他說話。終於有個人告訴他，他的母親還在農場，但那裡現在起了大火。有些當地人已經去農莊營救她。

乾季的可可田特別容易起火，因為可可樹會掉大量樹葉形成一塊地毯般的乾燥火種。更有甚者，這種大火會對農民造成經濟重創，因為新栽種的可可樹至少要三到五年才能開始生產。科菲哭求要一起幫忙滅火，但大人都不准他去。當天晚上他的母親身心俱疲地回到家中。「她哭著。整座可可田都毀了。燒得一乾二淨。」科菲回憶道。

為了打平收支，他的母親到其他地主農場當田間管理員，慢慢的，她賺的錢足夠重新栽種並恢復家裡的收入來源。但科菲從未忘記大火對母親造成的傷害或帶給她的痛苦。「我開始痛恨農場上的火。我想要了解如何不靠火耕種田。」

科菲的個人追尋促成了二〇〇七年我們在迦納富富（Fufuo）一間水泥磚屋內的會面。

迦納是前英國殖民地，過去稱作黃金海岸，夾在非洲大西洋海岸線的象牙海岸和多哥之間。迦納經濟在石油熱的帶動下持續成長，她同時是世界上最重要的可可和金礦出口國之一。開採紅土——中國人正如火如荼地進行——不只會得到金礦，也有鋁礬土、錳、天然氣和一些鑽石。

科菲．波亞童年時期，火耕已成為阿散蒂地區一帶（以及大部分非洲地區）的常態，但他得知其實有別的替代方案。「當時上了年紀的村莊老者告訴我，過去他們耕作的時候會在收成後將玉米稈砍下，留在田裡，一年後再回來重新播種。這個方法稱為波卡（proka）。」

為您介紹護根物先生

當土壤枯竭不再生產健康的作物產量，許多農夫使用火耕從森林中取得新的可耕地。農夫修剪植被，接著放火燒出一片空地。在迦納，農夫們巡視田地後會燒掉他們認為的「垃圾」：收成後留下的殘莖與枯黃雜草，或者是植物斷株。有時候他們放火逼毒蛇和老鼠出洞。但這麼做使土壤無法抵禦颶風下雨的侵蝕，降低它維持水分的能力，並且減少了它的有機質含量。傳統波卡技法的重點是護根物：沒被處理掉、甚至被放在兩排作物之間的植物殘莖與有機質。護根物能幫助土壤保持濕潤，對迦納這類靠雨水耕作的農業系統非常重要。護根物分解的過程還能提升土壤中的生物質量與有機質。此耕作法的另一個要件是栽種作物，舉例來說，在兩排玉米之間種像豇豆這類能固氮的莢果類豆科植物。只要土壤穩固了，就不會輕易流失。

我可以想像科菲這樣意志堅定的年輕人，一定會在地方上四處對其他農民訴說母親可可農莊的遭遇，尋求預防火災再次傷害家人的辦法。他的嗓音深沉嚴肅，是個冷面笑匠。說完大火與研究波卡的故事之後，他說：「從那之後我就變成人們眼中的護根物先生。」

二〇〇七年造訪富富的時候，我還不知道有護根物先生這號人物，不過我聽說很多迦納農民為保育農業所做的努力。截至二〇〇〇年，迦納採行免耕的農民有十萬人，耕作面積占四萬五千公頃。科菲替迦納的農作物研究中心工作，他和兩位同事──一位來自迦納，另一位來自國際玉米及小麥改良中心，即CIMMYT——共同撰寫出版有關迦納免耕技術的研究。他們發現在降雨量正常的年度，免耕農民的收成比不採行免耕法的農民高出百分之四十五。自從採用免耕，家庭勞力支出平均降低百分之三十一；整地和播種方面省去百分之二十二；控制雜草，百分之五十一；從每公頃八點八人工作日變成每公頃四點三人工作日。

科菲發現免耕農業有三個明顯的好處：增加缺水年的可用水資源，因為護根物能守住植物四周與根部的水分，保持土壤溫度的涼爽。可將第二食用作物當作被護作物栽種。護根物讓田間保有以害蟲維生的大量益蟲。在眾多好處之中，還包括免耕對家家戶戶糧食安全的提升，因為免耕不僅增加產量，也為農民節省更多時間從事其他能帶來收入的農耕或貿易活動。

任何農夫都會注意到免耕創造的收成提升幅度。我想親自了解更多細節。我從沿海的迦納首都阿克拉（Accra）開

我看著科菲對富富當地農民談論簡化耕作系統如何更省力地創造更高產量。 Howard W. Buffett

車到庫馬西和一群當地農業專家見面。我穿著一件有內布拉斯加大寫印刷英文字母的T恤，我經常這麼打扮。一位結實、活力四射的迦納人直直走向我，雙眼直盯著我的T恤。那人就是科菲。他對我微笑並伸出手，然後說：「剝玉米殼人。」

這是我第一次在非洲被人這麼稱呼。原來科菲一九九一至九三年都待在內布拉斯加州林肯市（Lincoln），當時他在內布拉斯加州大學學習農藝學與簡化耕作。他本來是踢足球的，但後來成為內布拉斯加大學美式足球的死忠粉絲。後來我聽說他在美國攻讀碩士學位時，經常一個人在當地公園練習足球，吸引大批群眾圍觀，後來甚至被當地家長聘去教導一支曾獲地方賽事冠軍的男孩足球隊。

科菲的招呼方式讓我心情大好，不過他對保育農業的熱情加倍鼓舞人心。我看得出他對小農遭遇的問題深有同感。最重要的是，他心無旁騖地幫助農民照顧並改善土壤品質。

他本身也耕作，種柑橘果樹和可可樹。「我做這些不是為了爭取升遷機會，」他說道，「我是為我的研究和耕作需求而做。我總是試著回應迦納的需要。」我們一起出發前往富富鎮上，他邀請農夫們到此地和我討論保育農業的方法。他們對新方法與親眼見證的優良收成無比熱忱，讓我印象深刻。離開前，科菲再次緊握我的手然後說：「加油，大紅隊！」

從那天起，我們基金會一直都贊助科菲的研究。他現在正著手進行縝密實驗，試圖說服農民呵護土壤能以更省力的方式創造更好收成。他認為自己是老師，也是提倡公平分配的福音傳教土。在阿散蒂某個示範田地，他定期招待一批批農夫、地方推廣官員與學生，和來訪者談論他在農場山坡上的玉米、芋頭和各式各樣植物農作四周種植被護作物與鋪蓋護根物，水分保存有明顯的長足改善。「這是知識密集技術，」他說。「農夫來這裡參觀實驗田地總是能從中受益，但他們自己前來並不容易，因此我主動帶他們到這裡。」他派一輛巴士專車接送一群群的農民，帶他們在示範農場四處走動參觀，告訴他們該種哪種被護作物、怎麼種，然後向大家展現健康多產的主要作物的成果。

「我們所謂的三個要件分別是：最低土壤干擾——只要翻開足以播種的土壤；多樣化作物系統；以及作物交替。」他說明。「這兩個月來都沒下雨，但作物生長沒受到打擾。」科菲是盡責的老師，他輸出了一份包含兩張照片的海報：在綠油油的蓊鬱叢林照片旁邊，是一張看似由多塊乾燥貧瘠土壤拼貼成的土壤。他總是問農民們，「如果今年你要在這兩塊地上種玉米，你覺得哪塊地收成比較好，為什麼？」我們基金會有位職員在最近一次造訪科菲的示範農場時，拍了一支短片。當科菲請大家投票表達意見時，絕大多數人都選綠油油的那塊地，但得先以火耕清理現存的植被。然後科菲指向那張棕色土壤。一位孤伶伶的農夫害羞地舉手。「你為什麼投給這塊地？」科菲問。據說這位農夫的意見經翻譯為：「因為我們可以改造棕色土地，我們今天就是來這裡學習如何改造。如果我們不學習，那麼當我們把樹木和綠色植物都砍掉用來耕作時，土地也會變成棕色的。」

科菲點頭如搗蒜地鼓掌。「沒錯！說得太正確了！」

科菲在這個地區有多處實驗田地，他會在每個地方取土壤樣本並測量土地含水量。他在這裡選種黎豆屬的被護作物，因為「如果農民可以採收它的種子，就不用再花錢購買。小農要賺錢，必須減少各項農業投入品的開支。我們希望引進更多生物元素，減少化學元素。在一個協調的系統中，除草劑與肥料就比較沒有用武之地。」

我們贊助科菲從事的其中一項研究是「改善糧食安全的永續土壤管理」（Sustainable Soil Management for Improved Food Security），五年期的研究型計畫，實際在迦納許多不一樣的氣候（或他所謂的農業生態）區進行：沿岸地區大草原，森林，森林大草原過度帶，幾內亞草原——集合起來已能充分代表大部分西非地區的生長環境。科菲正在評估耕作、農作物系統，以及土壤改善物質（諸如化學肥料和堆肥）對整體作物產量永續發展的種種影響。未來科菲將提供一份關於西非碳動態與保育系統的全面性數據資料。研究成果應該也有助增進我們對不同區域碳固存的耕作管理與了解。這些成果對整個非洲大陸都有用。

超越盲目信仰

減少耕作勞動力需求對未來的迦納可能會很重要。在一些非洲國家，勞力供應雖然不缺，但分布不夠平均。過去幾年，中國採礦公司改變了迦納的地方耕作經濟，因為他們提供的工資幾乎是農業勞力的三倍。為此煩惱的科菲說：「如果不想想辦法，非洲將會陷入困境。年輕人不想從事農耕。他們認為那是落後的勞動。每天清晨，大卡車會到村子裡接礦場工人。」和他合作的農民過去能夠在播種或收成季雇到兩、三個幫手，可是如今他們都必須一個人下田，就因為採礦公司付的薪水是他們能夠承擔的三倍之多。人手不足的情況下，一切農活都得花費比過去多兩到三倍的時間。刪除鋤地或火耕整地這些步驟，為這些農民節省了寶貴的時間與金錢。

科菲．波亞獻身保育農業啟發了我，他在實驗農地做的研究使人們了解保育農業是深思熟慮的耕作方式。關鍵是，在今日增加產量，為明日保護土壤。科菲最令人佩服之處在於他蒐集有效數據的決心。「事實是，許多論點都是出於盲目信仰，」他評論道。「現在我們開始蒐集實際數據作為行動的基礎。」

非洲其他地區的類似研究項目，也開始在保育農業的價值上獲得相同的正面結論。我們在民主剛果的馬涅馬省（Maniema Province）提供三年的贊助，希望鼓勵農民以不鋤地翻土的方法留著土壤中的水分並保存土壤中的碳。我們實際得到的數據和聯合國農糧署預測值相當，據估計保育農業能抵銷每年每公頃一點八噸的碳排放。

在馬涅馬省的凱洛（Kailo）、卡松戈（Kasongo）與卡班巴雷（Kabambare）領地，研究員回報以保育農業技術耕作的木薯、各式穀類與數種豆類（豆類包括豌豆或扁豆，主要採收其種子）

在產量上都有顯著增加（最多到百分之一百）。

科菲之所以開始尋找比火耕更好的耕作方式，其實為了自學並集結資源幫助自己人：他的母親、他的家人、他的社群、他來自的地區、他的國家、他的非洲。我遇見越來越多像科菲這樣聰明、有使命感、樂於奉獻的非洲科學家，他們可能到美國或歐洲進修農業經濟與其他學科，學成便歸國幫助他們的同胞。我最近一次造訪德州農工大學所在的大學城（College Station，按：地名），布勞格研究中心的艾德・普萊斯博士介紹我認識一位中心的優秀研究員馬凱兒・多波博士（Dr. Macaire Dobo），他是一位細胞生物學家。他為人處事滿腔熱忱，表達精闢，雙親是象牙海岸的莊園主人，家中共有十六個小孩。他在象牙海岸念大學，二〇〇二年到德州農工大學攻讀博士。約莫在那個時候，他的國家因南北派系不合爆發內戰。

多波博士從未偏離回到非洲的目標，他想要培育更堅韌且產量更高的新品種稻米，回應非洲的貧窮與糧食不安全問題。二〇〇六年，他回到象牙海岸加入阿必尚大學（University of Abidjan），擔任分子遺傳學的助理教授，同時受僱於西非水稻開發協會（West African Rice Development Association），負責開發蛋白質含量較高的水稻品種。不幸的是，二〇一〇年，對土地和種族政策的爭議再度爆發，他的實驗室付之一炬。大學被關閉，轉作軍事基地，至今仍未重新開張。超過兩萬名難民逃離家園，一萬人死亡。多波博士擔心家人的安危於是帶他們到德州，然後艾德延攬他加入布勞格研究中心。

多波博士必須繼續以他的聰明才智對抗飢餓。他正在替伊拉克研發蛋白質含量較高的水稻，它具備符合當地市場需求的特色，像是誘人的香氣。高產量的安巴米（ambar rice）在外匯國際市場的接受度極高，有朝一日，它或許能為貧農創造更多收入、避免國內部落衝突。伊拉克的收穫是象牙海岸的損失。只要政局依然不穩定、暴力衝突不停止，這位才華出眾的男人就不能為自己受苦受難的祖國貢獻己力，這情況令人看了不勝唏噓。

艾德·普萊斯經常指出西方人喜歡把科學家和救世主「送進」非洲，但他們並非總是能夠完美結合科學家的才智與馬凱兒·多波的精神。像科菲與多波博士這樣的非洲人，他們追求的是根本性的改變，而不單單是一項成功的「計畫」。

我在二○一三年回到迦納探望科菲。我對他的工作成果佩服不已，因此決定贊助科菲在心裡構思多年的一個想法：我們將幫助他發展非洲前所未見的「免耕農業中心」（Center for No-Till Agriculture），中心將設在庫馬西附近。中心將整合與促進技術方面的研究，幫助小農獲得最佳產量，同時也扮演跨部門合夥與農業經濟開發的智庫。我們基金會與強鹿公司、杜邦先鋒（DuPont Pioneer）以及當地迦納組織合作有成，展示了一系列來自這些公司的保育取向產品。結合農藝學措施的知識分享，我們希望能夠為小規模保育耕作系統與小農專用設備，創造一個蓬勃的市場。為認識保育農業到中心參訪的農民，如果有意購買保育農用設備，也能夠學到有關理財機會的知識。我們的目標是透過需求導向的慈善事業贊助農耕企業，讓慈善資金促進私有市場的活絡。我們希望中心的外展活動與科菲的領導能力能提升中心在迦納各地、乃至西非地區的知名度，最終揚名整個非洲大陸。

科菲也想要鼓勵下個世代。他的兒子卡瓦多・安彭薩（Kwadwo Amponsah）從夸梅・恩克魯瑪科技大學的經濟系畢業。他和父親一起替我們在迦納的研究計畫工作。科菲在最近一封電子郵件中寫道：「我想讓他去進修免耕農作的社會經濟學，鞏固我們的雙團隊〔科菲與卡瓦多〕，持續領導免耕農作在迦納的發展，最終影響整個非洲。」談論他的父親時，卡瓦多告訴我們基金會在迦納的一名團隊成員，「他工作很拚。工作上的事絕不能散漫。他對時間掌握很嚴格，從不犯錯。我父親農作的方式很吸引我——但其他人做同樣的事卻會嚇跑年輕人。」

科菲・波亞是辛勤工作的保育農業英雄。他總是能看到事情的癥結。加油，大紅隊！

故事三十六

在地購買

有些開場白會讓你心情低落一整天。在耕作方面，那些開場白可能是「本來今天應該會弄好的拖拉機零件……？」或者「本來星期五之前應該都不會下雨的……？」至於基金會，這些話通常出現在電子郵件或紙本信件當中，開頭是：「有個無成本擴展（no-cost extension）請求擔保……」

幾年前，我收到一封電子郵件，發信者來自我們基金會在南蘇丹有贊助項目的NGO。這是一個鑿井項目，我們贊助的原計畫內容簡單明瞭。電子郵件告知計畫進度落後，列出了項目負責人請求改變最初計畫限期的部分原因（「無成本」擴展表示受贊助方沒有使用他應該使用的資金，因此他需要更多時間以完成項目計畫，而不是更多錢）：

他的工作人員因為政治宣傳而無法專注工作。
他的工作人員因為要準備選後慶祝活動而無法專注工作。
他低估了勞力成本，因此在僱員上不太順利。
他低估了當地原物料成本漲價的幅度。
地方政府出現大幅人事變動，取得許可的過程和其他審核比預期中更緩慢。
工作人員之間存在戰後心理抑鬱問題。
鄰近地區爆發的戰事使大家情緒緊繃。
非季節性降雨造成大水，道路交通中斷。
水患也使部分飛機跑道不可用。
設備馬力不足，無法勝任工作。
設備故障，六個月後零件才抵達。

看到這樣的清單，我真訝異其中沒有文件被狗吃掉這樣的原因。

收到這樣的「近況更新」我氣得咬牙切齒，琺瑯質都不知磨損多少。發展組織哪天才能學會準備迎接挑戰，以更實際的方式計畫如何面對挑戰？這些挫敗最主要的缺失在於把事情變得太複雜。情況越不穩定、越脆弱，道路和其他基礎建設越落後，為使工作能夠完成，就要制定越簡單的計畫。NGO有時會以環境艱困作為回應，認為我們應該對這些挫敗逆來順受。這就是我認為的重點。我說我們需要更簡單的計畫，不是「容易」的計畫。我指的是一個不容易瓦解的計畫。我指的是已經預期會遇到重重困難的計畫，因此計畫已包含因應進展不順利的備案和其他選項，因為這是一定會發生的。

我回信寫道：「目前正在執行的模式充其量是不足以勝任，甚至根本已經完全失效。這不是針對你的指控或批評，這是我對一個又一個計畫無法達成目標的觀察。如果這事情發生在商場上，大家早就紛紛破產了！」

另一方面，令我會心一笑的驚喜也是有的，而且甚至能激勵我繼續堅持理想。

造福宏都拉斯人民

二〇一二年十月，我收到來自宏都拉斯總統波爾菲里奧·洛沃·索薩（Porfirio Lobo Sosa）的一封信。他邀請我一起出席參觀WFP一項全球前導計畫的地方宣誓大會，這項簡稱P4P的「當地採購，促進發展」計畫在我們基金會的幫忙下於二〇〇七年正式成立。我們贊助四個中美洲國家的P4P計畫，分別是瓜地馬拉、薩爾瓦多、尼加拉瓜和宏都拉斯，我曾多次造訪了解計畫實際執行的狀況。

這是我收過最激勵人心的一封國家元首信件：「學校供膳計畫所需穀物有一半以上……目前是由參與Ｐ４Ｐ的農夫提供，」總統先生寫道。「該計畫如今被認為是敝政府最成功的計畫之一，照顧全國兩萬所學校、百分之八十五的學齡孩童……敝政府意識到若希望國家經濟成長和永續糧食安全能夠造福宏都拉斯人民，必須將農業開發納入整體考量。」

在宏都拉斯有三分之一人口每日生活花費不到一美元，我們不能把發生在這個國家的成功故事視為理所當然。在一個有大量自給農的國家，總統對農業重要性的背書意義非凡。但這封信背後的意義不僅僅是關於一個前景看好的計畫。我認為它強調一種我們稱為「催化式贊助」（catalytic funding）的慈善投資形式，一種能創造更有效永續進步的模式。

宏都拉斯與瓜地馬拉、薩爾瓦多和尼加拉瓜毗鄰，擁有中美洲東端綿延的海岸線。地理位置使其容易受到盤旋在加勒比海上的暴風雨侵襲。宏都拉斯的出口收益主要來自農產品——水果、咖啡和甘蔗——但一九九八年颶風米契（Mitch）重創該國，摧毀了至少百分之七十的運輸系統與農作物。[4] 颶風與無止盡的大雨不僅對農業造成破壞，而且導致糧食與其他生活必需品取得不易。更慘的是，近年來乾旱不斷已經危及宏都拉斯南部與西部地區最容易受傷害群體的糧食與營養安全。這些地區環境劣化，人口組成包含高密度的小規模自給農。乾旱導致基本穀物（當地居

---

[4] National Climatic Data Center, http://www.hurricanescience.org/society/impacts/environmentalimpacts/terrestrialimpacts.

民賴以為生的農作物）產量劇降。慢性營養不良在某些鄉村地區高達百分之四十八點五。

P4P登場

WFP結合一個合夥網絡執行P4P。在宏都拉斯，主要夥伴是政府。P4P隸屬於一個糧食輔助計畫，不是那種送來幾袋糧食或種子就以為功德圓滿的計畫。P4P幫助小農做的事，美國農夫早已習以為常：穩定生產過程，取得市場通路。誠如阿富汗的價值鏈開發所示，市場不會自動出現。當農夫產量過剩，市場不會如魔法般神奇現身。在宏都拉斯，世界其他地方亦然，整年處在糧食安全界線邊緣的小農，從不知道自己會不會有足夠的剩餘作物可賣。如果有剩餘作物，也不一定有辦法在作物尚未腐敗前及時送到市場上。

WFP處理因衝突、旱災、水災、緊縮的糧食市場和全球經濟衰退所造成的糧食不安全問題。為提供救濟，他們每年購買價值超過十億美元的商品，並持續提高向待援助地區農民的商品購買量。[5]那是很驚人的購買力。「當地採購，促進發展」是一項創新手段，它借用WFP的網絡，為小農的生產創造穩定可靠的市場。與其接受已開發世界針對饑荒賑濟與其他援助計畫所給的錢，然後拿這筆錢回頭向已開發世界購買農作物與民生必需品，然後運送到在困境中掙扎的地區，P4P決定刪除兩個步驟，用贊助資金在當地向生活困頓的農夫採購援助物資。這麼做不一定「比較容易」，但它比較簡單，而且我認為這是比較堅固的模型。它不僅滿足一種立即需求，像是給飢餓學童溫飽，而且當地作物遇到有力的固定買家會成為小農學習更有效耕作的誘因。

前WFP執行長大衛．史蒂文森（David Stevenson）在一九九〇年代搭起非洲小農與WFP對糧食商品需求的橋梁。「對開發中世界的小農而言，最嚴重的市場失靈之處在於尋找買家，」他指出。「最常發生的狀況是沒有買家，或者只有一個買家，但他有自己的成本要顧，所以出價很低。農夫需要與市場搭起橋梁。」

我曾在前述章節提過貨幣化的問題。有時候可取得的援助並不等同於一個國家需要的援助。舉例來說，美國可提供玉米，但某個地區最迫切的需求可能不是玉米，而是另一種穀物或其他類型的協助——甚至可能提供資金避免NGO辦公室因付不起租金而倒閉。在一九八〇年代初，獲得來自美國實物援助的NGO可合法在當地銷售多餘的商品援助，將賺來的錢花在其他需要上。

誠如我們討論過的，將多餘穀物丟到地方市場會壓低當地農民可取得的價格。一個NGO進入公開市場可能會削弱它正在培訓的農民。而且，如果最終沒有幫助到飢餓的民眾，為什麼要

5　身為世界上最大的人道救援團體，世界糧食計畫署是主要糧食的重要買家。二〇一一年，世界糧食計畫署買了價值十一億美元的糧食——其中超過百分之七十來自開發中國家，請見http://www.wfp.org/purchase-progress.

運送那麼多援助穀物呢？有鑒於運送成本昂貴，何不送錢就好？如此NGO就能在當地進行採購，進而維持小農的生計，而他們正是NGO在當地從事援助工作的目標對象。

歐洲人看出貨幣化是個糟糕的主意。（聽到了嗎，華府？）當貨幣化正展開的時候，歐洲人的援助計畫開始送資金到各個當地農民有多餘作物可賣的國家，並授權在這些國家從事援助工作的NGO將資金用在當地，購買糧食給飢餓的人。

到一九九〇年代中期，WFP已有充足的直接援助資金，於是派當時擔任WFP應急協調官員的大衛·史蒂文森到烏干達，以糧食援助的地方採購幫助種族屠殺造成的盧安達危機。他的工作內容是向當地農民採購糧食，幫助逃離家園的盧安達人與其他從南蘇丹逃到烏干達的難

二〇一三年，WFP將提供糧食救濟給全球七十五個國家超過九千萬人，大部分都會透過當地購買計畫。 Howard G. Buffett

民。但他卻因為每每遇上合約不履行而感到灰心喪志。受到壓力影響的當地糧食貿易商有時會同意提供計畫所需作物，但最後卻沒有將作物送達。可能是天氣或品質出了問題，但出問題的很多時候其實是基本概念：農夫不理解或者說不尊重合約。倘若市場波動為他們帶來更好的價格——或者有事發生，他們需錢孔急，等不到WFP付錢的時候——就會提早售出農作物；這意味著WFP有很高風的險被放鴿子，導致沒有糧食補給能分配給需要幫助的人。「我知道這是值得讚揚的主意，」大衛說，但WFP拼湊承諾的方式不太可靠。他立志想辦法改善計畫的實際運作。

大衛在非洲國家以地方採購官員的身分四處走動，像是烏干達、坦尚尼亞、衣索比亞和象牙海岸。他在一九九八年從阿迪斯阿貝巴搬到阿比尚，成立西非的WFP區域採購執行處，協助獅子山共和國和賴比瑞亞的人道救援行動。他不停尋找在當地採購糧食更可靠的方式，漸漸的，當地採購量在WFP發配援助物資的占比越來越重。關鍵因素之一是鼓勵地方政府將學校供膳的糧食採購與小農連結在一起，創造更高的穩定性與更扎實的基礎。二〇〇四年，大衛接管尚比亞的WFP執行辦公室，又進一步開發前述方法。大衛豐富的經驗，世界各地其他WFP工作人員亦然，為WFP最具創新精神的倡議方案打下基礎。

分水嶺出現在三年後，負責經濟、商務和農業事務的前美國國務次卿喬塞特．薛蘭（Josette Sheeran）出任WFP執行長。我和喬塞特在WFP事務上密切合作，擔任飢餓大使。我認為她是有遠見的領袖。二〇〇七年，WFP已經增加在地採購金額達數億美元，喬塞特認為如果拿同金額的資金在過程中為農民創造更永續的市場，計畫署從事援助的效果會更好。

許多不同的人脈資源集合在一起。好巧不巧，二〇〇七年稍早我在尚比亞遇見大衛。當時他擔任總主任，他會在我們搭塞斯納小飛機參觀尚比亞國內不同開發計畫時，拉著我腰間的繩子，好讓我可以探身機外拍照。乾旱與水患接踵而來，再加上田間病蟲害與動物侵入問題，尚比亞國內民不聊生。大衛想提升動物棲地範圍內居民的生活水準，以合法具有生產力的替代方案打擊盜獵問題。WFP和一個旨在消弭衝突的計畫結盟，盜獵者如果交出槍枝和獵捕陷阱，就能收到糧食付款，並且獲得糧食生產訓練。

大衛有創意又務實。他謹記從事援助現場得到的教訓。他知道WFP想要擴展當地採

四位尚比亞最惡名昭彰的大象與犀牛盜獵者交出槍枝與陷阱，不僅換取食物，而且全心全意地學習保育耕作。Howard G. Buffett

購計畫，但他擔心ＷＦＰ或許還沒找到永續拓展的辦法。比爾與米蘭達・蓋茲基金會正琢磨一個提案，連結多國的當地採購與學校供膳計畫，創造一個穩固市場，但大衛覺得ＷＦＰ的眼界應該更廣，考慮一切糧食需求，賦予計畫最大可能性的購買力。

我認同大衛，於是基金會開出第一張支票資助由大衛領導的Ｐ４Ｐ。為了在羅馬成立Ｐ４Ｐ辦公室，同時啟動這項共有七國參與的整合型計畫，我們資助的金額超過一千兩百萬美元。大衛成為Ｐ４Ｐ專員與ＷＦＰ政策發展部門主任。

我和比爾・蓋茲、當時蓋茲基金會執行長傑夫・瑞克斯、喬塞特・薛蘭在奧馬哈開會，會後蓋茲基金會承諾資助Ｐ４Ｐ六千兩百萬美元。大約在同一時間，比利時政府也響應樂捐。我們基金會已經協助Ｐ４Ｐ正式在七個國家啟動，分別是非洲國家獅子山共和國、賴比瑞亞與蘇丹以及中美洲國家薩爾瓦多、宏都拉斯、瓜地馬拉與尼加拉瓜；蓋茲基金會和比利時的支持，讓全球執行Ｐ４Ｐ計畫成員達到二十一國之多。

穩定生產者

二〇〇七年稍晚我從墨西哥學到的經驗也影響了Ｐ４Ｐ的發展紋理。傑瑞・史坦納（Jerry Steiner）是孟山都的永續與企業事務執行副主任，他邀請我參觀墨西哥哈利斯科州（Jalisco）與恰帕斯州（Chiapas）的Educampo計畫。在孟山都與其他私人公司的幫助下，成立Educampo計畫的找到（Fundar）基金會將一千五百名農夫組織成一百三十一個農民團體，提供密集訓練，主題包括改良農耕技術與所謂「社會面向」：特指農耕的商業元素，像是談判技巧、貸款以及購買作物保險。計畫成效顯著：恰帕斯州參與計畫的農民，第一年生產力提升百分之三百，收入大增，而且農民有望回饋基金會，進而擴大計畫規模。我對他們在貧窮地區的成就印象深刻。農夫勤奮工作，一些甚至前所未見地雇用起六名工人，生產力大增有助全社群的發展。「計畫開始前，我們根本不是國家經濟體的一部分。」一位恰帕斯州的農民對我說。

P4P最初設計主要著重向農民購買產品，但並未碰觸農耕技巧訓練或持續穩定農民生產力。我們找了喬塞特與大衛，討論我從最初設計中看到的瓶頸：若要成功運作，P4P必須幫助農民培養符合生產標準的技術與流程。誠如我在墨西哥的見聞，訓練是很珍貴的投資。將永續發展能力納入計畫是催化式贊助的菁華。配發種子與肥料後續情況如何？種子與肥料耗盡，就像沙堡遲早要被潮汐帶走一樣。然而，一旦市場環節全都打通，農夫又懂得如何使用貸款，了解履行合約的重要性，他們就有能力自行購買農業投入品，自行管理生意成效，並且在未來成為市場的一分子。

今天在宏都拉斯，你會看到盧逵希雅・三多士・加林度（Lucrecia Santos Galindo）這樣的農民，她是農民團體「光與人生生產協會」中十六位女性小農之一。根據一份P4P報告，盧逵希雅與家附近的農民，每個星期會到田裡上一次課，他們學習新的農業技術、供貨處理流程，還有示範農地的改良措施。「這個計畫改變我們的人生，」盧達希雅對Ｐ４Ｐ團隊表示。「以前，每公頃只生產八到十袋。現在我們每公頃有三十五到四十袋的產量。這都要感謝我們在訓練、補貼與設備上獲得的一切支持，如今我們能生產高品質的種子。現在，我可以自己開價了！我了解自己穀物的品質，他們騙不了我。」[6]她住在宏都拉斯北部，那裡有兩千五百位小規模生產者受益於Ｐ４Ｐ。*

喬塞特・薛蘭目前是亞洲協會（Asia Society）的主席兼執行長，大衛・史蒂文森則是加拿大國際開發署（Canadian International Development Agency）的分局長。但Ｐ４Ｐ還在持續成長中。新任ＷＦＰ署長爾薩琳・庫森（Ertharin Cousin）不久前告知聯合國世界糧食安全委員會（Committee on World Food Security）：「Ｐ４Ｐ改善農村家庭攝取的養分，降低糧食輔助計畫的成本。」[7]我們有信心，二〇一四年（按：本書出版於二〇一三年）、當前導階段結束，Ｐ４Ｐ還會繼續執行。同時，我們持續與ＷＦＰ討論關於在核心設計增添其他變異的想法。Ｐ４Ｐ已

6 http://www.wfp.org/stories/ahora-la-que-pone-los-precios-soy-yo.

* 颶風米契對中美洲造成的傷害分析顯示，採用被護作物與免耕法等保育農業技術的地方破壞遠不及他處嚴重，土壤侵蝕程度較輕微，表層土較厚。因此Ｐ４Ｐ傳授的技術，同時有助於保護脆弱農民的生計不受往後暴風雨的傷害。

7 http://www.wfp.org/eds-centre/speeches/remarks-ertharin-cousin-executive-director-un-world-food-programme-committee-wor.

經幫助二十一個國家的五十萬名農夫，它將使糧食不安全人口獲得健康的救命食糧。在坦尚尼亞，政府和WFP簽署一份合約，允許計畫向收購該國小農生產的國家糧食儲備署（National Food Reserve Agency）採購玉米，上限為二十萬噸。計畫能幫助坦尚尼亞小農保住一個相對可依賴且相對公平的農作物市場，WFP則透過援助計畫把糧食送給整個區域（包括肯亞、索馬利亞與南蘇丹）性命垂危的人。

在發展領域中「簡單」二字不受重視。一位NGO的老朋友經常提醒我，「其實，小霍，這真的和造火箭一樣難。」有時候我覺得這比造火箭還難，因為有些導致計畫失敗的因子在計算等式中根本看不見，譬如無法控制的大象群乃至受勝選慶祝活動分心的工作人員。但P4P扎實穩固，正從各種正確角度改變援助的樣貌——多虧有一群專心致志的人。政府的參與是P4P成功關鍵，許多國家的政府也確實參與了P4P，宏都拉斯就是一例。P4P成為對農業與宏都拉斯等地飢餓孩童建設性投資的一部分。啟動P4P不容易，執行P4P不容易，但P4P這個計畫不僅堅固而且開創了新局，不會因為一場水患或選舉慶祝或管理者換人就土崩瓦解。它是聰明人在面對不同文化、環境、資源基礎以及需求時能夠善用的基本方法。

故事三十七
求知若飢

「如果你每天都有得吃，你應該關心那些沒飯吃的人。」

我的友人兼慈善家同行伊娃．朗格莉亞把這段樸實的陳述說得很好。我和伊娃是透過一位共同朋友認識的，這位朋友知道我們倆都對改善美國糧食不安全人口的生活感興趣。伊娃曾到迪卡特拜訪我，乘機練習採收玉米。（「這比《慾望師奶》（*Desperate Housewives*）的攝影棚還有魅力，」她坐在聯合收割機裡表示。）我們已經說過，美國人很容易看不見生活周遭處處存在的飢餓。「眼不見為淨。」伊娃認為。現在我們正合作進行一項前導計畫，試圖照亮伊娃家鄉的糧食不安全問題，並對此採取行動。

伊娃成長於德州聖體市（Corpus Christi）。家中四個女兒屬她最小，她對辛苦維持收支平衡的生活很熟悉。為了念完大學，她兼好多份工作，包括速食連鎖店的煎漢堡手乃至有氧運動教練。但她說她從未就飢餓多做思考。朗格莉亞家不曾因下一餐沒著落而擔心焦慮。她的母親是特殊教育老師，父親在當地軍事基地工作。不過，原來朗格莉亞家有很多食物都是父親親手栽種的。「父母從來不准我們吃速食，」伊娃說明道。「我們家有種西瓜、南瓜、草莓——各式各樣的新鮮食物。我長大後討厭南瓜，因為小時候吃太多了，我們也會從土裡拔胡蘿蔔，簡單用水沖一下，拿牛仔褲擦乾來吃。」

德州東南部聖體市周圍的幾個郡約有九萬一千糧食不安全人口，聖體市的食物銀行每個禮拜提供糧食給一萬九千人。整體而言，德州每餐平均花費是全美各州最低（二點三七美元）。即便如此，德州糧食不安全人口有四百六十萬之多，其中包括一百八十萬孩童。也就是，幾乎每五個德州人當中就有一人處於糧食不安全狀態，占德州總人口的百分之十八點五。就像我一樣，伊娃說在某些特別經歷讓她意識到飢餓的存在多麼不著痕跡之前，她對美國國內的飢餓性質與程度一無所知。

許多年前，伊娃的朋友與同事請她幫忙拍攝一支移民農工家庭的紀錄片《收成：養活美國的孩子》（*The Harvest/La Cosecha: The Story of the Children Who Feed America*）。這部二〇一〇年發行的電影在德州、密西根州與佛羅里達州進行拍攝，團隊在收成季跟拍許多移民家庭四處移動的實境，他們每日採收數百磅糧食卻經常無法張羅自家餐桌的食物。伊娃解釋：「我們當時正在拍攝一個移民工人家庭，我們跟著母親到超級市場，她看著一顆番茄，價格標籤為一點二九美元。

前一天她幫人採收番茄，每採收一籃賺一美元。她不能夠理解為什麼自己採收的工資這麼低，產品在市場上的售價卻貴到她無法負擔。」這家人一整天都在將新鮮、營養的蔬果採收裝箱，但他們的飲食卻不那麼昂貴、不那麼營養、高脂肪、高熱量。「食物真正來自何處的畫面令人心碎，」伊娃補充道：「不是來自光鮮亮麗的所謂生產部門，而是來自一群人的辛苦工作，有時候他們餓著肚子上床睡覺。」

概念澄清

直到最近，很多國家與地方政府官員——甚至食物銀行本身——依然對自己轄下與社群中的飢餓樣貌掌握不清。我之所以知道聖體市的統計數字，是因為一款較新的互動式線上工具，由我們基金會贊助、「賑饑美國」（Feeding America）組織負責管理。「丈量膳食間隙」（Map the Meal Gap）於二〇一一年問世，我認為它能以創新有效的方式幫助很多組織迎擊美國糧食不安全問題。

現在，如果你住在美國，你可以走到電腦前，只要花幾分鐘就能取得我剛剛滔滔不絕背誦的德州糧食安全統計數據，或者美國任何一個郡的數據。*為了幫助地方領導人確保民選官員了解

* 請到www.40Chances.com/MMG網站取得賑饑美國組織管理的「丈量膳食間隙」工具。

全貌，按國會選區統計的數據也看得到。你會看到自己社群中糧食不安全人口的確切數字，以及每個州每餐的平均花費。你會看到有多少百分比的糧食不安全孩童生在符合營養計畫的家庭。（這代表他們的家庭收入在聯邦貧窮線的百分之一百八十五以下。）

這些資訊為什麼值得注意？我們都知道庇護所住著窮人、無家可歸者和不幸的家庭。但我們總是低估了每個月三餐不繼的美國人有多少。許多人並不知道有些糧食不安全人口其實擁有自己的家。有些年長者不具備外顯的貧窮特徵，但他們每個月都得在藥物與糧食之間做抉擇。有些孩童每年換兩到三間學校，因為他們的雙親遭解僱或房子喪失抵押品贖回權，於是輾轉從某個親戚家的車庫搬到另一個親戚家的沙發。在學校一頓熱騰騰的午餐可能是他們一天最完整、最營養的一餐。

這個資料庫提供的深刻觀察可能出乎一般意料。以馬里蘭州為例。二〇一〇年，馬里蘭州有全國最高的中數所得（median income）——超過七萬美元，全國平均為四萬九千美元。然而，儘管該州整體經濟景氣，丈量膳食間隙顯示同一年有超過七十萬馬里蘭居民處於糧食不安全之中，這些人錯過的膳食加總超過一億兩千五百萬份。[8]有時候民選官員並未察覺糧食不安全在他們選民群體中的廣度——而且有時候他們並沒有主動察覺這些情況的意願。丈量膳食間隙這類工具是官僚鴕鳥心態行為的解藥。我喜歡這項計畫的透明性，也喜歡每個人都能使用這個網路工具的事實，無論寫報告的小學生或國會預算局（Congressional Budget Office）的經濟學家都能使用這個工具。

近來移民改革聲浪四起，我花了不少時間審視美國農工群體的貧窮與糧食不安全。二〇一〇年，我們基金會在亞利桑納州購買作為研究用途的土地，當時整個州正為了有關移民問題的政治立場吵得不可開交。在許多案例中，農夫發現在收成季雇用充足人手越來越不容易。這情況比僅出現在亞利桑納州，其他州亦然。美國人往往不想做這些工作，但我們卻拒絕勤奮工作養家的農工，殊不知他們的勞力會強化美國農業，提升美國整體糧食安全與食品安全。

關於移民辯論我沒有解答，尤其是在不穩定的政治氛圍中，但依賴移工的美國農業社群今日還有另一個諷刺之處。在全國農業生產排名第一的加州有兩個郡擠進了農業銷售前五名，但他們同時是各郡當中糧食不安全率最高的前百分之十：分別是美熹德（Merced）與佛雷斯諾（**Fresno**）。[9]美熹德與佛雷斯諾位於加州中央谷地，這個地方的耕作截然不同於我在伊利諾州的玉米、大豆、小麥大量耕作。在伊利諾州，只要少數工人使用現代設備就能耕作數百英畝，但加

---

[8] United States Census Bureau, American Community Survey 5-Year Estimates, 2006–2010, http://www.census.gov/acs/www/; Craig Gundersen, Elaine Wax- man, Emily Engelhard, Theresa Del Vecchio, Amy Satoh, et al., "Map the Meal Gap: Child Food Insecurity 2012" (Chicago: Feeding America, 2012), http:// feedingamerica.org/hunger-in-america/hunger-studies/map-the-meal-gap/~/ media/Files/a-map-2010/2010-MMG-Child-Executive-Summary-FINAL.ashx.

[9] 根據二〇〇七年美國農業部農業普查的農產市值：Gundersen et al., "Map the Meal Gap 2012."

州許多高價值特產是比較勞力密集的作物。蔬菜、堅果和水果經常需要親手採收，如果和我在伊利諾州的農地面積相當，就代表需要數百名季節工人。誠如伊娃協助拍攝的紀錄片所指出的，這些工人對美國農耕經濟不可或缺，但他們生活不易，孩子也跟著吃苦。哪裡需要採收他們就跟著移動，學業往往被打斷。無怪乎移工家庭的孩子很多都沒念完高中。即便這些工人每天採收、處理上百磅的新鮮蔬果，他們沒有能力負擔這些食物，研究顯示絕大多數農工的飲食脂肪含量過高而且缺乏蔬果。[10]

談論飢餓的新接觸點（touch point）*

丈量膳食間隙是一種資訊工具，幫助關心飢餓問題的每個人更精確地掌握每個社群的飢餓樣貌。它一目了然，簡潔有力，但這些數據之所以簡單易懂，是因為幕後有一批聰明絕頂的統計和電腦專家。前面提過，這個工具是為賑饑美國設計的，他們是美國最優秀的國內賑饑慈善機構。二〇〇九年，賑饑美國慈善網絡下的幾間食物銀行試圖合作勾勒他們社群中的飢餓概況。一方面，這些人能夠取得最棒的、一手的資訊——他們每天都在最需要幫助的社區工作。但交叉比對各個資料組的工作困難重重，因為資料組往往不完整、過時或無法和其他地區產生關聯。有些人將貧窮設為糧食不安全的代理人（proxy），但在某些情況下這不是一個正確的量尺。譬如某地每餐平均費用可能是其他地區的兩倍，因此對住在花費較昂貴地區的人而言，生活處境必定加倍困苦。賑饑美國副執行長伊蓮．瓦克斯曼（Elaine Waxman）指出，過半糧食不安全人口來自收入高於貧窮線的家庭，這表示他們沒有資格參加聯邦營養計畫。他們只好仰賴慈善應急糧食計畫。此外，不是每個收入低於貧窮線的人都有糧食不安全問題。有些低收入者透過其他社會網絡取得糧食的管道較多，像是農場人脈或靠家人扶持。

賑饑美國集合了一個顧問團體，並聘請美國糧食安全研究權威克雷格．甘德森（Craig Gundersen）為通訊顧問。克雷格在伊利諾大學農業消費者經濟系（Department of Agricultural and Consumer Economics, University of Illinois）任教，研究議題著重在美國糧食不安全的成因與後果，以及糧食輔助計畫功效的評估。他花大量時間處理可得數據，設計各種能夠帶入相關變數的算式。「食物銀行一直希望得到更在地化的資訊，」甘德森博士說。他補充說，賑饑團體遇到很多出乎意料的狀況，二〇〇八年經濟衰退進入不穩定期後更是如此，像是有個地區的糧食不安全

[10] Gail Wadsworth and Lisa Kresge, "HungerintheFields," CivilEats, September 26, 2011, http://civileats.com/2011/09/26/hunger-in-the-fields.

* 譯注：一個管理行銷的概念，指產品、服務與品牌接觸消費者的介面。以品牌為例，經營者會掌握任何向消費者傳達品牌信念與定位的機會像是企業識別、包裝設計、品牌網站等等，並且將不同接觸點傳遞的品牌訊息整合為一，形塑消費者心中的品牌印象。作者認為丈量膳食間隙已經成為一個接觸點，是社會大眾認識飢餓的介面之一。

率比當地組織估算的還高出三倍。

「立即效益是，它（指丈量膳食間隙）有推動鼓吹工作的能力，」伊蓮．瓦克斯曼說。「不過它已經成為每個人認識飢餓與營養主題的接觸點。食物銀行在規畫活動地點時變得更靈活，確保背包計畫（放學後或暑假期間，孩童用背包把食物帶回家）在最需要的地點實施。丈量膳食間隙可以找到漏洞。」這些數據也可以量身訂做，應用在不同類研究的人口辨識，譬如賑饑美國有一個前導計畫旨在檢視糧食不安全與糖尿病之間的關聯。

通訊與發展主任摩拉．達禮（Maura Daly）說明丈量膳食間隙在大方向上改革了賑饑美國取得結論的方式。「過去我們以餵食人數作為服務的測量標準，但現在我們知道那不是非常正確的評估方式。現在我們以遞送

食物從田裡到餐桌的旅程有時很複雜。照片中的伊娃．朗格莉雅正在學習使用聯合收割機採收玉米的大規模穀物生產知識。在丈量膳食間隙的幫助下，我們和伊娃的基金會聯手對抗美國國內的飢餓。 Howard W. Buffett

到一個社群的膳食數量進行評估。我們對糧食不安全廣度的掌握最小可到郡的層級。它漸漸變成地方賑饑組織衡量工作成效的支柱。」

多虧丈量膳食間隙，我們知道德州有好幾個郡的孩童約半數有淪落飢餓的風險。伊娃．朗格莉雅渴望資助這些家庭。「我認為女人是這些家庭的關鍵人物，」她說。「她們負責做決定，但美國每四名拉美裔婦女就有一個活在貧窮線以下。」聯合伊娃．朗格莉雅基金會與非營利小額信貸機構「行動ＵＳＡ」（Accion USA），我們資助一個小額信貸計畫借錢給低收入的拉美婦女。我們將使用丈量膳食間隙的數據，鎖定糧食不安全最嚴重的社群。行動ＵＳＡ已經幫助各式各樣德州創業者取得小額信貸做生意，包括派餅店、私人照護服務、花藝店。資格符合的婦女能申請五百道兩萬五千美元之間的貸款額度，同時他們將獲得財務訓練以及創業輔導。我們三個機構密切合作，為不偏離正軌，每半年針對計畫進行一次分析。同時我們也要分析申請人自從參與計畫後的糧食安全程度變遷。

身為一介農民，我鮮少花時間思考甘德森教授窮畢生研究的抽象等式與關聯。但我懂得欣賞優質資訊的價值，無論是某社群飢餓真實本質與程度的預測或精確人口數據。曾經只能以粗估回應的問題，如今只要上網敲敲鍵盤就能得到解答，這不只是創新思維，更是深具啟發性的新思維——以及更好的方法（希望如此）。

故事三十八

一張紙的力量

荷西．馬丁（José Martín）住在尼加拉瓜馬塔加爾帕省（Matagalpa）埃斯基普拉斯（Esquipulas）的一個小社區。三十六歲的荷西有三名幼子。他一輩子都在務農。小時候他在雙親的農場幫忙，學習如何種出比別人更好的作物，但他夢想擁有自己的土地，不希望一直花錢租地耕作。

地方上和他有相同夢想的自給農很多，但很長一段時間，那對他們而言幾乎是不可能達成的事。若要請得合法的土地所有權，尼加拉瓜政府要求地主必須雇用律師並提供證據，證明土地屬於農民，如果不能提供買賣文件，則必須請鄰居提供口供，說明該農民一家多年來都在這塊地上耕作。一般而言，整個過程的律師費最高要將近兩千美元。

二〇〇四年，荷西靠種豆子賺了一筆錢，可以向鄰居買一曼札納（manzana，等於一點七英畝）的地。他取得一份關於土地的文件，也就是由律師擬稿的買賣同意書，但這不等於官方紀錄。他發現如果少了官方的合法文書，即便他不再需要付租金，目前官方登記的地主有權將土地回收。荷西說：「我知道我有的土地文件並不能夠代表什麼，對此我非常害怕……但什麼都沒有更糟。有很長一段時間我不去想該怎麼辦；首先，因為我不知道怎麼辦，再來就是費用問題。他們（市政府的人）告訴我，費用非常昂貴。」

農夫試圖取得耕作地土地所有權的困境，四海皆然。許多農夫都是工作勤奮、意志堅定的人，荷西也一樣，可是他們往往被官僚作風與打通複雜腐敗行政體系的花費壓得喘不過氣。好消息是，已經有一些組織正在想辦法幫助小農度過整個流程，同時使他們對擁有自己的土地感到驕傲且安心。

我們在中美洲與天主教救助服務會合作資助一項叫做「為營養而生的農業」（Agriculture for Nutrition，以下縮寫為A4N）的倡議案。A4N主要資助小農開發經商技巧、市場焦點，還有財務頭腦，以幫助他們成為並受益於較大經濟體的一部分。這個計畫傳授永續農耕技術，但也教育農夫認識存款、貸款與基礎資產投資的知識。

A4N由馬塔加爾帕的明愛會教區在地執行。二〇〇九年，A4N的工作範圍拓展至荷西所在地區，他們舉辦短期培訓增進農夫對耕作技術的常識。透過他們的介紹，荷西擴充作物種類，將能夠賣錢的不同蔬菜也納入耕作清單。但對於種果樹保護土壤這樣的投資，荷西感到猶豫。他心裡知道自己隨時都可能失去買來的土地。「你想想，我甚至連圍欄都沒有架設，」他說。以被護作物或引水灌溉投資土壤，充其量是增加合法地主把土地要回去的機會。

但在二〇一〇年五月，A4N進行一次仔細評估。當他們發現兩千五百位A4N計畫參與者中超過一千五百位缺乏耕地的合法所有權，於是決定插手介入。這項計畫幫助荷西與一千三百七十六位其他農夫展開一次大規模的土地合法化流程。組織與地方政府合作降低費用，幫助農夫們完成土地所有權申請。二〇一一年九月，馬丁先生終於成為農地的正式所有人。

產業如今登記合法。雖然只是一小塊地，荷西說這樣已經足夠。現在他可以用樹、水利系統和被護作物強化土地，同時善用A4N與其他計畫。荷西告訴天主教救助服務會，參與A4N讓他的生活在許多方面都變得更好。「我甚至學會增進與家人的關係，學會了解並看重我的義務與權利。A4N在耕作相關事務上幫助我們，但土地所有權取得所帶來的改變最重要……剛開

越來越多尼加拉瓜農夫能以地主的身分投資他們的土地，為他們的家庭與後代創造安穩的生活環境。Howard G. Buffett

始的時候，我根本不期待，因為過去從沒有人成功幫我們解決這個問題，就連中央或地方政府都沒辦法。」

天主教救助服務會寄給我一份報告，一位職員在報告中娓娓道出荷西的故事，不過我已經親眼看過農夫得到土地所有權時眼中的光芒。二〇一一年秋季，我拜訪尼加拉瓜一個名叫瓜蘇育卡的村子。當地有間新落成的玉米與豆子儲存加工中心——對這個社群的農民而言是極有價值的資產——我獲邀參加啟用大典。抵達當地不久後，我看到附近有一間木造廁所，於是開門進去小解。一名當地人沒發現我在上廁所，開始朝尚未完成的廁所釘釘子。我大喊：「嘿，你大可敲門就好！」上完廁所後，我走出來，我們都為此大笑。

這一趟旅程中，我感受到這個社群充足的精力與樂觀氛圍，但最有趣的是和一群群農夫見面，每個人都拿出做禮拜的隆重裝扮。有一群農夫來的時候拿著土地所有權狀，非常自豪地拿給我看。有個又高又瘦的農夫向我展示他的文件，告訴我他有很多孩子，這份土地權狀對他們家非常重要。他眼眶泛淚，情緒澎湃，天主教救助服務會的員工看了忍不住安慰他，翻譯員也停止翻譯。這位農夫深信這是上帝給他們帶來的奇蹟。一名天主教救助服務會的工作人員後來向我解釋，本來有三成的農夫以為他們擁有合法所有權，但A4N發現其實真正合法擁有土地的人不到百分之十。這些人在過程中曾經非常害怕，因此當A4N成功幫助大家解決所有權問題，每個人都如釋重負。現在他們對土地的投資以及學習如何改善土地，將對他們與家人帶來永久的正面效益。

在另一個村子，天主教救助服務會讓我把土地所有權文件交給農夫們。這經驗給我無比的力量。我看得出他們臉上的興奮與驕傲。那天從我手上接過文件的男人與女人離開時變得更有自信，這是我本來意想不到的事情。

農夫們把土地所有權文件拿給我看，是這趟旅程中最令我感動的一刻。Howard G. Buffett

土地權能改善產量、收入，甚至畢業率

世界上有很多地區的人不那麼快樂。根據Landesa（自一九八一年起從事土地改革工作的NGO）的統計，世界上百分之七十五的窮人住在鄉村地區，土地對這裡的居民是非常重要的一項資產，也是收入、安全、機會與地位的主要源頭。然而，超過半數的家庭缺乏土地取得管道，或對他們耕耘數個世代的土地有不安全感。

退休法學院教授羅伊・普羅斯特曼（Roy Prosterman）創立Landesa，一九八一年原名鄉村發展研究中心（Rural Development Institute）。該組織目前已進軍五十個國家。Landesa累積的數據顯示，土地權對自給農而言是極具影響力的有利條件。在Landesa從事調查的地區，當農夫取得土地權，年家庭收入可增加百分之一百五十，農業生產大概提高百分之六十。投入土地改善的資本加倍，高中畢業率也加倍。[11]

土地佃租制度對世界上所有農夫都是重大問題，但政治、地方法律、部落習俗與農場管理實務的細節和獨特之處，使得這個問題必須按每個國家的情況個別處理。蓋雅・波爾皮（Gaye Burpee）博士是天主教救助服務會拉丁美洲與加勒比海地區的農業與氣候變遷資深顧問，她解釋說：「中美洲每個國家取得土地所有權的法律都不盡相同。由於過去有關地權的衝突，將天主教救助服務會在尼加拉瓜的成功範例移植到瓜地馬拉，將使這些家庭陷入險境，甚至可能導致暴力衝突。」

儘管如此，尼加拉瓜的Ａ４Ｎ計畫仍然鼓勵我繼續為土地佃租議題發聲，並尋找符合當地現實的創新解決途徑。有機會把合法土地文件交給辛勤工作的農民，我感到相當榮幸與幸運，現在這些人耕作屬於自己的土地，不再存疑，而且將把土地傳給他們的子孫後代。

---

[11] http://www.landesa.org/infographic-land-rights-matter.

故事三十九
未來農夫

霍華・W・巴菲特

偌大的田間鐵皮棚屋在美國心臟地帶的農場很常見。很多都只是空間寬敞的車庫，我在內布拉斯加州的田裡也有兩棟。鐵皮棚屋內通風，天花板高，牆上掛滿各種工具、鏈子，還有成箱的零件與機油。拖拉機和其他需要保養或遮風避雨的農用設備，一般都停在鐵皮棚屋中間的水泥地或碎石地。棚屋的「裝飾」——如果可以稱之為裝飾的話——包括舊種子袋和某家農業供應商家印製的日曆。除非颳大風，冬天的農場鐵皮棚屋比戶外還要冷。

但是克雷・米契爾（Clay Mitchell）在愛荷華州東北部的棚屋比較像巫師的巢穴——而且是暖烘烘的巫師巢穴。高高的置物架上擺著機械設備與零件、扳手、拖拉機零件和其他你想得到的工具，不過也有網路轉接器、有線電視與感測器。克雷的助手史姆基（Smoogie）是一隻愛爾蘭獵狼犬，負責在生長季管理鹿。二〇一三年一月我拜訪克雷棚屋時，史姆基慵懶地躺在一張軟床上。克雷與父親根據農場需求設計了一台客製化施肥機，像是可微調施肥機施肥量與定位的控制區塊。棚屋還有一個獨立的控向裝置，可以用GPS控制拖拉機和施肥機，發揮最佳效能。

克雷的棚屋還有一塵不染的自動化浴室，就算我四個姊姊妹妹在這裡洗澡恐怕也不會有任何抱怨。櫃台上還有一些聖誕節裝飾，我看著旁邊牆上的數位相框閃過一張張家人肖像照與農場照。米契爾想要來這裡的每個人感到備受歡迎。拜訪期間，我和附近農場一位年輕女性交談，當時她和克雷的父親韋德（Wade）正合力為一台小拖拉機加裝車頂。克雷說，韋德是地方上許多年輕農夫的導師。「我明年要去愛荷華州立大學念書，」她對我說，計畫未來要從農。

天花板上來自強鹿牌老工廠的四英尺高指示燈閃爍著。工業用暖氣使屋內溫度比室外刺骨的攝氏三度幾乎高了十度。克雷與韋德在農場安置了上百個感測器，他們可以在這個「華麗帳篷」內根據燈光閃爍模式監管農場。從閃爍模式可看出暖氣正在運作，或者施肥機的肥料槽量快要用罄，需要有人開運輸車出去把肥料添滿。燈光打量的華麗帳篷可能復古，但《時代》雜誌（*Time*）稱米契爾的農場為「未來農場」是有原因的。

亟欲改變

四十歲的克雷．米契爾是公認最先進、創新的美國農夫之一。十多年前，他成為中西部首位使用GPS控向農機具的農夫。設備的革新意義重大，但對我和我父親而言，更重要的是米契爾致力於保護土壤，在使用化學肥料上能省則省，而且是以有利於農夫的方式做這些事——這點至關重要。克雷是免耕農業與長期措施不屈不撓的提倡者，而且依著四十次機會的精神，他相信透過傳授並普及個人學到的教訓，其他農夫也能獲益。儘管相較於他個人，美國農業的改變發生得太慢，不過他讓我相信我們正朝對的方向前進。

米契爾家五代都在錫達拉皮茲（Cedar Rapids）西北方一小時車程外的地區耕種，附近是白金漢（Buckingham）小鎮。克雷的高祖父帶著家人從愛爾蘭移民到此地。他們全家人一起經營農場，賴以維生。如今克雷與叔（伯）公、父親和表親一起耕種。克雷安靜但熱情。他的機械棚屋擺了張桌子，拜訪期間，他捧著筆電靠在桌角，給我看一份投影片報告，內容是關於他經過幾次實驗所得到的一些新發現。

二〇〇九年，他親手為一千兩百株位於農場四個不同區塊的玉米一一貼上條碼。然後，他在生長季期間多次且相當頻繁地測量各種變數，包括玉米莖直徑、玉米葉數量、附近土壤水滲透度、肥料利用率、光合作用等等。

目的之一是評估在田裡實施所謂「交通控制」（controlled traffic）*的效應，意指限制農機具反覆行走的動線，並為農機具換上寬胎以分散重量，將土壤夯實的情況降到最低。土壤夯實令耕作者頭痛的原因有很多。壓縮緊實的土壤表面會形成結皮（crust），年輕植株沒有辦法破土生根。此外，它抑制植物根系生長與養分吸收，使水無法穿透土壤。一旦生長受抑制，逕流隨之而生，最終影響收成量。根據克雷採集的數據，對照農夫開著窄輪笨重農機具四處壓來壓去的田地，實施交通控制的田地水滲透率可提升二十倍。

那些數據令我眼睛一亮：高效水資源使用在未來將越來越重要。舉例來說，我們基金會在亞利桑納州的農場高度關切水量配給的實施，而水資源在將來只會變得更珍貴——以及更昂貴。克雷和我討論為什麼他採集的土壤夯實數據，不一定能夠為用水效率提供簡單明瞭的答案：其中一個原因是，不同土壤種類的滲透率有差異。一段時間內的降雨量是否穩定也是會影響用水效率的因素：穩定降雨能夠軟化土質，提高滲透率。相反的，長時間的乾燥缺水會使土壤變得像水泥般堅硬。不過，土壤夯實是需要更廣泛更深入研究的重要現象，改善夯實不僅有助提升水資源使用效率，而且還能避免逕流發生。逕流會侵蝕土壤，同時將肥料與殺蟲劑帶到河川系統與其他不屬

---

*譯注：「交通控制耕作」（Controled Traffic Farming）是保育性農業的一項技術，以GPS定位農機具路線，在美國、加拿大、澳洲等科技農業大國很常見。

於它們的自然環境。

我驚嘆地看著數據，無法想像克雷投入多少時間與勞力持續不輟地測量採集。我們相處的時間不多了，克雷仍忙著展示他如何提高除蟲劑噴灑效率。他與父親發明了可搭配不同噴嘴調整噴霧大小的工具，使噴出的除蟲劑能覆蓋植株的葉子不致飄在空氣中，形成促進除蟲劑抗性的次致死劑量（sublethal doses）。我確認了一下時間，克雷似乎覺得懊惱。「好，我想想看怎麼說快一點，」他說。然後皺起眉頭，往上看，表情有些許扭曲。「不對，我沒辦法。這件事我沒辦法快快說。」我露出笑容。克雷據理推論且善於分析，他腦袋裡完全沒有抄近路的選項。

我們和克雷是幾年前認識的。他打電話找我父親聊保育耕作的事。克雷和他太太開車到迪卡特，父親帶他們去吃午餐。後來，父親邀請他參觀我們基金會在南非的農場。二〇一二年，克雷和我都參加了在瑞士達佛斯（Davos）舉辦的世界經濟論壇（World Economic Forum）。這場活動冠蓋雲集，包括令人印象深刻的演講者、國家元首，以及商業鉅子。但與克雷坐著聊天的那一個小時是整個行程中我最喜歡的部分。他此行的任務是呼籲全球農夫以更永續的方式從事農耕，他試圖啟發政府領導人藉由制定政策促成此目標的達成。但身為長久浸淫在中西部農耕文化的第五代農民，他很清楚哪些因素會阻礙改變成真。

誠如我父親在前文談過的，農耕在美國有一段豐富的歷史和一個獨特的精神。傳統上，父輩將他們的技術與智慧傳承給下一代。儘管近幾十年來農業基礎越來越穩固，許多家庭依然不改世世代代耕耘同一塊地的傳統。農夫販售穀物的價格受供需法則影響，但補助補貼政策（包括根據不充分數據設計的政策或毫無數據基礎的政策）或其他更不具科學基礎的因素也會影響他們的行為和財務成就。

近年來部分中西部地區的農地價格出現劇烈波動。我拜訪克雷那天，附近有塊地以每英畝一萬七千美元的價格售出。在愛荷華州土地都有所謂的CSR率——CSR代表「玉米適栽率」（corn suitability rating）。CSR率是對一塊地生產玉米的潛力評估，很多地方的評估完成於數十年前。問題是，這是一個靜態的測量值。「這就好像根據一輛經典老車從福特組裝廠出廠日的歷史車況銷售它，」克雷說。這個測量值無視於土地被評估後所受到的照顧。然而，農夫賣地的時候經常只提供當初得到的CSR率作為對土地品質的描述。誠如克雷所言，某塊富生產力的土地很值錢不一定會帶動近期土地價格的漲價。商品價格的上揚代表農夫們手邊比過去有更多現金，克雷指出，「如果你很想要自己土地旁的那塊地，因為你希望自己的地更方正，但那塊地的另一頭有個農夫的盤算與你如出一轍，當那塊地終於掛上求售標誌，你肯定得花大錢買它。那可能是你這輩子唯一的機會了。」

拖拉機上無處可躲

傳統與同儕壓力也影響農夫。我所在地區有一項特別的耕作元素，不同於加州或美國南部的生產水果、堅果與蔬菜的「沙拉盆」多元耕作，中西部的玉米、小麥與大豆農民往往在同一時間做同一件事情，無論是盤打、播種、施肥或收成。當你走進玉米田，你能看到隔壁玉米田裡的農夫在做什麼。你可能在等待對的氣候噴灑農藥，但因為看到鄰居已經開始動作，焦躁之下於是趕緊加入他人的行列。看到鄰居升級中樞灌溉系統，你開始想自己是不是也該採購新設備。據說農夫過去並非如此好競爭，但現在有太多契約農夫需要以高收成向他們的地主展示能力，於是今天的農夫變得愛與人競爭。

偷偷耕作有難度，或許根本不可能。當一個農夫做了新的嘗試，消息一定傳出去。無論他到咖啡店、農具行或在銀行排隊，人人都會上前找他打聽一番。壓力不小。有些農夫往往因為鄰居一個不認同的挑眉而感到不安。同儕壓力妨礙人們嘗試新事物，而且根據克雷的觀察，農夫一旦嘗試新事物，有時候會因為同儕都知道自己在做什麼，而不自覺地過度堅持執行一個成效不彰的辦法。革新絕不容易。為了顧自尊，農夫可能賠了夫人又折兵。

但克雷認為，農民之所以不傾向選擇更明智的耕作實踐，最重要的原因是我們沒有精確的機制或數據能呈現不好好照顧土地的真正代價。當天稍早，我們開車在附近四處繞，克雷要我看一塊山丘綿延的地。「那個人的地流失了好多土壤。他在陡坡下方挖溝渠，地方政府的人會開卡車來把土壤載走，」他指的是所有從山丘滾落的土壤，不斷堆疊於是堵住路邊的溝渠。這位農夫在收成季結束後，使用傳統鑿犁把玉米稈殘餘從土壤中翻挖出來，並且將表層一英寸的土壤翻動一次，然後整個冬季就休耕。這個做法是絕大多數穀物農民的標準流程，這麼做的問題之一是它「看起來」很棒。「我說這叫做道林・格雷（Dorian Gray）*的農場，」克雷說。「那是大規模的土壤侵蝕，他失去了幾百年累積生成的土壤，但犁田後，土地就會『看起來』很好。」整過的地給人一種被細心照顧的感覺。「免耕農業需要更多深思熟慮和精密操作，」克雷把話說得很白。「耕地是農夫掩飾自己犯下許多錯誤的便宜行事。如果田裡有雜草，就翻土把雜草蓋住。如果有土壤夯實的情況，犁田就能將上層的土壤翻鬆。如果大雨將田地沖出小溝，就拿泥土把溝填平。這一切讓土地劣化，但代價看不出來。」

另一方面，保育農耕要求農夫將上一個作物的殘餘留在土壤裡，幫助增加土壤的有機質。而且要種植被護作物，因為被護作物能幫助固氮，在颳風下雨的時候留住土壤，但他們通常是長不高的植物，會讓田地看起來彷彿雜草蔓生。「犁田的諷刺之處在於，你這麼做是在掩蓋問題，而

---

* 以王爾德（Oscar Wilde）的《格雷的畫像》（*The Picture of Dorian Gray*）為比喻，原故事描寫格雷如何因美貌，而成為魔鬼的信徒。

且會惡化那些問題，」克雷指出。就好像酗酒的人醒來後，再喝一杯烈酒緩解宿醉。這麼做會得到立即效用，不過卻徒增酒癮。克雷給我看一張照片，照片中的山坡農地中間有一根好幾年前設在那的電線桿，農夫因此無法耕種周圍的地。那一小塊圍繞電線桿的地，如今比旁邊的山坡地高了四到五英尺。按照那塊田地的大小，這代表這塊山坡地流失的表土至少有上千公噸，部分土壤大概已經流進河川裡，一去不復返。克雷說，大自然生成一英寸土壤需要五百年以上，「即便每年流失不到一英寸的表土，對環境依然是場大災難，」他說明道，

測量土壤侵蝕的經濟衝擊並不容易。買種子和汽油會拿到帳單明細，但大自然開出的帳單要由未來的世代買單。Howard G. Buffett

「但土壤流失的時候，人們不會注意到。」

成長經歷和家庭給他的影響形塑了克雷對保育農業的堅持，以及他勇於實驗、不受拘束的行事風格。韋德強調從小教育孩子的重要性。克雷說，父親教哥哥的物理和數學讓他在四歲（不是筆誤）的時候拿到業餘無線電執照。克雷從哈佛大學的生物醫療工程系畢業。他精力充沛，大學時期也是一名滑雪選手。不過，他的心從未離開農場。要升大四的時候，他在愛荷華州買了兩百英畝的地。

克雷不是典型的農家子弟，但他對農耕的熱愛還有幫助農民改良技術與方法的熱情，充滿感染力。他承認自己對農夫改變的牛步速度感到洩氣，同時他也對農業的團結感到憂心，因為團結使農民傾向看重作物收成，而不重視對土壤的管理。然而，米契爾家的產量一直都比鄰居多出百分之二十到三十，就算是最頑固的老派農夫應該都會被這數字說服，進而願意考慮改變過去的方法。

往好處看，米契爾家這間棚屋訪客不少，克雷說，最近訪客甚至多到有點招呼不來。這是好事。強鹿牌和天寶導航（Trimble Navigation）等大公司都派代表來訪，了解韋德與克雷有哪些新想法，或者送來米契爾父子有意納入新設計的設備。不過他們避免商業上的正式往來。「我們敞開大門，他們也對我們開放，」克雷解釋道，「如果我們擔心智慧財產權之類的，做任何事都遙遙無期了。我們說明想做的事，他們相信我們（不會掉頭，自己想辦法賣設計）。如果我們需要新零件或某個設備，他們一個星期內就會送來。」相較之下，協商智慧產權可能要花上半年。

我們聊到推動更友善耕作的方式。最近克雷在愛荷華州與舊金山灣區之間兩頭奔忙。他的大學滑雪隊友剛在灣區成立一間投資公司叫做瀑布線資本（Fall Line Capital），就在矽谷的心臟地帶。（瀑布線是滑下山丘最有效率的路線。）我感到好奇：一間農地投資公司開在加州高科技中心。其實克雷正在尋找利用市場槓桿的新辦法，嘗試讓農耕實務發生強迫性的改變。克雷認為投資在農地的資金有潛力變得更具生產力——這判斷不是基於情感因素或某些過時的測量，而是基於它回應土壤管理與保育農耕技術的實際才能與潛力。我覺得這是一個很有趣且創新的方法途徑。公司位於矽谷也使克雷與合夥人能夠看到有助於達成他們目標的新科技，像是由加州山景城（Mountain View）一間公司研發、可分析土質的即時田間土壤採樣科技。

農場所有權正在改變

有時候小的、簡單的、低科技的改變也能創造大不同。克雷說很少有土地租約會明文要求租地者使用保育技術。這種要求不存在制式合約中。合約法的這個領域還有待開發。我們討論我們的基金會可以幫忙贊助這類合約範本的準備流程，讓有意保護土壤價值的農地所有人多一項可運用資源。他提起一件有趣的事：在目前的愛荷華州農地所有人當中，女性占不少百分比，通常男性農民的遺孀不會自己投入農耕，而是將家中土地租給契約農夫。根據《成功農業》雜誌

（*Successful Farming*）的數據，未來二十年內，百分之七十的農地將易主，易主農地中還有百分之七十五將移轉到女性名下。[12] 農場新主人如果沒有真正參與經營，他們對農耕合約或保育農業原則可能不會有太多了解。組織外展計畫，提供著重土地管理與維護的標準合約是一個解決之道。這個辦法夠簡單，而且有機會成為成效驚人的工具。

誘使農民成為照顧土壤管家的另一個面向，和目前政府現有的保育計畫有關。政府對克雷種植裸麥與蘿蔔等被護作物的田地提供每英畝四十美元的獎勵，實際成本根據他的估算，每英畝約三十美元。我們花了將近一個小時討論政府的補助津貼，以及政府在保育上的著力，像是保育守護計畫（Conservation Stewardship Program）。

12 http://www.agriculture.com/family/women-in-agriculture/farm-families/this-l-is-her-l_339-ar26202.

保育守護計畫鼓勵我這一輩的年輕農夫投入免耕農業，以維護我們最重要的資產：土壤。Howard G. Buffett

克雷與我們有志一同，他希望看到政府改善激勵保育行為的方式，把重點都放在更好的土壤管理措施。「事實是，提供價格支持的補助已經不再合理，」克雷說。「美國真正的問題是我們失去了農業實務的領先地位。巴西與阿根廷在免耕等土壤管理技術上超越我們是很不可思議的事。」克雷注意到很多地方都開始採用大規模的免耕，譬如哈薩克有數百萬英畝的小麥田是免耕種植，相較之下，美國農場可能只有百分之三十採行免耕，然後在這百分之三十中或許只有百分之五是完全免耕。

在任何情況下，農耕都充滿挑戰。克雷想起小時候跟在父親身邊幫忙的事不禁大笑，當時他們的機械棚屋還沒有暖氣。在那個年代，白天他父親會和自己兄弟及兒子一起耕作、整理設備，然後晚上到鑄造場值班工作。克雷說，過去的經歷教會他勤奮工作與分析的珍貴價值。「多數農夫習慣照著強鹿牌或孟山都的指示步驟做事，」他說。「我們想跟那些人說，『對你的農場做點內省。』我們家不吃『系統』那套。不是照著別人給的十二個步驟，就大功告成。神奇藥水不存在。」每個農場的土壤特性與狀態各不相同，因此每個農夫要針對各自農場的狀況想調整辦法。「我們對影響產量的因素追根究柢。」

誠如我們所相信的，克雷．米契爾也認為就餵養人類而言，土壤是世界上最關鍵的資產。對待土壤得宜，侵蝕就不會發生。同時，致力於守護土壤的有效保育技術，可以將我們的土壤，「變成永不枯竭的油井，」克雷如是說。

故事四十
治理的新途徑

「不想你有任何壓力，」我對前英國首相東尼．布萊爾說，「可是我讓夏奇拉試過，她第一次就上手了。」

我們在靠近迪卡特的基金會農場開著聯合收割機。那天是二〇一二年的早秋，風大天涼。這台機器配有完整GPS系統，而且是自排。我們把聯合機的收割台（長得像一掛魚雷）對準想要收割的玉米列，切換到自動操作模式，於是在完全沒碰方向盤的狀況下採收約一百五十蒲式耳的玉米。走到通道盡頭後，我們得迴轉，必須迅速切換成手動控制，重新設定聯合機路線收成隔壁列的玉米。東尼表現很棒，雖然當他發現自己輾過一小區玉米的時候，他苦笑地說：「抱歉，小霍，害你少賺了點。」

我經常邀請喜歡的人、一起工作的人參觀我們在伊利諾州的農場。我喜歡讓不曾耕作的人體驗農耕的感覺，特別是如果我們一起從事糧食與農業議題相關的工作。邀請實在、真誠的人到農場，能夠以有趣的方式進一步認識他們。東尼．布萊爾不只是傑出有成就的領導人，他為人和善，從不自視甚高。他穿著牛仔褲與靴子到農場，在出發到玉米田的途中，我問他是否操作過農機具。與他同行的一位工作人員調侃道：「拜託——他這十二年來連車都沒開過！」東尼和我們一夥人都笑到不行。結束收割後，他迫不及待地將聯合收割機的照片傳給十三歲的兒子李奧。

更重要的是，我用聯合收割機招待的每位貴客離開後，都因這次體驗對現代農耕與糧食有更深的思考。聯合收割

東尼．布萊爾操作我的聯合收成機，這台機器就像我的移動辦公室。
Howard W. Buffett

機真的「聯合」了好幾個農耕的步驟：從駕駛包廂可以看見玉米稈折斷，倒向收割台。接著鏈條將收割的玉米稈送進機器肚子裡的鼓輪。玉米穗在此脫粒，碎屑、莖稈與其他雜物從聯合機後方向外噴出。當客人從貨櫃的透明小窗看見玉米粒或大豆越疊越高，他們會回頭看我一眼，而我則享受地看著他們臉上不可思議的表情。短短幾秒鐘內，比人高的植物已被機器消化成人人都能馬上認出的食物品項。賓客們緩緩意識到自己吃了一輩子的食物，正是眼前聯合收割機開過的植物，而且他們吃的食物幾乎都是由這款機器採收。食物不是來自商店。食物來自農場的土壤。直到親眼見識之前，你只是知道，但你不會「懂」。邀請前英國首相體驗開聯合收割機是很自然的決定，因為那天早上我很榮幸能在自家農舍招待他吃早餐，一起討論他的專業領域：高級治理（high-level governance），我對這領域陌生的程度就像收割玉米之於他一樣。

東尼．布萊爾在二〇〇八年成立非洲治理促進會（Africa Governance Initiative，簡稱AGI），志在創造與非洲政府合作的不同框架。他想教導世界上最貧窮、烽火不斷的非洲國家領袖依循一些基本原則，創造追求和平、有效率、能夠回應人民需求的政府。他解釋說，長期以來，整個世界只注意到醜陋的獨裁者與非洲的危機。我們對腐敗的或無視人民需求的政府感到灰心。但他相信新一代的領導人是非洲徹底改變的機會，也是我們對目前情況有不同看法的轉機。他的樂觀感染了我，讓我也充滿希望。

AGI成立之後，我對前首相在非洲的作為時有耳聞，但並未深入了解。二〇一二年初，我在飛機上拿起一本以他為封面故事的雜誌。我從雜誌報導得知，截至目前為止他已獲邀到盧安達、獅子山共和國、賴比瑞亞、幾內亞與南蘇丹給予指導，他看到一些不錯的進展。舉例來說，在獅子山共和國，他的團隊幫助政府推動一項健康照顧專案，減少了百分之八十死於瘧疾的住院孩童。有一陣子，基金會在非洲推動的多項改善糧食不安全計畫成效不彰，心情沮喪的我開始學習東尼·布萊爾的方法取徑。我還為了一個統計數據感到煩心：二〇〇三年，非洲各國元首齊聚莫三比克的首都馬布多（Maputo），簽署了〈馬布多宣言〉（Maputo Declaration），他們宣示將國家預算對農業的公共投資的下限增加到百分之十，目標在二〇〇八年創造至少百分之六的農業部門成長。非洲有有數百萬自給農，而且這五十四個國家幾乎都有超過半數的人口仰賴農業為生，我個人認為，即便是世界上任一個國家，百分之十的農業投資都相當不充足。至少該占百分之三十，而且應該把基礎建設投資如道路、貯藏設備、貸款系統與其他幫助農民打通市場的工具，全都納入考量。在當時（我目前寫作的當下是二〇一三年中，我相信情況還是一樣），只有布吉納法索、衣索比亞、迦納、幾內亞、馬拉威、馬利、尼日與塞內加爾達到或超過百分之十的目標門檻。[13]

我自忖，「一個不來自任何非洲國家的人要如何克服承諾方面的基本落差？我們的基金會要如何創造新的、進步的農業環境，如果這些國家的領導人拒絕投資自己的人民？既然他們不願支持自家的農業體系，我們還能改變什麼？長期來看，如果我把對〈馬布多宣言〉的尊重變成基金會投入事務的最低標準，同時試圖對非洲政府施壓、要求他們投資農部門，是不是更好的辦法？又或者，我該完全撤離，把注意力轉移到其他糧食不安全的地區，譬如拉丁美洲，根據我的經驗，拉丁美洲有更多政府真正了解農業的重要性？」我的內心天人交戰。

時代在改變，我們應該跟上時代

閱讀前首相的報導文章時，我被他觸及的幾個主題點醒。他說，非洲數十年來都處在危機中，但我們必須停止單純以提供援助的方式回應各個危機。他說新一代的非洲領袖和過去不同，他們的教育程度更高，而且試圖率領自己的國家成為全球經濟中更活躍的參與者。他的語氣堅定而樂觀，不過他對發展有一套新的思維。我開始更關注他的演講與作為，我認為他在二〇一二年於倫敦舉辦的非洲企業領袖高峰會（CEO Africa Summit）演講中，充分表達了他的觀點的要旨。演講的主題名為「新非洲，新取徑」（A New Approach to a New Africa），布萊爾首相解釋他為什麼認為現在的非洲有機會發生革新：

[13] http://www.nepad.org/foodsecurity/agriculture/about.

二十多年前，和非洲領袖的對談往往被歷史遺緒所支配，主要是殖民歷史的遺緒。在今天，這種歷史對話已令人感到不耐，取而代之的，是放眼未來的急迫渴望。

傳統上，治理一直是發展社群中不被重視的一塊，通常交付給概括性的行政體系改革計畫，教育訓練之類的。事實上，還原其真意，治理是極為根本的一環。在現代世界中，不同於資本或科技，治理是唯一不可能從國外輸入的東西。治理代表區分優先順序；代表專注聚焦；代表適人適用，以及行政系統的建立。在今天，大量流動資金正在尋找投資的出口。決定資金流向甲國或乙國的因素當然包括自然資源，像是石油或礦產；不過也取決於一個國家是否有相應的系統能夠吸引投資人，譬如國家政策的可預測性、公平的法制體系，以及最低程度的基礎建設。

富國給予、窮國被動接受的老方法顯得越來越不合時宜。非洲國家必須拿回國家發展的主控權，訂定國家發展優先順序，自己做決定。如果有援助的需求，必須確保它能支持國家發展方針，適應並強化該國政府本身的治理系統。當幫助的方式對了，政策也對了，我相信非洲能夠在這個世代內脫離對援助的依賴。[14]

面對衝突引起的危機與孩童受飢問題，有關治理的討論對我而言總是顯得有點不切實際。盡快讓這些人有食物吃，或幫助他們重新啟動農業系統似乎比較重要。但我從四十個機會學到的教訓之一是，根據十年來資助不同援助計畫與農業倡議的經驗，破壞眾人心血的經常是一個國家內部有關治理的問題，這些努力本來可以創造重要的、有價值的成果，但卻淪為暫時性的幫助，甚至一切心血付諸東流。

最近我們基金會派一位計畫主管到獅子山共和國、賴比瑞亞、民主剛果與南蘇丹考核我們在這些窮困、衝突頻仍國家的贊助案。我想與各位分享，他在報告中提到這趟考核行程發生了幾次很極端的經歷。在民主剛果的東北部地區，他聽說有叛軍掌控的團體開始要求所有NGO和發展組織向他們交稅金，違反民主剛果政府的法律規定，同時迫使該地區多數NGO團體從當地（至少暫時）撤離，其中包括他要訪問的N2Africa計畫的工作人員。「出於應急與救助目的，有些NGO花了不少天以貨機撤離他們的工作人員，先運送所有緊急救助物件，然後在完成物資運送後，盡快把人員載離。」他在報告中寫道。

在南蘇丹，他開車前往首都朱巴（Juba）的路上遇到阻礙，在原地停留了一個小時，因為聯合國正在替那條路除雷。在賴比瑞亞，他對著看起來像條路其實是巨大泥漿池的地方拍了張照。泥漿四處噴濺，車子上上下下彈了超過六個小時，才抵達一項種子計畫的實驗田地。照片中Land Cruiser越野休旅車已經被紅泥巴淹到腳踏板的高度了。

---

14 http://www.tonyblairoffice.org/speeches/entry/a-new-approach-to-a-new-africa.

我們可以試著應對或避免前述任何特定情況，然而基礎建設不足、政府對秩序維護的失職與未能重視開發，終將導致一切開發的失敗。有時候我覺得美國人聽到「非洲的道路很差勁」，大概就好像聽到「元旦前夕的紐約時代廣場很擁擠」。他們邊聽邊點頭同意，即便他們完全不了解在只能靠步行與獸力拉車或重型機車前往各村莊的國家移動是什麼感覺。對獅子山共和國或南蘇丹這些國家而言，道路已成為從事任何工作的重大阻礙，但政府單位仍無心解決這個問題。沒有單位出面評估道路的現況，或思考如何更有系統的解決問題。政府官員可能會乘機請有意到該國發展的投資者幫忙鋪路，但這樣的路經常是不具長期考量的一次性建設，這條路可能通往礦區或者任何對投資者有利的目的地。基金會計畫主管的報告再次提醒我們，所有高科技、種子研發，以及喬・迪佛里斯或艾德・普萊斯這類犧牲奉獻的人，無法在泥濘或根本無法通行的道路上有效施展。

這些是進步的重大阻礙，有時就連最善良最想要幫忙的人都會嘆氣道：「又來了。這就是非洲。」但東尼・布萊爾指出許多非洲新一代的領袖想為人民做對的事，我們應該想想如何幫助他們，第一步可以是非常基礎的政府組織建構，以及對政府欠缺技能的評估。AGI經常引用二〇一一年諾貝爾和平獎得主賴比瑞亞總統愛倫・強森・希爾利夫（Ellen Johnson Sirleaf）的話，這些話出自她二〇〇九年出版的書《這孩子將來會做大事：非洲首位女性總統不凡人生的回憶錄》（*This Child Will Be Great: Memoir of a Remarkable Life by Africa's First Woman President*）。強森・

希爾利夫總統談到，一群人「長年被教育忽視，被連年戰亂與社會停滯剝奪技能，」他們連完成最簡單事務的基本技能或能力都沒有。「……當你站到那個位置，試著重建國家，大家的期待很高耐心很低，因為每個人都想要改變立刻發生。畢竟，他們投票給你是因為他們相信你能帶來改變——即刻生效的改變。但你不能。不是因為缺乏財政資源，完全是因為你心目中使任何改變生效的才能（capacity），根本不存在。」

順序與程序

能力是關鍵，就像我在水資源倡議故事中提過的。強森．希爾利夫總統說的沒錯，在一個開發中小國家沒有哪一個人有足夠技能或訓練能夠帶領國家度過危難。這樣的國家往往缺乏資源，也沒有企業管理者所謂「典範實務」（best practices）的指南。在訂定國家發展優先順序與創造管理國家事務的體系時，這些領袖沒有已確立的、廣為接受的方法可遵循。許多政府連最基本的治理工具都不曾用過，像是會議排程與公共時間表。部分政務官職務被分配給選舉贊助者或拿去鞏固部落關係，而不是由經驗豐富或訓練有素的人員出任。有些部會的運作全仰賴某些官員到政府辦公室上班，然後等到有機會上新聞上電視的時候才把政務拿來討論一番。最大聲、最堅持不懈的演員就能贏得注意。

東尼．布萊爾與他的團隊說服我相信，可靠的、非曇花一現的治理程序是決定性關鍵。這樣的治理程序不會因為新政府團隊上任而奇蹟出現。AGI模式的好處是它能夠在兩個層級上運作：東尼．布萊爾唯有獲邀時才會拜訪。不過一旦獲得邀請，他將與該國元首並肩而立。他們尊敬他的經歷與政治高度，同時聆聽他對善良治理重要性的看法，以及能夠創造堅實基礎的國家政策順序。接著，AGI派出學有專精的團隊與該國重要部會相應職務者一起工作。這是一個國家的前線，將行政體系與流程制度化至關重要，唯有如此，基礎的、關鍵的國家優先事項如基礎建設改善，才不會總是被某時某地發生的危機喧賓奪主。AGI的心力並未特別專注在農業，而是希望幫助這些政府訂定國家優先事項，然後透過管理達成目標。改善生活水準與架設基礎建設——從道路到電力到水資源管理的一切——是降低糧食不安全率的關鍵，因此我發現，能夠強化與幫助我們達成目標的要素，與東尼．布萊爾著重的治理問題，在很大程度上相互重疊。我們決定特別資助AGI在賴比瑞亞與獅子山共和國的工作。這兩個國家都受到內戰嚴重創傷，我們基金會已贊助當地計畫多年，對他們國家內部的問題很熟悉。若治理前線沒有進步，我們相信這兩個國家的糧食安全也無法有任何永續性的進展。

每個國家都要培養自己的人民，將挑戰視為己任，獲益於自己的成功。東尼．布萊爾的態度與方法取徑代表一種新的思維方式，他揪出問題的本源，將對話推向正面積極的方向。他在做的事，不是我們基金會能做的事，但是如果我們的工作能夠開花結果，是因為他做了這些事。

結語

消極的樂觀主義者重返布拉格

二〇一二年夏天我旅行到布拉格，因為寫作本書喚醒好多關於薇拉・韋瓦洛娃的回憶，也就是當年我家的捷克交換學生，同樣湧上心頭的還有多年前那個後布拉格之春的關鍵夏季。HWB和我同行，我經常向他提起生命中這段永難忘懷的故事。

薇拉現在有四個小孩，擔任幫助殘障年輕人的社工。她的父親米洛斯不久前以九十歲的高齡過世，她的母親八十六歲，身體健康。薇拉約在七年前搬離我曾經住過的那間公寓，因為她領養了一個有些許身體障礙的兒子，爬到頂樓對養子來說太困難了。

我們一起回想了過往的種種經歷，過程充滿樂趣，像是在雜貨店排隊，還有每週一次洗澡時得用爐子燒水。薇拉想起我曾因為錢只夠從某間飯店（布拉格唯一賣可口可樂的地方）買到兩瓶貴得嚇人的可口可樂而發牢騷。她記得我本來還雄心勃勃地想要買兩打，為此樂不可支。我和她的孩子見面，其中一個兒子身材高大又魁梧。我對薇拉微笑，做出展示肌肉的動作。「壯啊！」我說。「有其母必有其子！」她朝我發出不平聲。

我知道布拉格這些年來進步很多，但我不曾回來。HWB幾年前曾經來過，當時他說這個城市很美而且很有趣。看到一九六〇年代末葉殘酷無情而且有時令人驚恐的布拉格從傷痛中復原，變得活力十足又美麗，對我而言是非常美好的體會。建築物牆上的彈孔已被修補。當初人們排隊數小時等著買走味麵包與馬鈴薯的那條街，現在是冰淇淋攤販與糖果店、網咖還有手機店。我和薇拉想起去鄉下時，我看到俄羅斯士兵想要拍照，但因為有規定禁止拍攝士兵，所以我叫薇拉擺姿勢，假裝

還記得準備赴第一次約會的感覺嗎？二〇一二年我從布拉格下機的心情就像準備赴第一次約會。我和薇拉已經四十三年沒見面了。我走出海關後立刻認出她。我們相互擁抱，彷彿我從未離開。 Howard W. Buffett

我在替她拍照，等到最後一刻才迅速移動鏡頭。我們邊回想邊笑。今天布拉格到處都是觀光客，他們微笑、大笑，隨心所欲地拍照。為了好玩，我請HWB幫我拍一張和捷克女警官的合照。他不會理解這在一九六九年根本是不可能的任務。

生活可以更好。挑戰可以被克服。意志力和努力可以改變人生。這一座城市的居民曾經三餐不繼，如今卻如此繁榮。回家後，我精神為之大振。我永遠會是一個消極的樂觀主義者，但幫助人們脫離糧食不安全的痛苦深淵，永遠值得一再嘗試。有時候，嘗試甚至會成功。

致謝

我們要感謝讓本書得以面世的每個人：

我們的家人Warren與Astrid Buffett、Susan A. Buffett、Peter與Jennifer Buffett、Pam Buffett、Lili Buffett，還有「女孩們」Erin、Heather、Chelsea與Megan。

特別感謝善用他們生命中四十個機會的一群人，他們使本書的故事更加生動：Ben Affleck、Padre David Beaumont、前首相Tony Blair、Jake Blank、Kofi Boa、Debbie Bosanek、Paul Brinkley、Gaye Burpee、Dan Cooper、Kurt Crytzer上校、Maura Daly、Shannon Sedgwick Davis、Joe DeVries、Mansour Falls、Wamala Katumba將軍、Stanley McChrystal將軍、David Petraeus將軍、David Rodriguez將軍、John Uberti將軍、Allen Greenberg、Kate Gross、Paul與Ali Hewson、Paul Kagame總統、Ann Kelly、Don and Mickie Keough、Francis Kleinschmit、Rob Lalka、Annette Lanjouw、Tim LaSalle、Eva Longoria、Amani M'Bale、Graham McCulloch、Shakira

Mebarak、Maria Emma Mejia、Laura Melo、Emmanuel de Merode、Zlatan Milisic、Clay Mitchell、Jim Morris、Yoweri Museveni總統、Trevor Neilson、Doug Oller、Laren Poole、Ed Price、Jose Quiroga、Andy Ratcliffe、Jorge de los Santos、Sheriff Tom Schneider、Ritu Sharma、Josette Sheeran、Carlos Slim、Anna Songhurst、Jerry Steiner、Roy Steiner、David Stevenson、Amanda Stronza、Vera Vitvarová與她的家人，以及Joe Whinney。

謝謝曾經支持我們基金會理念的人：Desmond Tutu大主教、Dennis Avery、Susan Bell、Matt Berner、Herminio Blanco、Sabra Boyd、Nicki De Bruyn、Tracy Coleman、Trisha Cook、Erica Dahl-Bredine、Jim Doherty、Sarah Durant、Jendayi Frazer、Catriona Garde、Francis Gatare、Bill與Melinda Gates、Helene Gayle、Paula Goedert、William Hart、Tarron Hecox、Molly Heise、Wolfram Herfurth、Jim Houlihan、Judy Inman、Charlie Jordan、Patrick Karuretwa、Muhtar Kent、Scott Kilman、Jon Koons、Kepifri Lakoh、Alex與Lani Lamberts、David Lane、Marla Leaf、Marco Lopez、Tom Mangelsen、Emily Martin、Angela Mason、Patti Matson、Lucy Matthew、Louise Mushikiwabo、Ron與Jane Olson、Laura Parker、Nic Prinsloo、Ambassador Kenneth Quinn、Richard Ragan、Domenica Scalpelli、Sheryl Schneider、Robert (Hondo) Schutt、Jim Shafter、Raj Shah、Daniel Sheehan、Dennis Sheehan、Tom Sloan、Willem VanMilink、Mike Walter、Rosa Whitaker、Molly與Mike Wilson，還有Andrew Young大使。

我們也想謝謝以下這些人，感謝他們多年來給予的支持與忠告：Mike Albert、Jorge Andrade、Dwayne Andreas、Marty Andreas、Marianne Banziger、Dwayne Beck、Spencer Beebe、Brian Beyers、George Kwaku Boateng、Jeff Boatman、Julie Borlaug、Kevin Breheny、Deputy Sheriff Tony Brown、Lane Bunkers、Michelle Carter、John Cavanaugh、Sue Cavanna、Michael Christodolou、Eric Clark、Kathleen Cole、Hank Crumpton、Ed Culp、Sheriff Mark Dannels、Gabriela Diaz、Natalie DiNicola、John H. Downs Jr.、Jamie Drummond、Marc D'Silva、Ann van Dyk、Loren Ehlers、William B. Eimicke、Ezekiel Gatkuoth、David Gilmour、Ricardo Gomes de Aravjo、Bill Green、Charlie Havranek、Paul Hicks、Jim與Nadine Hogan、William Holmberg、Marlyn Hull、Bashir Jama、Mary Obal Jewel、Kathy Kelley、Joey King、Peter Kinnear、Jim Kinsella、Dave Koons、Margaret Lim、Peter Lochery、Jonathan Lynch、Liz McLaughlin、Sheriff Mike Miller、Gus Mills、Jeannie O'Donnell、Kay Orr、Fred Potter、Ed Prussa、Christine Rafiekian、Jeff Raikes、Deb Ray、Bill Roberts、Eugene Rutagarama、Alberto Santos、Dan Schafer、Sue與Walter Scott、Neale Shaner、Senator Paul Simon、Jamie Skinner、Mark Smith、Todd Sneller、Mark Suzman、Scott Sysl o、Scott Terry、David Thomson、Schuyler Thorup、Camilla Toulmin、Lucas Veale、美國陸軍Adam Walter、Don Wenz、Mike Wenz、Otto Wenz、Wayne Wenz、Jerry White、Layne Yahnke、Mike and Gail Yanney、Bryan Young，以及Bob

Zhang。

同時，感謝我們的經紀人Jillian Manus，謝謝她認同我們書中想傳達的價值，幫助我們與其他人分享這些年來學到的教訓。在她的穿針引線下，Simon & Schuster出版社提供我們一組很棒的團隊，他們全力支持我們的理念。若沒有我們勤奮的編輯Ben Loehnen、出版人Jonathan Karp，或者Richard Rhorer、Lance Fitzgerald、Meg Cassidy、Lisa Erwin、Mara Lurie、Marie Kent、Emily Remes、Brit Hvide、Irene Kheradi、Gina DiMascia、Brittany Dulac、Jill Putorti以及Michael Accordino不厭其煩的辛勞，本書不會有付梓的一天。Joan O'C. Hamilton是我們最棒的夥伴與共同研究者。她傾聽並綜合我們的想法與經驗，使過程變得更有建設性，觀點更具意義。她對每個小細節都不放過，更重要的是，她把細節變得有趣。我們要感謝Joan，是她讓這本書成真。

國家圖書館出版品預行編目資料

40個機會：飢餓世界的曙光／霍華・G・巴菲特（Howard G. Buffett）、霍華・W・巴菲特（Howard W. Buffett）著；葉品岑譯. -- 初版. -- 臺北市：麥田出版：家庭傳媒城邦分公司發行, 2016.09
面；　公分. --（麥田叢書；86）
譯自：40 Chances : Finding Hope in a Hungry World
ISBN 978-986-344-374-2（平裝）
1. 飢荒　2. 社會問題　3. 開發中國家
431.9　　105014488

麥田叢書 86

40個機會：飢餓世界的曙光

40 Chances: Finding Hope in a Hungry World

作　　者／霍華・G・巴菲特（Howard G. Buffett）、霍華・W・巴菲特（Howard W. Buffett）
譯　　者／葉品岑
責任編輯／林怡君
校　　對／吳美滿

國際版權／吳玲緯　蔡傳宜
行　　銷／艾青荷　蘇莞婷　黃家瑜
業　　務／李再星　陳玫潾　陳美燕　杻幸君
編輯總監／劉麗真
總 經 理／陳逸瑛
發 行 人／凃玉雲
出　　版／麥田出版
台北市104民生東路二段141號5樓
電話：(886)2-2500-7696　傳真：(886)2-2500-1966、2500-1967
發　　行／英屬蓋曼群島商家庭傳媒股份有限公司城邦分公司
台北市民生東路二段141號11樓
客服服務專線：(886)2-2500-7718、2500-7719
24小時傳真服務：(886)2-2500-1990、2500-1991
服務時間：週一至週五09:30-12:00・13:30-17:00
郵撥帳號：19863813　戶名：書虫股份有限公司
讀者服務信箱E-mail：service@readingclub.com.tw
麥田網址／http://ryefield.com.tw
香港發行所／城邦（香港）出版集團有限公司
香港灣仔駱克道193號東超商業中心1樓
電話：(852) 2508-6231　傳真：(852) 2578-9337
E-mail：hkcite@biznetvigator.com
馬新發行所／城邦（馬新）出版集團【Cite(M) Sdn. Bhd. (458372U)】
41, Jalan Radin Anum, Bandar Baru Sri Petaling, 57000 Kuala Lumpur, Malaysia.
電話：+603-9057-8822　傳真：+603-9057-6622
電郵：cite@cite.com.my

封面設計／江孟達
印　　刷／前進彩藝有限公司

■2016年9月1日　初版一刷
Printed in Taiwan.

定價：530元

ISBN 978-986-344-374-2